高等学校遥感信息工程实践与创新系列教材

遥感原理与应用教学辅导

——扩展、辨析与实践

龚龑　方圣辉　彭漪　编著

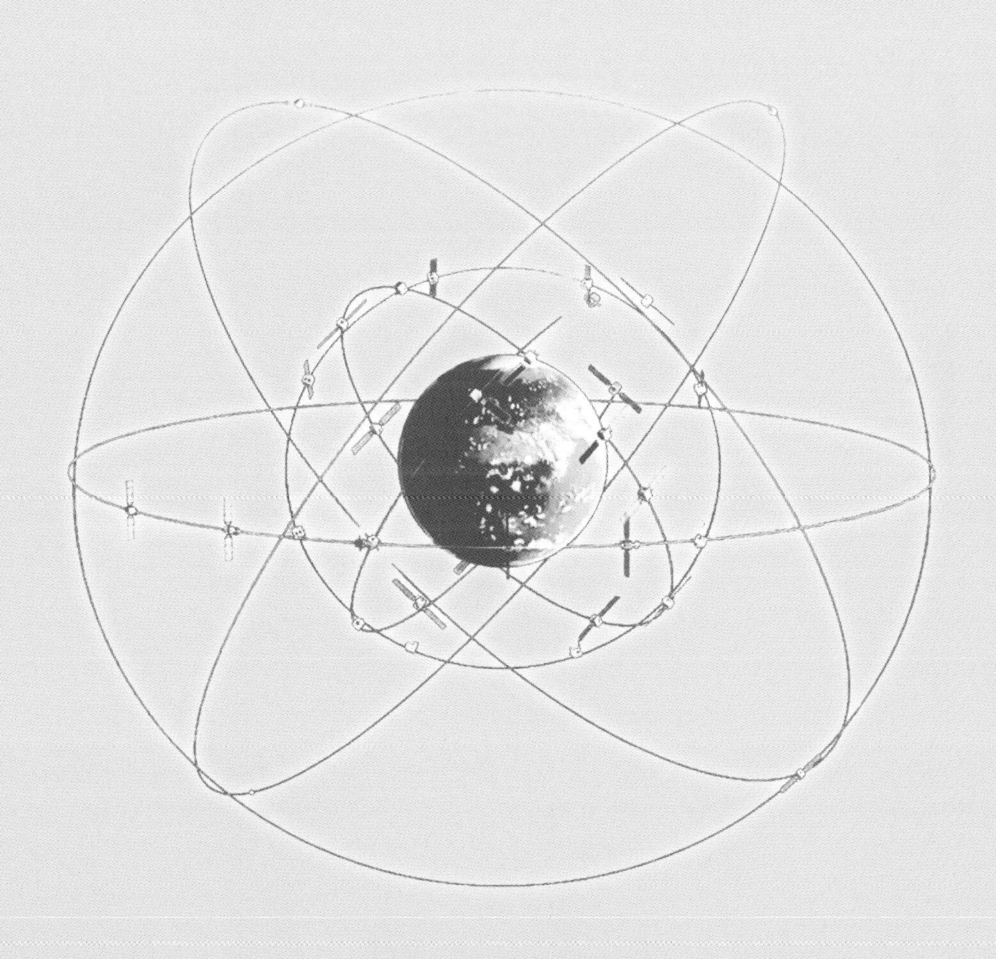

WUHAN UNIVERSITY PRESS
武汉大学出版社

图书在版编目(CIP)数据

遥感原理与应用教学辅导:扩展、辨析与实践/龚龑,方圣辉,彭漪编著.—武汉:武汉大学出版社,2024.9
高等学校遥感信息工程实践与创新系列教材
ISBN 978-7-307-24403-0

Ⅰ.遥…　Ⅱ.①龚…　②方…　③彭…　Ⅲ.遥感技术—高等学校—教材　Ⅳ.TP7

中国国家版本馆 CIP 数据核字(2024)第 100795 号

责任编辑:杨晓露　　责任校对:鄢春梅　　版式设计:马　佳

出版发行:**武汉大学出版社**　(430072　武昌　珞珈山)
(电子邮箱:cbs22@whu.edu.cn 网址:www.wdp.com.cn)
印刷:武汉科源印刷设计有限公司
开本:787×1092　1/16　印张:13.25　字数:310 千字　插页:1
版次:2024 年 9 月第 1 版　2024 年 9 月第 1 次印刷
ISBN 978-7-307-24403-0　定价:48.00 元

序

实践教学是理论与专业技能学习的重要环节，是开展理论和技术创新的源泉。实践与创新教学是践行“创造、创新、创业”教育的新理念，是实现“厚基础、宽口径、高素质、创新型”复合人才培养目标的关键。武汉大学遥感科学与技术类专业(遥感信息、摄影测量、地理信息工程、遥感仪器、地理国情监测、空间信息与数字技术)人才培养一贯重视实践与创新教学环节，“以培养学生的创新意识为主，以提高学生的动手能力为本”，构建了反映现代遥感学科特点的“分阶段、多层次、广关联、全方位”的实践与创新教学课程体系，夯实学生的实践技能。

从“卓越工程师教育培养计划”到“国家级实验教学示范中心”建设，武汉大学遥感信息工程学院十分重视学生的实验教学和创新训练环节，形成了一整套针对遥感科学与技术类不同专业方向的实践和创新教学体系、教学方法和实验室管理模式，对国内高等院校遥感科学与技术类专业的实验教学起到了引领和示范作用。

在系统梳理武汉大学遥感科学与技术类专业多年实践与创新教学体系和方法的基础上，整合相关学科课间实习、集中实习和大学生创新实践训练资源，出版遥感信息工程实践与创新系列教材，不仅服务于武汉大学遥感科学与技术类专业在校本科生、研究生实践教学和创新训练，并可为其他高校相关专业学生的实践与创新教学以及遥感行业相关单位和机构的人才技能实训提供实践教材资料。

攀登科学的高峰需要我们沉下心去动手实践，科学研究需要像“工匠”般细致入微地进行实验，希望由我们组织的一批具有丰富实践与创新教学经验的教师编写的实践与创新教材，能够在培养遥感科学与技术领域拔尖创新人才和专门人才方面发挥积极作用。

2017年3月

前　言

遥感科学与技术是以数学和物理为基础，探究电磁波与物质的相互作用规律，研究从目标到传感器之间的非接触感知机理，探测地球空间目标几何形态、物理属性、环境参数及其变化的学科。作为人类经济建设和社会可持续发展的关键支撑手段和战略需求，遥感在生物多样性保护、防灾减灾、能源与矿产资源管理、粮食安全与绿色农业、公共健康、基础设施管理、城市发展、水资源管理、国家安全等重大领域起着不可替代的作用。遥感属于空天信息高科技领域，是大国激烈竞争的战略高地。

我国从 20 世纪 70 年代开始建立独立自主的遥感对地观测体系，发展了资源、气象、海洋、环境减灾四大民用遥感系列卫星和军用遥感系列卫星。《国家中长期科学和技术发展规划纲要(2006—2020 年)》将高分辨率对地观测系统列为重大专项，目前已形成全天候、全天时、全球覆盖的观测能力，为我国资源环境、生态保护、应急减灾、大众消费以及全球观测提供了服务保障。《国家民用空间基础设施中长期发展规划(2015—2025 年)》将遥感作为我国空间基础设施的重要组成部分。在国家"十四五"规划和 2035 远景目标纲要中，气候变化、乡村振兴、数字中国、智慧城市和智慧海洋等多项内容均对遥感人才培养提出了系统性、综合性和高阶性的迫切要求。

本书编写者是武汉大学国家级一流本科课程"遥感原理与应用"课程组核心成员。本书依托团队长期教学实践编写，是该课程学习的辅导用书，针对该课程学习中的关键知识点进行扩展、辨析与实践。武汉大学"遥感原理与应用"课程历经三十余载建设，在几代教师的不懈努力下，始终瞄准国家建设需求、紧跟国际学术前沿，形成了体系完整的教学内容，具有鲜明的学科特色。"遥感原理与应用"是遥感科学与技术本科专业的主干核心课程，也是遥感大类平台的必修课程，为后续定量遥感、微波遥感、高光谱遥感等课程打下基础，在遥感专业的人才培养中具有重要作用。课程以遥感物理基础、遥感数据获取、遥感数据处理、遥感信息提取以及遥感应用为主线开展教学。

本书系统融入我国高分辨率卫星对地观测计划等国内遥感的最新进展，并密切跟踪美国陆地卫星计划、欧洲 Sentinel、RapidEye 等国际新型对地观测卫星的发展动态，提供了完整的遥感实践案例，可作为《遥感原理与应用》教材的有效补充。全书由上篇和下篇两部分构成，上篇为"知识要点与扩展"，对该课程章节逐一从知识要义和知识扩展方面进行辅导，包括绪论、电磁波与遥感物理基础、遥感平台与传感器、遥感影像几何处理、遥感影像辐射校正和遥感影像分类与目标识别等；下篇为"数据处理应用实践"，以典型农业遥感应用案例贯穿，对教材涉及的遥感数据几何处理、辐射处理和遥感产品制作等环节进行具体说明。在附录中对各章的典型习题进行了解析。本书可作为本科"遥感原理与应用"课程学习、考试备考和知识拓展的学习用书，也可作为遥感相关研究、工程领域人员的技术参考书。

本书在编写过程中得到了武汉大学“351 人才计划”资助，武汉大学遥感信息工程学院予以了大力支持。龚龑负责全书的统筹编写，方圣辉重点负责第 5~6 章内容，彭漪重点负责上篇各章中“知识要义”部分编写。杨凯丽、黎远金、周聪、袁宁鸽、彭万山、任杰、于亚娇、唐虎、王庭凡、田子衿、盖嘉俊等同学参与了数据处理应用实践分析和编写工作，在此一并致谢。

虽然我们在编写过程中做了努力，但由于水平有限和经验不足，本书肯定存在缺点和不足，恳请读者批评指正。

目　　录

上篇　知识要点与扩展

下篇　数据处理应用实践

上篇　知识要点与扩展

第1章　绪　　论

1.1　知识要义

本章重点讲解：遥感的定义、现状与发展趋势；遥感技术系统的组成与遥感技术的特点。本章所涉及的基本概念包括遥感的概念与类型、遥感技术系统的组成2个方面。

1.1.1　遥感的概念与类型

遥感(remote sensing)：遥远感知，通常指在不直接接触的情况下，对目标或者自然现象远距离探测和感知的一种技术。

地面遥感(ground remote sensing)：以地面遥感平台为载体的遥感方式，是传感器定标、遥感信息模型建立和遥感信息提取的重要技术支撑。

航空遥感(aerial remote sensing)：泛指以飞机、气球、飞艇等飞行器为平台安置传感器的遥感技术。

航天遥感(space remote sensing)：以人造卫星、宇宙飞船、航天飞机和空间站等航天飞行器为平台安置传感器的遥感技术。

紫外遥感(ultraviolet remote sensing)：传感器工作波段限于紫外波段范围(波长0.05~0.38μm)的遥感技术。

可见光遥感(visible spectral remote sensing)：传感器工作波段限于可见光波段范围(波长0.38~0.76μm)的遥感技术。

红外遥感(infrared remote sensing)：传感器工作波段限于红外波段范围(波长0.76~1000μm)的遥感技术。

微波遥感(microwave remote sensing)：传感器工作波段选择在微波波段范围(波长1mm~1m)的遥感技术。

主动遥感(active remote sensing)：又称有源遥感，指从遥感平台上的人工辐射源，向目标物发射一定形式的电磁波，再由传感器接收和记录其反射波的遥感系统。

被动遥感(passive remote sensing)：又称无源遥感，即遥感系统本身不带有辐射源的探测系统；亦即在遥感探测时，探测仪器获取和记录目标物体自身发射或反射来自自然辐射源(如太阳)的电磁波信息的遥感系统。

1.1.2 遥感技术系统的组成

遥感平台：是装载传感器的工具，按高度大体可以分为地面平台、航空平台和航天平台三大类。

传感器：是远距离感测地物环境辐射或者反射电磁波的仪器，比如照相机、扫描仪等。传感器装在遥感平台上，它是遥感系统的重要设备，它可以是照相机、多光谱扫描仪、微波辐射计或合成孔径雷达等。

信息源：信息源是遥感需要对其进行探测的目标物。任何目标物都具有反射、吸收、透射及辐射电磁波的特性，当目标物与电磁波发生相互作用时会形成目标物的电磁波特性，这就为遥感探测提供了获取信息的依据。

信息获取：信息获取是指运用遥感技术装备接收、记录目标物电磁波特性的探测过程。信息获取所采用的遥感技术装备主要包括遥感平台和传感器。其中遥感平台是用来搭载传感器的运载工具，常用的有气球、飞机和人造卫星等；传感器是用来探测目标物电磁波特性的仪器设备，常用的有照相机、扫描仪和成像雷达等。

信息处理：信息处理是指运用光学仪器和计算机设备对所获取的遥感信息进行校正、分析和解译处理的技术过程。信息处理的作用是通过对遥感信息的校正、分析和解译处理，掌握或清除遥感原始信息的误差，梳理、归纳出被探测目标物的影像特征，然后依据特征从遥感信息中识别并提取所需的有用信息。

信息应用：信息应用是指专业人员按不同的目的将遥感信息应用于各业务领域的使用过程。信息应用的基本方法是将遥感信息作为地理信息系统的数据源，供人们对其进行查询、统计和分析利用。遥感的应用领域十分广泛，最主要的有：军事、地质矿产勘探、自然资源调查、地图测绘、环境监测以及城市建设和管理等。

1.2 知识扩展

遥感科学与技术是一门以非接触的方式通过电磁波探测地球目标属性、环境参数及变化规律的交叉学科，其研究对象是遥感过程中的现象、性质、规律和方法。

据记载，1859年法国摄影师兼气球飞行爱好者 Nadar，试图进行热气球航空摄像，但没有成功。1862年美国教授 Thaddeus Lowe 试图用气球观测天气，但不幸气球从俄亥俄州吹到南加利福尼亚州。这可算作遥感的早期探索。1903年美国 Wright 兄弟发明飞机，1909年他们便开始了航空摄影。

第一次世界大战期间，侦察员开始在侦察机上用相机拍摄敌方信息。“一战”结束后，这种方式被用于发展航空测绘和调查，从此，航空遥感除了用于战争，也逐渐进入经济和商业领域。此后数年，航空平台不断改进，种类越来越多、本领越来越强，也越飞越高。

1955年7月29日，艾森豪威尔宣布，美国将于1957年发射第一枚人造卫星；8月8日，仅仅一周之后，苏共中央政治局马上批准苏联发射人造卫星的立案。1957年10月4日，一个具有科学历史意义的日子到来了，第一颗人造卫星“斯普特尼克1号”(图1.1)由苏联发射升空。它的主要目的在于通过量度其轨道变化，研究高空地球大气层的密度，为电离层作无线电波传递提供原始的资料。

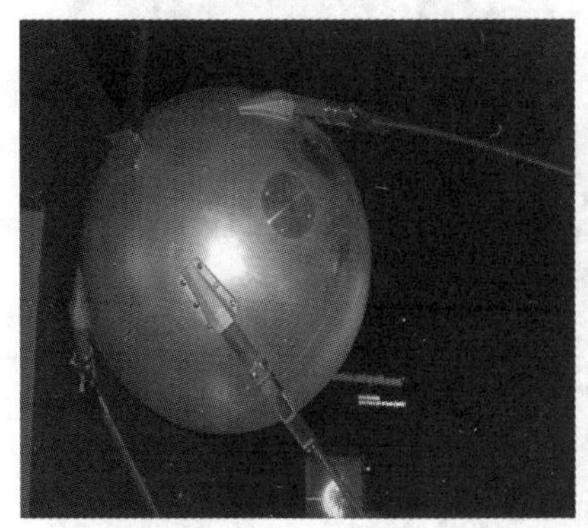

图 1.1 “斯普特尼克 1 号”卫星和苏联当时的纪念邮票

这颗卫星并非遥感卫星，但相对飞机而言，它是一种全新的平台，使遥感技术从航空跨越到航天成为可能。1959 年 8 月 7 日，美国“探险者 6 号”发射升空(图 1.2)，8 月 14 日，这颗卫星发回了世界上第一张从轨道上拍摄的地球照片，开创了卫星遥感的先河。

图 1.2 “探险者 6 号”卫星及拍摄的地球照片

随后，1960 年，美国从 TIROS“泰罗斯”(图 1.3)和“雨云”气象卫星上获得了全球的卫星云图。1971 年，美国“阿波罗”宇宙飞船成功地对月球表面进行航天摄影测量。

1972 年美国地球资源卫星发射升空，这是 Landsat 陆地卫星的前身，从多光谱扫描仪(MSS)到后来的专题制图仪 TM，Landsat 陆地卫星获取了大量遥感影像，极大地推进了遥感技术在各行各业的应用。

时至今日，作为人类经济建设和可持续发展的关键支撑手段和战略需求，遥感在现代农业、防灾减灾、资源环境、国防建设、公共安全等重大领域起着不可替代的作用。遥感已成为多学科交叉顶尖科技的竞技场，是世界各大国争夺全球乃至太空信息控制权的制高点。

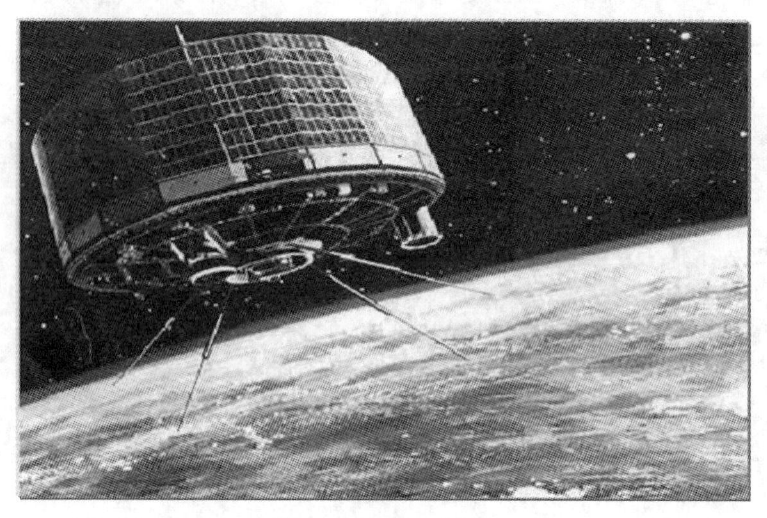

图 1.3　TIROS-1 卫星

20 世纪 70 年代以来我国就开始发展独立自主的遥感对地观测体系，除航空遥感之外，还发展了资源、气象、海洋、环境减灾四大民用遥感系列卫星和军用遥感系列卫星（图 1.4、图 1.5）。为了促进对地观测技术快速达到世界先进水平，我国于 2006 年将高分辨率对地观测系统重大专项（高分重大专项）列入国家中长期科学与技术发展规划纲要，并于 2010 年全面启动实施，自此我国遥感技术进入了一个快速发展的新阶段，在经济发展和国防建设中发挥着越来越重要的作用。到 2020 年，我国已经全面建成高分辨率对地观测系统，形成全天候、全天时、全球覆盖的观测能力，为资源环境和公共安全等重大领域提供服务和决策支撑。

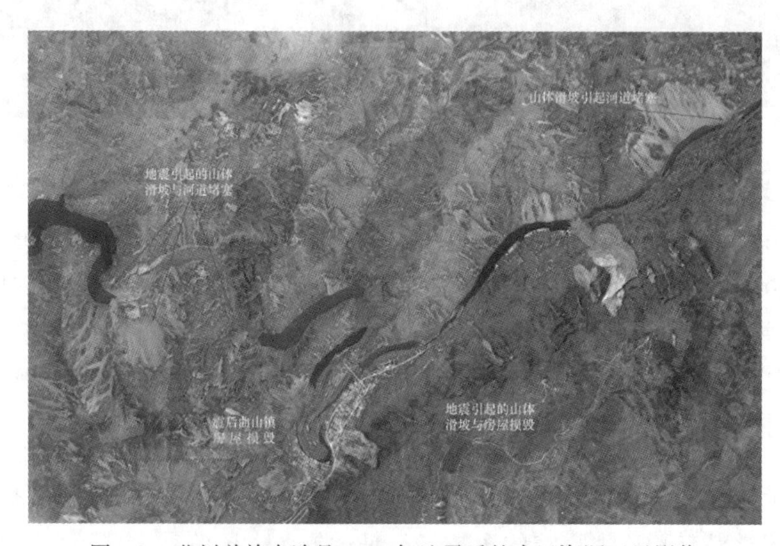

图 1.4　北川羌族自治县 2008 年地震后的中巴资源卫星影像

图 1.5 大连地区资源三号测绘卫星融合影像

我国相继建设起酒泉、西昌、太原和文昌四个卫星发射中心，服务于国家航天事业发展，也为遥感技术发展提供了坚实基础。

1. 酒泉卫星发射中心

酒泉卫星发射中心又称“东风航天城”(图 1.6)，是中国科学卫星、技术试验卫星和运载火箭的发射试验基地之一，是中国创建最早、规模最大的综合型导弹、卫星发射中心，也是中国目前唯一的载人航天发射场。

酒泉卫星发射中心是中国最早建成的运载火箭发射试验基地，是测试及发射长征系列运载火箭、中低轨道的各种试验卫星、应用卫星、载人飞船和火箭导弹的主要基地，并负有残骸回收、航天员应急救生等任务。酒泉卫星发射中心始建于 1958 年，海拔 1000m，占地面积约 $2800km^2$，位于内蒙古阿拉善盟额济纳旗境内，发射场最接近的城市是其西南的甘肃省酒泉市。

几十年来，酒泉卫星发射中心建立起了一套比较完善的综合发射设施，拥有一支过硬的科技队伍。先后发射卫星 37 颗，创造了中国航天发射史上多个第一：1960 年 11 月 5 日，这里成功发射了中国制造的第一枚地对地导弹；1966 年 10 月 27 日，中国第一次导弹核武器试验在这里试验成功；自 1970 年 4 月 24 日，长征一号运载火箭成功发射中国第一颗卫星——“东方红一号”以来，酒泉卫星发射中心用长征一号、长征二号丙及长征二号丁火箭成功发射了 20 多颗科学实验卫星；1975 年 11 月 26 日，中国第一颗返回式卫星在这里发射成功；1987 年 8 月，酒泉卫星发射中心为法国马特拉公司提供了发射搭载服务，中国的航天技术从此开始走向世界；1980 年 5 月 18 日，中国第一枚远程运载火箭在这里发射成功；1992 年 10 月，酒泉卫星发射中心首次为国际用户执行了发射任务，即利

图1.6　酒泉卫星发射中心

用长征二号丙火箭发射中国返回式卫星时搭载发射瑞典空间公司的弗利亚卫星进入预定轨道，获得成功；1999年11月20日，“神舟”号试验飞船从这里发射升空，拉开了中国载人航天工程的幕布。

2. 西昌卫星发射中心

西昌卫星发射中心始建于1970年(图1.7)，于1982年交付使用，1984年1月发射中国第一颗通信卫星。中心由总部、发射场(技术区和两个发射工位)、通信总站、指挥控制中心和三个跟踪测量站以及其他一些相关的生活保障(医院、宾馆等)单位组成。

西昌卫星发射中心位于四川省境内，中心总部设在四川省西昌市西北约60km处的秀山丽水间，卫星发射场位于西昌市西北65km处的大凉山峡谷腹地。该地区属亚热带气候，全年平均气温16℃，全年地面风力柔和适度。这里每年10月至次年5月是最佳发射季节。

西昌卫星发射中心又称“西昌卫星城”，它是主要承担地球同步轨道卫星发射任务的航天发射基地，担负通信、广播、气象卫星等试验发射和应用发射任务。

西昌卫星发射中心是中国目前对外开放中规模最大、承揽卫星发射任务最多、具备发射多型号卫星能力的新型航天器发射场。在中国目前的卫星发射中心中，它功能比较齐全，既能发射采用低温推进剂的“长征三号”系列运载火箭，又能发射运载能力较大的捆绑火箭。

1984年4月8日成功发射我国第一颗地球同步轨道卫星；1986年2月1日成功发射

图 1.7 西昌卫星发射中心

我国第一颗通信广播卫星——东方红二号，东方红二号的发射成功，结束了我国租用外国卫星看电视的历史；1990 年成功发射我国承揽的商务卫星——亚洲一号；2007 年 10 月 24 日 18 时 05 分，我国首颗绕月人造卫星嫦娥一号在西昌卫星发射中心升空，启程奔向 38 万千米外的月球；2010 年 10 月 1 日 18 时 59 分，我国第二颗绕月人造卫星嫦娥二号成功发射；2013 年 12 月 2 日，嫦娥三号月球探测器发射升空；2018 年 12 月 8 日，嫦娥四号发射升空。

3. 太原卫星发射中心

太原卫星发射中心位于山西省太原市西北的高原地区(图 1.8)，地处温带，海拔 1500m 左右，与芦芽山风景区毗邻，是中国试验卫星、应用卫星和运载火箭发射试验基地之一。这里冬长无夏，春秋相连，无霜期只有 90 天，全年平均气温 5℃。太原卫星发射中心始建于 1967 年。目前，已建成具有多功能、多发射方式，集指挥控制、测控通信、综合保障系统于一体的现代化发射场。

中心先后成功发射了我国第一颗太阳同步轨道气象卫星“风云一号”、第一颗中巴“资源一号”卫星、第一颗海洋资源勘察卫星等，创造了我国卫星发射史上的多个第一。

太原卫星发射中心具备多射向、多轨道、远射程和高精度测量的能力，担负太阳同步轨道气象、资源、通信等多种型号的中、低轨道卫星和运载火箭的发射任务。

1968 年 12 月 18 日，中国自己设计制造的第一枚中程运载火箭发射成功。1988 年 9 月 7 日和 1990 年 9 月 3 日，该中心用长征四号运载火箭成功地将中国第一颗和第二颗“风

图 1.8　太原卫星发射中心

云一号”气象卫星送入太阳同步轨道。1997 年 12 月 8 日，该中心第一次执行国际商业发射，成功地将美国摩托罗拉公司制造的两颗铱星送入预定轨道。1999 年 5 月 10 日，该中心用长征四号乙运载火箭成功地将“风云一号”气象卫星和“实践五号”科学实验卫星送入高度为 870km 的太阳同步轨道，这是该中心连续第七次成功地以一箭双星方式进行的航天发射。1997—2002 年的 5 年多时间里，太原卫星发射中心一共发送 22 颗卫星，成功率 100%，扭转了“八五”期间、“九五”初年中国航天发射的严峻局面，使中国航天在国际上重树雄风。2003 年 10 月 21 日，中心发射“资源一号”卫星和“创新一号”小卫星，取得成功；2004 年 7 月 25 日，“探测二号”卫星从这里冲向太空，准确入轨；2004 年 9 月 9 日，两颗“实践六号”卫星从这里成功进入太空，相映生辉；2004 年 11 月 6 日，中心发射“中国资源二号”卫星；2011 年 1 月 10 日，中心发射“中国资源三号”卫星；2014 年 8 月 19 日，“高分二号”遥感卫星在中心成功发射；2018 年 5 月 9 日，“高分五号”卫星在中心成功发射；2024 年 7 月 19 日，“高分十一号”05 星在此发射成功。

4. 文昌卫星发射中心

文昌卫星发射中心(文昌航天发射场)位于我国海南省文昌市附近约北纬 19°19′，东经 109°48′处，它是我国第四个卫星发射中心。

由于该地点的纬度较低，只有大约 19°，地球自转造成的离心力可以让火箭负载更多的物品。火箭发射场距离赤道越近、纬度越低，发射卫星时就可以尽可能利用地球自转的离心力，因此所需要的能耗较低，或使用同样燃料可以达到的速度更快。在海南发射地球同步卫星比在西昌发射火箭的运载能力提高10%~15%，卫星寿命可延长2年以上。同时，发射基地选在海南，火箭可以通过水路运输，火箭的大小就不受铁轨的限制。因此，中心可以用来发射长征五号系列重型火箭。此外，从海南岛发射的火箭其发射方向1000km范围内是海域，因此坠落的残骸不易造成意外。

在海南发射火箭的历史可追溯至20世纪80年代。1988年12月5日，中国第一座用于科学研究的探空火箭发射场在海南岛西海岸建成，同年12月19日成功发射了火箭，该场地主要是亚轨道火箭的测试基地。该发射场是世界上少数几个靠近赤道的火箭发射试验基地之一，它的建成对中国发展空间科学和航天技术具有重要意义。建设海南航天发射基地项目从1994年开始启动。2016年6月25日，长征七号运载火箭成功发射，这是文昌发射场的首次发射任务。2020年11月24日，嫦娥五号发射升空。2024年5月3日，嫦娥六号发射升空。这两次探月计划发射任务均在文昌发射场进行。

除了固定基地卫星发射形式，我国也开展了海洋、车载等多种其他形式的卫星发射活动。2022年10月7日中国太原卫星发射中心在黄海海域山东省烟台市海阳市附近使用长征十一号海射运载火箭，采用“一箭双星”方式，成功将微厘空间北斗低轨导航增强系统S5/S6试验卫星发射升空，卫星顺利进入预定轨道，这是我国首次近岸海上发射。

迄今为止，我国已经发射各个系列遥感卫星100余颗，其中50多颗在持续为国家、社会、学术服务。随着国家相关重大专项和国家空间基础设施中长期发展规划的推进，2020年我国在轨运行卫星数已达到200颗左右，这些卫星及其后继星是构建全天时、全天候、高时效、宽覆盖和多尺度综合对地观测系统的关键和重要基础，形成了我国星载遥感对地观测体系。

第 2 章　电磁波与遥感物理基础

2.1　知识要义

本章重点讲解：电磁波与电磁波谱简介；电磁波的辐射：太阳发射辐射、地物发射辐射、地物反射辐射；地物波谱特征的测定：地物波谱特征的概念以及测定原理；大气对电磁遥感的影响：地球大气层、大气对电磁辐射传输的影响、大气窗口和遥感谱段辐射传输方程。本章所涉及的基本概念包括电磁波与电磁辐射、黑体辐射与太阳辐射、大气对辐射的影响、地球辐射与地物波谱特性等 4 个主要方面。

2.1.1　电磁波与电磁辐射

电磁波(electromagnetic wave)：是由同相振荡且互相垂直的电场与磁场在空间中以波的形式传播的电磁场，具有波粒二象性。

波长(wavelength)：指波在一个振动周期内传播的距离，即沿波的传播方向，两个相邻的同相位点(如波峰或波谷)间的距离，通常用 λ 表示。

频率(frequency)：指单位时间内完成振动或振荡的次数或周期，即在给定时间内，通过一个固定点的波峰数，通常以赫兹(Hz)为单位。

振幅(amplitude)：振幅表示电场振动的强度，指振动物理量偏离平衡位置的最大值，即每个波峰的高度，或每个波长间隔的能量级。振幅的平方与振动的能量成正比。

相位(phase)：表示某物理量随时间或空间位置作正弦变化时，该量在任一时刻或位置的状态的一个数值。

紫外(ultraviolet，UV)：0.3~0.38μm；

可见光(visible，VIS)：0.38~0.76μm；

近红外(near infrared，NIR)：0.76~2.5μm；

短波红外(short-wave infrared，SWIR)：1.3~3μm；

中红外(middle infrared，MIR)：3~6μm；

远红外(far infrared，FIR)：6~15μm；

微波(microwave，MW)：1mm~1m。

干涉(interference)：干涉现象的基本原理是波的叠加原理。一列波在空间传播时，在空间的每一点都引起振动，当两列波在同一空间传播时，空间各点的振动就是各列波单独在该点产生的振动的叠加合成。

衍射(diffraction)：波在传播过程中遇到障碍物，光线偏离直线路径的现象称为光的衍射。

偏振(polarization)：又称为极化，表示电磁波的电场振动方向的变化。如果光矢量在一个固定平面内只沿一个固定方向作振动，则这种光称为偏振光。许多散射光、反射光和透射光都是部分偏振光。

波的叠加(superposition of waves)：在波的重叠区域里，任何一个质点同时参与多个振动，各点的振动的物理量等于各列波在该点引起的物理量的矢量和。

相干波(coherent wave)：两列频率相同、振动方向一致、相位差恒定的波。

多普勒(Doppler)效应：由观察者和辐射源(或目标与遥感器)的相对运动所引起的电磁发射频率与回波频率的变化。遥感利用频率上表现出来的多普勒效应，可以观测目标的运动，得到地表物体的信息。

2.1.2 黑体辐射与太阳辐射

黑体(black body)：如果一个物体对于任何波长的电磁辐射都全部吸收，则这个物体是绝对黑体。

黑体辐射(black body radiation)：在任何温度下、对任何波长的电磁波具有全吸收和全发射能力的理想物体的辐射。

大气窗口(atmospheric window)：电磁波辐射能够较好地穿透地球大气，有利于进行遥感观测的电磁波段。

发射率(emission)：实际物体与同温度的黑体在相同条件下辐射功率之比。

灰体(graybody)：在各波长处的光谱发射率相等，且发射率在0~1之间的物体。

选择性辐射体(selective radiator)：在各波长处的光谱发射率不同的物体。

基尔霍夫(Kirchhoff)定律：在任一给定温度和波长条件下，辐射通量密度与吸收率之比对任何材料都是一个常数，并等于该温度下黑体的单色辐射通量密度，常用 α 表示。

吸收率(absorptivity)：指投射到物体上而被吸收的热辐射能与投射到物体上的总热辐射能之比。

透射(transmission)：当电磁波入射到两种介质的分界面时，部分入射能穿越两介质的分界面的现象，称为透射。介质透射能量的能力，用透射率 τ 来表示。

透射率(transmissivity)：透过物体的电磁波强度(透射能)与入射能量之比。对同一物体，透射率是波长的函数。

热惯量(thermal inertia)：是一种综合指标，是物质对温度变化热反应的一种量度，即量度物质热惰性(阻止物理温度变化)大小的物理量。

亮度温度(brightness temperature)：是指在同一波长处，当一个物体与某一黑体的辐射出射度相等时，该黑体的温度就称为该物体的亮度温度 T_b，即辐射出与观测物体相等辐射能量的黑体温度。

等效辐射温度(equivalent radiant temperature)：为了分析物体的辐射能力，常用最接近灰体辐射曲线的黑体辐射曲线来表达，这时黑体辐射温度称为该物体的等效辐射温度。

直接太阳辐射(direct solar radiation)：经过大气散射和吸收的削弱之后，沿投射方向直接到达地表的太阳辐射。

散射太阳辐射(diffuse solar radiation)：太阳辐射通过大气时，受到大气中气体、尘埃、气溶胶等的散射作用，从天空的各个角度到达地表的一部分太阳辐射。

太阳总辐射(total solar radiation)：到达地面的散射太阳辐射和直接太阳辐射之和。

太阳常数(solar constant)：在日地平均距离条件下，地球大气上界垂直于太阳光线的单位面积上所接受的太阳辐射通量密度，约为 1353W/m^2(1976 年测得值)。

2.1.3　大气对辐射的影响

对流层(troposphere)：从地表到平均高度 12km 处，是大气的最下层，密度最大。

平流层(stratosphere)：在 12~80km 的垂直区间，又可分为同温层、暖层和冷层。

电离层(thermosphere)：又称增温层，是大气的最外层，高度 80~1000km。

大气外层(exosphere)：又称外大气层，1000km 以上为外大气层，1000~2500km 间主要是氦离子，称氦层；2500~25000km 处主要是氢离子，氢离子又称质子层。

散射(scattering)：电磁波在非均匀介质或各向异性介质中传播时，改变原来传播方向的现象称为散射。

瑞利(Rayleigh)散射：当引起散射的大气粒子直径远小于入射电磁波波长时，出现瑞利散射。它的散射强度与波长的 4 次方成反比。波长越短、散射越强，且前向散射(指散射方向与入射方向夹角小于 90°，即顺入射方向的散射)与后向散射(逆入射方向的散射)强度相同，多在 9~10km 的晴朗(无云、能见度很好)高空发生。

米氏(Mie)散射：当引起散射的大气粒子的直径接近入射波长时，出现米氏散射。米氏散射往往影响到可见光及可见光以外的广大范围，其前向散射大于后向散射，在大气低层 0~5km 范围内散射最强。

均匀散射(nonselective scattering)：又称无选择性散射，当引起散射的大气粒子的直径远大于入射波长时出现均匀散射，其散射强度与波长无关。

折射(refracting)：波从一种介质进入另一种介质时，波的传播方向发生改变的现象叫作波的折射。

反射(reflection)：当电磁辐射能到达两种不同介质的分界面时，入射能量的一部分或全部返回原介质的现象，称为反射。

光学厚度(optical depth)：指在计算辐射传输时，单位截面积上吸收和散射物质产生的总衰弱，是无量纲量。

大气光学厚度(atmospheric optical thickness；atmospheric optical depth)：消光系数沿大气传输路径的积分，是表征大气介质对辐射衰减程度的无量纲量。

2.1.4　地球辐射与地物波谱特性

地球辐射：地面辐射和大气辐射总量即为地球辐射(earth radiation)。地球辐射可分为：①长波辐射(6μm 以上)，指地表物体自身的热辐射，在此区域内太阳辐照的影响极小；②短波辐射(0.3~2.5μm)，指地球表面对太阳的反射辐射，地球自身的热辐射可忽略不计；③介于两者之间的中红外辐射(2.5~6μm)，既有对太阳辐射的反射又有地球自身的热辐射，其影响均不能忽略。

地物波谱特性(object spectral characteristic)：地物发射、反射和透射电磁波的能力随波长变化的特性。

镜面反射(specular reflection)：当入射能量全部或几乎全部按相反方向反射，且反射角等于入射角，称为镜面反射。

漫反射(diffuse reflection)：当入射能量在所有方向均匀反射，即入射能量以入射点为中心，在整个半球空间内向四周各向同性地反射能量的现象称为漫反射，又称朗伯反射或各向同性反射。

方向反射(directional reflection)：反射具有明显的方向性，可以认为镜面反射是方向反射的一个特例。自然界大多数地表既不完全是粗糙的朗伯表面，也不完全是光滑的镜面，而是介于两者之间的非朗伯表面(非均一，各向异性)。

反射率(reflective)：物体的反射辐射通量与入射辐射通量之比，是波长的函数，又称为光谱反射率$\rho(\lambda)$。

反射波谱(reflectance spectrum)：表示物体反射电磁波能力随波长变化的规律的图表。

波谱特征曲线(spectrum character curve)：物体的波谱发射率、反射率或透射率与波长的关系在直角坐标系中的表征曲线。

地物波谱特性(object spectral characteristic)：地物发射、反射和透射电磁波的强度随波长变化的特性。

2.2 知识扩展

2.2.1 反射光谱

通过地物反射光谱曲线的不同辨别地物是遥感识别地物性质的基本原理，不同的地物在不同波段反射率存在差异，相同地物光谱曲线有相似性，但是也存在差异性。

近年来，人们在长波红外(LWIR，8~11μm)植被研究方面取得了进展。通常对光谱做预处理，例如一阶导数和连续小波变换方法[1]，以最大限度地减少噪声，能够在与光谱库的比较中突出光谱特征，预测叶片功能性状，检测植被损害或对物种进行分类。Ribeiro 等人[2]确定了长波红外光谱特征来自叶片表面的生化和结构成分，活叶具有长波红外光谱特征。D. Harrison 等人[3]通过收集热带干旱森林的 LWIR 光谱，发现使用叶级的长波红外光谱可以区分树种，构成叶的细胞壁和角质层的五种常见化合物(纤维素、木聚糖、二氧化硅、角质和果酸)会影响叶子的 LWIR 特征。J. Antonio 等人[4]使用长波红外作为藤本植物和树叶分类的波长区域，以往的研究表明，LWIR 特征可能不会受到季节性或物候效应的显著影响[5]，结果发现使用 LWIR 而不是 VIS-NIR 反射可以显著提高藤本植物和树叶分类的整体性能。

Meisam 等人[6]对湿地展开研究，根据湿地类别的光谱特征分析，沼泽类似于植被，分别在近红外波段和红波段取得最大和最小值，浅水类在所有光谱带中都与其他湿地类在光谱上不同，与其他植被湿地相比，沼泽类在几乎所有光谱带中表现出最低的光谱响应，因为沼泽类比研究区域中发现的其他植被湿地类包含更多的开放水域。

当植物体内积累过量的金属元素时，相对含水量和叶绿素含量等生化参数的变化会改变植物光谱，可根据植物光谱的变化来判断土壤中重金属污染的程度，以植物为基础来反演土壤中的金属含量。Shi 等人[7]分别使用土壤光谱和水稻叶片光谱预测土壤中的砷含量，与土壤光谱相比，叶片光谱产生了更好的预测模型。结果还发现，土壤和叶片光谱的组合使用提高了模型预测能力。Cui 等人[8]提出了一种利用植物光谱监测土壤中铜污染的简便、快速的方法，并研究了季节对监测的影响，发现不同月份光谱差异较大。

近年来已采用多种方法对海洋和湖水中的 $R(\lambda)$ 进行光谱分类。各种无监督的分层和非分层聚类技术，例如模糊 c 均值分类、ISODATA、最大波长分类和 k 均值聚类等已被证明可有效区分各种情形的水类型，然而这些方法需要大量的数据集。迄今为止最直观和全球适应性最强的分类技术之一是 Wernand[9]提出的，它是基于将观察到的 $R(\lambda)$ 转换为定义水色调的色度坐标，从人眼的加权可见光谱响应中获得的水色调的方法已应用于多种水类型[10]。水的色调也可以用给定光谱的“主波长”来表示[11]。Ryan A 等人[12]提出了一种简单的遥感反射光谱分类方法，以沿着波长值的连续体定量描述多光谱或高光谱数据集的形状，可以在每个像素上检测到光谱形状随时间的变化，该方法应用于各种水类型。

2.2.2　双向反射分布函数

双向反射分布函数(Bidirectional Reflectance Distribution Function，BRDF)用来定义给定入射方向上的辐射照度如何影响给定出射方向上的辐射率。BRDF 受波长、表面的光学特性和结构影响，目前广泛用于天底方向的卫星测量归一化和从稀疏角度观测中反演地表反照率、耦合大气校正和土地覆盖分类以及推导冠层结构等。

以前，测角仪经常被用来表征 BRDF，但是使用耗时，不能准确表征高大作物的 BRDF。后来，人们常用抛物线和机载 POLDER 来测量 BRDF。随着无人机技术的发展，现在可以轻松记录表面 BRDF。根据相机的视场可以使用不同的采样方案。对于配备宽视场的相机，无人机可以沿着不同的轨迹移动以从多个位置和方向对同一目标进行采样，或在大约总视场的一半处倾斜相机并将无人机保持在大致相同的位置，同时旋转[13]。对于小视场相机，无人机在目标周围移动，同时观察天顶和方位角的方向不断变化，以保持相机指向目标[14]。Zhang 等人[15]开发了一种使用无人机高光谱成像系统的半自动多角度观测方法，并成功收集了具有清晰热点的阔叶林和针叶林冠层的多角度高光谱图像；Perter 等人[16]使用航空图像得到马铃薯冠层的反射各向异性，通过多角度测量拟合 RPV 模型，参数化并解释了各向异性反射效应，结果表明马铃薯作物在后向散射方向具有较高的反射率，生长季节冠层盖度的增加导致这种向后散射的减少，可能是随着冠层覆盖度的增加，行垄结构减少，减弱了其引起的阴影效应。

Jiao 等人[17]开发了各向异性平坦指数 AFX，并基于 AFX 理论和 MODIS BRDF 产品建立了原型 BRDF 数据库，其中包含每个 MODIS 光谱的六个 BRDF 原型，之后使用 BRDF 原型作为先验知识，从小视角机载观测中检索出反照率[18]，证明了这些 BRDF 原型对实际 BRDF 的代表性[19]。Li 等人[36]利用澳大利亚大陆 MODIS BRDF 形状和植被结构之间的统计关系改进了 Landsat 数据的 BRDF 归一化。

半经验内核驱动的线性双向反射分布函数（BRDF）模型已广泛用于从多角度遥感确

定复杂异构环境的特性。这些模型已被用于中分辨率成像光谱仪[20]（MODIS）、POLDER[21]、MSG、NPP[22]平台上的可见光/红外成像仪/辐射计（VIIRS）中。它们还被用于检索冠层结构参数[23-25]，以检查土地覆盖精度的提高分类[26]，以积累和应用 BRDF 原型形状的先验知识[18]，将表面反射与大气散射耦合以改进大气校正算法[27]，校正遥感各向异性反射率的影响，以及监测生态系统扰动和植被动态[17]。

使用内核驱动的 BRDF 模型来处理多角度测量时，输入的多角度测量必须针对大气影响进行校正，否则总入射辐照度中的混合漫射光将导致内核驱动模型检索的反射各向异性相当平滑，由此，Dong 等人[28]提出了内核驱动模型的漫射光校正（DLC）形式，以提高其处理与半球漫射光混合的多角度测量的能力，可用于从大气未校正的多角度测量中检索观测目标的固有反射各向异性。

但最近的研究已经认识到，半经验 BRDF 模型虽然不会显著影响反照率检索，但经常低估太阳照射方向附近的方向特征（又名热点效应），特别是 RTLSR 模型[29]，其体积散射分量最初源自水平均匀的植物冠层，不包括照明和观测几何之间的相关性。为了纠正热点效应，许多学者进行了模型的改进，He 等人[25]通过增加 POLDER 和 MODIS 热点 BRF 之间的差异，对 MODIS 热点振幅进行了校正；Zhu 等人[30]基于 MODIS RTLSR 模型通过将几何光学散射和体积散射相乘以修正热点函数的指数近似值，对热点振幅进行了校正；Jiao 等人[27]使用热点函数的修正指数近似来修正 RossThick 内核，使用具有两个自由参数（$C1$ 和 $C2$）的指数函数来近似表征热点效应的高度和宽度，热点参数与尺度无关，可以在不均匀的背景下重建 BRDF 参数，还可以用来改正 CI 指数。

地表反照率是影响地球辐射平衡的最重要参数之一，它通常被定义为双向反射分布函数（BRDF）的角积分。Chen 等人[31]提出了一种与地面 BRDF 模型耦合的简化大气辐射传输（RT）模型，并将其应用于 Sentinel-2 多光谱仪器（MSI）数据，以便在更高的空间分辨率（20m）下反演 BRDF/albedo 参数。

BRDF 也经常被用来估计植被覆盖度、LAI 与 CI 指数，Mu 等人[32]开发出 MultiVI，用于从在两个视角获得的角度 VI 中定量估计全覆盖植被指数值 Vx 和裸土的植被指数值 Vn。方向 VI 由 MODIS BRDF/ MCD43A1 数据计算得出，定量估计绿色植被覆盖率 FVC，适用于不同空间分辨率的区域到全球产品。丛生指数（CI）用于量化不同冠层结构内相对于随机分布的树叶分组水平，是植物冠层的关键结构参数，在生态和气象模型中有重要作用。He 等人[25]利用 NDHD 方法根据 MODIS BRDF 产品计算出热点，发现当使用最低点的热点时，现场测量和 MODIS 衍生的 CI 之间的相关性最高，MODIS BRDF 产品中的红色波段比近红外波段更好，可用于推导出所调查植被覆盖（主要是茂密森林）的 CI；Wei 等人[33]使用归一化热点和暗点（NDHD）方法评估了不同 BRDF 模型和太阳天顶角值对 CI 估计的影响；Schwieder 等人[34]根据 Sentinel-2 数据使用土壤-叶冠（SLC）BRDF 模型估计草地的地上生物量和 LAI，其中，土壤输入是通过测量裸土相邻像素上的参考 BRF 获得的。Sun 等人[35]研究了从多角度测量水背景对水稻田冠层反射率各向异性的影响，对两个冠层各向异性指数：各向异性因子（ANIF）和各向异性指数（ANIX），在关键物候阶段的非淹没和淹没冠层中进行了检查，对于相同的视角天顶角 VZA，后向观测显示出比前向观测更强的散射，可用作生物物理模型的输入和遥感产品的验证数据。Li 等人[36]通过使用无人机上的多光谱相机测量冠层 BRDF，来量化冠层顶部器官（RO）对可见光和近红外（NIR）光谱域中冠层 BRDF 的影响，以比较在有和没有 RO 的冠层测量的 BRDF。Ram 等人[37]建立植被结构指数（VSI），用于估计新英格兰地区的森林地上生物量，该指数由不同视角的多光谱反射率组合而成，是基于前向散射方向抑制地面反射率的概念提出的，近红外反射率越高，表明冠层体积的含量越高，而后向散射方向上的红色反射率越低，表明较高的冠层体积。

目前从传感器数据得出的森林指标很少考虑叶子的 BRDF，对叶子方向散射测量较少，Benjamin 等人[38]从可见光到短波红外光谱区域（350~2500nm）捕获了落叶阔叶双向反射分布函数（BRDF），为任何照明角度、观察天顶角或方位角准确生成 BRDF，测量了三种大型树木的叶子的双锥形定向反射系数，通过非线性回归将数据拟合到 BRDF 模型，揭示了叶种之间 BRDF 的差异特征，并表示叶 BRDF 模型可插入辐射传输模型，创建更准确的森林场景，可实现更高保真度的传感器评估和数据处理算法。

2.2.3　冠层反射率

冠层几何形状和生化特性一直不断变化并显著改变冠层内的辐射传递，冠层高光谱反射率受冠层结构特性的影响，包括 LAI、叶角分布（LAD）、土壤背景反射率和地面植被的空间分布[39]，提取冠层生化特性通常用半经验、辐射传输模型或几何光学模型。

几何光学模型（GO）可以分析对入射光的拦截、遮蔽和表面反射的影响，确定植被冠层的定向反射率[40]。Li 等人[41]在模型中引入 LAI，来代替 GOMS 模型的冠层结构参数 nR^2，得到的 MGOMS 模型可以直接、精确地反演 LAI。Zhou 等人[42]提出了一种离散水生植被冠层尺度的水生植被几何光学（AVGO）模型，将水背景的反射率分为镜面反射分量和漫反射分量后，所有反射面的反射率根据其材料的不同以及是否受到阳光直射而分为不同的反射率分量，将双向反射系数（BRF）视为不同反射分量的面积加权总和，可用于离散的挺水或沉水水生植被的冠层建模。结果表明前向热点对挺水和沉水植被都很重要，由镜面反射引起，而挺水植被的后向热点在红波段明显，在 NIR 波段不明显，沉水植被在红波段和 NIR 波段都不明显。前向热点对冠层密度极为敏感，为提取冠层结构信息提供了潜在信息。

SAIL 模型是目前最完善的辐射传输模型之一，已广泛应用于草类和作物相关研究，4SAIL 是基于 SAIL 模型开发的，该模型假设树叶随机分布在一个树冠内。Zhou 等人[43]提出 4SAIL-RowCrop 模型，通过整合 4SAIL 模型和 Kimes 几何模型，开发了一种新的 4SAIL-RowCrop 模型，其中 Kimes[44]模型和 Kimes-Porous 几何光学（GO）模块用于模拟不同的场景组件比例，再使用 4SAIL 模型计算光谱反射率和透射率，模拟行栽小麦和水稻作物的冠层反射率。

PROSPECT 模型自发布以来，新的版本陆续发布，例如 2008 年的 PROSPECT-5B[45]和 2017 年的 PROSPECT-D[46]。PROSPECT-D 模型首次包括控制新鲜叶片光学特性的所有三种主要色素，即叶绿素、类胡萝卜素和花青素，可以模拟整个生命周期中的叶片光学特性，模拟叶片光学性能得到极大改进，特别是对于花青色叶片，可利用性对叶和冠层尺度的植被建模具有重要意义。在叶尺度上，PROSPECT-D 将允许执行专注于花青素的敏感性分析，并设计专用于特定色素而对其他色素不太敏感的新植被指数，还可将 PROSPECT-D 与冠层反射模型如 SAIL 模型、DART 模型联系起来。Jiang 等人[47]提出了 FASPECT 模型，它是 PROSPECT 模型的演变，用于描述叶面之间反射率和透射率的差异，与对称处理两个叶面的原始 PROSPECT 模型相比，需要六个附加参数来描述两个面之间叶片光学特性的差异。

叶片反射率可以反映植被的基本光谱特征，但缺乏三维结构的光谱信息，冠层反射率可以弥补叶片反射率的不足，但容易受到土壤、大气等多种外部因素的影响。PROSAIL[48]模型将 PROSPECT[49]叶片光学特性模型与 SAIL[50]冠层反射模型相结合，将冠层反射率的光谱变化(主要与叶片生化含量有关)与其方向变化(主要与冠层结构和土壤/植被对比度相关)联系起来，已得到广泛验证并应用于实际。新开发的 SAIL 模型和 PROSPECT 模型仍可结合。Yang 等人[51]提出了一种用于土壤-植物-大气系统的 RTM-SPART 模型，以模拟传感器观察到的 TOC 和 TOA 反射率，并直接从 TOA 反射率中检索植被特性，跳过了 RTM 反演模式的大气校正过程。该模型分别对土壤（BSM）、植被冠层（PROSAIL）和大气（SMAC）使用三种计算效率高的方法，模型简单且改进了对大气和冠层之间相互作用的处理，生成的 SPART 模型计算效率高且易于反演。

与 SAIL 等一维 RT 模型相比，3D RT 模型可以提供更准确的仿真结果。近年来人们设计出了很多 3D RT 模型[52]，适用于逼真的场景，三维(3D)辐射传输(RT)建模已成为研究地球表面辐射特性的重要工具。它可用于分析太阳辐射与森林冠层之间的详细相互作用，然后开发参数化模型以生产高级遥感产品。算法通常可以分为两种求解辐射传输方程的方法：①辐射度；②光线追踪。辐射度方法，例如 DIANA[53]、RGM[54]和 RAPID[55]，计算任何两个散射表面之间的“视角因子”，并将其存储在矩阵中，一旦建立了视角因子矩阵，就可以有效地计算任何视角的 BRF。光线追踪方法更常用于 3D RT 模型，对复杂场景更具适应性和可扩展性。

光线追踪方法可以在“前向”或“后向”模式下进行。在前向模式中，光子从照明源追踪到观察方向，而后向模式从观察方向追踪光线以找到场景中的散射点并评估来自照明源的辐射贡献。前向模式更适合同时计算多角度 BRF 和解决能量平衡问题，例如，DART[56]模型完全以前向模式实现。能量沿离散化方向传播，并在离开模拟场景时被收集，这使 DART 能够模拟各种产品，例如 BRF、辐射收支和光合有效辐射（PAR）等。适用前向光线追踪方法的还有 Raytran、Rayspread、FLiES[57]和 FLIGHT[58]。Raytran 是一个纯粹的基于 MC 的模型，它跟踪来自光源的单色光线。在 Raytran 中，虚拟探测器用于收集场景上方的光线，并且 BRF 是通过收集的光线数量来估计的。因为它不使用任何加权机制(即光线完全被散射或吸收)，该模型的实现相对简单。然而，这也降低了 Raytran 的效率，因为通常需要很多光线才能产生收敛结果。

尽管前向追踪在单个模拟中模拟多个定向 BRF 具有优势，但在模拟特定传感器图像时通常效率较低，这主要是由于跟踪的能量最终对模拟图像没有贡献。在模拟非常大的场景时效率甚至更低，其中传感器仅捕获其中的一小部分。DIRSIG[59]使用反向路径追踪来估计离地辐射亮度。

Qi 等人[60]提出了 LESS 3D 辐射传输模型，可以准确高效地模拟从可见光到热红外域的植被场景的光谱反射和图像。LESS 的后向路径追踪仅追踪进入传感器的光线，使其在模拟图像方面非常有效。使用 LESS 进行图像模拟，需要导入 3D 场景文件，并设置照明和观察几何、光学属性植被成分(光谱反射率或 PROSPECT 模型参数)和背景土壤的光学特性(光谱反射率或 SOILSPECT 模型参数)。

用于 RTM 反演的技术很多，包括数值优化方法，基于查找表 LUT 的算法[61]、人工神经网络(ANN)算法、支持向量机(SVM)算法和遗传算法（GA)。三种最先进的贝叶斯优化方法、基于序列模型的算法配置（SMAC)、树结构 Parzen 估计器（TPE）和 Spearmint 被广泛用于优化 RTM 反演[62]。

叶绿素荧光 RTM 模拟冠层内的光分布，而光合作用模型模拟光系统中的能量分配。PROSPECT 模型是最常用和最完善的叶尺度的 RTM 之一，第一个旨在模拟植物叶片中叶绿素 a 荧光发射的是 FluorMODleaf，随后是计算上更简单的 Fluspect-B 和 Fluspect-Cx。Fluspect 模型再现了 400~2500nm 的叶片光学特性，以及入射到暗适应叶片正面的每波长光合有效辐射（PAR）的前向和后向发射 SIF 的 3D 矩阵。除了这些半经验模型之外，人们还开发了物理 3D 叶荧光 RTM，例如，Monte Carlo（MC）模型或 Fluorescence Leaf Canopy Vector Radiative Transfer 模型。

一维最常用的 SIF 模型基于经典的 SAIL 理论，称为 SCOPE[63]，是一个集成的辐射转移和能量平衡模型，该模型已广泛应用于增强对遥感数据和冠层光合作用的理解，并支持定量利用反射和荧光估计植物功能性状。基于 SAIL RTM，结合叶片水平 SIF 和生物化学模型，SCOPE 对光合作用和完全能量平衡进行了建模，尽管 SCOPE 的一维公式扩展到了垂直异质性冠层，但它不太适用于结构复杂的冠层，如森林。Yang 等人[64]提出了一种基于 SCOPE 的多层反射、荧光和光合作用模型，称为 mSCOPE。mSCOPE 模型考虑了叶片生化和生物物理特性的垂直变化。SAIL 中入射通量辐射传递的解析解和 SCOPE 中发射荧光辐射传递的数值解不适用于 mSCOPE，该模型给出了多层冠层辐射传输方程的解，允许计算冠层顶部（TOC）反射率和通量分布。两种 SCOPE 模型都不仅仅模拟辐射和 SIF 传递，还模拟了土壤-植被-大气温度和能量平衡，包括光合作用过程。SCOPE 因其简单性和稳健性而经常被使用，但其一维结构不适合复杂的冠层[65]。

一些 3D RTM 已经具备将 SIF 从叶子扩展到冠层的能力，以更好地捕捉植被冠层结构异质性的影响。Tong 等人[66]在 3D 农作物上开发和测试了 FluorWPS 模型，是一种 3D MC 射线追踪 SIF 模型。Gastellu-Etchegorry 等人[56]在离散各向异性辐射传递（DART）模型中模拟的 SIF 的通量跟踪用于评估其在 3D 玉米冠层中的多角度各向异性。由 FLIGHT 开发的 FluorFLIGHT 3D 模型评估森林健康对太阳诱导的叶绿素荧光的影响以解释森林结构[67]。Köhler 等人利用 FLiES MC 模型解释了亚马孙森林的星载 SIF。Malenovský 等人[68]将 DART 模型与 Fluspect-Cx 结合评估冠层 3D 结构对冠层顶部 SIF 的影响，结果表明在 DART 中模拟的混浊植被的 SIF 与 SCOPE/mSCOPE 模型中的相同。OmarRegaieg 等人[69]使用 DART 模型[43]评估冠层 3D 结构对森林叶绿素荧光辐射的影响。

◎ 参考文献

[1] ULLAH S, SKIDMORE A K, NAEEM M, et al. An accurate retrieval of leaf water content from mid to thermal infrared spectra using continuous wavelet analysis [J]. Science of the Total Environment, 2012, 437: 145-152.

[2] DA LUZ B R, CROWLEY J K J R S O E. Identification of plant species by using high spatial and spectral resolution thermal infrared (8.0-13.5μm) imagery [J]. Remote Sensing of Environment, 2010, 114(2): 404-413.

[3] HARRISON D, RIVARD B, SANCHEZ-AZOFEIFA A. Classification of tree species based on longwave hyperspectral data from leaves, a case study for a tropical dry forest [J]. International Journal of Applied Earth Observation and Geoinformation, 2018, 66: 93-105.

[4] RIVARD B, SáNCHEZ-AZOFEIFA G A. Discrimination of liana and tree leaves from a Neotropical Dry Forest using visible-near infrared and longwave infrared reflectance spectra [J]. Remote Sensing of Environment, 2018, 219: 135-144.

[5] ULLAH S, SCHLERF M, SKIDMORE A K, et al. Identifying plant species using mid-wave infrared (2.5-6 μm) and thermal infrared (8-14 μm) emissivity spectra [J]. Remote Sensing of Environment, 2012, 118: 95-102.

[6] AMANI M, SALEHI B, MAHDAVI S, et al. Spectral analysis of wetlands using multi-source optical satellite imagery [J]. ISPRS Journal of Photogrammetry and Remote Sensing, 2018, 144: 119-136.

[7] SHI T, WANG J, CHEN Y, et al. Improving the prediction of arsenic contents in agricultural soils by combining the reflectance spectroscopy of soils and rice plants [J]. International Journal of Applied Earth Observation and Geoinformation, 2016, 52: 95-103.

[8] CUI S, ZHOU K, DING R, et al. Monitoring the soil copper pollution degree based on the reflectance spectrum of an arid desert plant [J]. Spectrochimica Acta Part A: Molecular Biomolecular spectroscopy, 2021, 263: 120186.

[9] WERNAND M, HOMMERSOM A, VAN DER WOERD H. MERIS-based ocean colour classification with the discrete Forel-Ule scale [J]. Ocean Science, 2013, 9(3): 477-487.

[10] VAN DER WOERD H J, WERNAND M R. Hue-angle product for low to medium spatial resolution optical satellite sensors [J]. Remote Sensing, 2018, 10(2): 180.

[11] LEHMANN M K, NGUYEN U, ALLAN M, et al. Colour classification of 1486 lakes across a wide range of optical water types [J]. Remote Sensing, 2018, 10(8): 1273.

[12] VANDERMEULEN R A, MANNINO A, CRAIG S E, et al. 150 shades of green: Using the full spectrum of remote sensing reflectance to elucidate color shifts in the ocean [J]. Remote Sensing of Environment, 2020, 247: 111900.

[13] ROOSJEN P P, SUOMALAINEN J M, BARTHOLOMEUS H M, et al. Hyperspectral reflectance anisotropy measurements using a pushbroom spectrometer on an unmanned aerial vehicle—Results for barley, winter wheat, and potato [J]. Remote Sensing, 2016, 8(11): 909.

[14] BURKART A, AASEN H, ALONSO L, et al. Angular dependency of hyperspectral measurements over wheat characterized by a novel UAV based goniometer [J]. Remote Sensing, 2015, 7(1): 725-746.

[15] ZHANG X, QIU F, ZHAN C, et al. Acquisitions and applications of forest canopy hyperspectral imageries at hotspot and multiview angle using unmanned aerial vehicle platform [J]. Journal of Applied Remote Sensing, 2020, 14(2): 022212-022212.

[16] ROOSJEN P P, SUOMALAINEN J M, BARTHOLOMEUS H M, et al. Mapping reflectance anisotropy of a potato canopy using aerial images acquired with an unmanned aerial vehicle [J]. Remote Sensing, 2017, 9(5): 417.

[17] JIAO Z, HILL M J, SCHAAF C B, et al. An anisotropic flat index (AFX) to derive BRDF archetypes from MODIS [J]. Remote Sensing of Environment, 2014, 141: 168-187.

[18] JIAO Z, ZHANG H, DONG Y, et al. An algorithm for retrieval of surface albedo from small view-angle airborne observations through the use of BRDF archetypes as prior knowledge [J]. IEEE Journal of Selected Topics in Applied Earth Observations and Remote Sensing, 2015, 8(7): 3279-3293.

[19] ZHANG H, JIAO Z, DONG Y, et al. Analysis of extracting prior BRDF from MODIS BRDF data [J]. Remote Sensing, 2016, 8(12): 1004.

[20] SCHAAF C B, GAO F, STRAHLER A H, et al. First operational BRDF, albedo nadir reflectance products from MODIS [J]. Remote Sensing of Environment, 2002, 83(1-2): 135-148.

[21] BACOUR C, BRéON F-M. Variability of biome reflectance directional signatures as seen by POLDER [J]. Remote Sensing of Environment, 2005, 98(1): 80-95.

[22] JUSTICE C O, ROMáN M O, CSISZAR I, et al. Land and cryosphere products from Suomi NPP VIIRS: Overview and status [J]. Journal of Geophysical Research: Atmospheres, 2013, 118(17): 9753-9765.

[23] GAO H, GU X, YU T, et al. Cross-calibration of gf-1 pms sensor with landsat 8 oli and terra modis [J]. IEEE Transactions on Geoscience and Remote Sensing, 2016, 54(8): 4847-4854.

[24] HILL M J, ROMáN M O, SCHAAF C B, et al. Characterizing vegetation cover in global savannas with an annual foliage clumping index derived from the MODIS BRDF product [J]. Remote Sensing of Environment, 2011, 115(8): 2008-2024.

[25] HE L, CHEN J M, PISEK J, et al. Global clumping index map derived from the MODIS BRDF product [J]. Remote Sensing of Environment, 2012, 119: 118-130.

[26] JIAO Z, WOODCOCK C, SCHAAF C B, et al. Improving MODIS land cover classification by combining MODIS spectral and angular signatures in a Canadian boreal forest [J]. Canadian Journal of Remote Sensing, 2011, 37(2): 184-203.

[27] JIAO Z, SCHAAF C B, DONG Y, et al. A method for improving hotspot directional

signatures in BRDF models used for MODIS [J]. Remote Sensing of Environment, 2016, 186: 135-151.

[28] DONG Y, JIAO Z, DING A, et al. A modified version of the kernel-driven model for correcting the diffuse light of ground multi-angular measurements [J]. Remote Sensing of Environment, 2018, 210: 325-344.

[29] ROMáN M O, GATEBE C K, SCHAAF C B, et al. Variability in surface BRDF at different spatial scales (30m-500m) over a mixed agricultural landscape as retrieved from airborne and satellite spectral measurements [J]. Remote Sensing of Environment, 2011, 115(9): 2184-2203.

[30] ZHU G, JU W, CHEN J M, et al. Foliage clumping index over China's landmass retrieved from the MODIS BRDF parameters product [J]. IEEE Transactions on Geoscience and Remote Sensing, 2011, 50(6): 2122-2137.

[31] CHEN F, LI Y, MA Q, et al. High-Resolution BRDF and Albedo Parameters Inversion from Sentinel-2 Multispectral Instrument Data [C]. IGARSS 2020-2020 IEEE International Geoscience and Remote Sensing Symposium, 2020.

[32] MU X, SONG W, GAO Z, et al. Fractional vegetation cover estimation by using multi-angle vegetation index [J]. Remote Sensing of Environment, 2018, 216: 44-56.

[33] WEI S, FANG H. Estimation of canopy clumping index from MISR and MODIS sensors using the normalized difference hotspot and darkspot (NDHD) method: The influence of BRDF models and solar zenith angle [J]. Remote Sensing of Environment, 2016, 187: 476-491.

[34] SCHWIEDER M, BUDDEBERG M, KOWALSKI K, et al. Estimating grassland parameters from Sentinel-2: A model comparison study [J]. PFG-Journal of Photogrammetry, Remote Sensing and Geoinformation Science, 2020, 88: 379-390.

[35] SUN T, FANG H, LIU W, et al. Impact of water background on canopy reflectance anisotropy of a paddy rice field from multi-angle measurements [J]. Agricultural and Forest Meteorology, 2017, 233: 143-152.

[36] LI W, JIANG J, WEISS M, et al. Impact of the reproductive organs on crop BRDF as observed from a UAV [J]. Remote Sensing of Environment, 2021, 259: 112433.

[37] SHARMA R C J J O I. Vegetation structure index (VSI): retrieving vegetation structural information from multi-angular satellite remote sensing [J]. Journal of Imaging, 2021, 7(5): 84.

[38] ROTH B D, SAUNDERS M G, BACHMANN C M, et al. On leaf BRDF estimates and their fit to microfacet models [J]. IEEE Journal of Selected Topics in Applied Earth Observations and Remote Sensing, 2020, 13: 1761-1771.

[39] BACOUR C, JACQUEMOUD S, TOURBIER Y, et al. Design and analysis of numerical experiments to compare four canopy reflectance models [J]. Remote sensing of environment, 2002, 79(1): 72-83.

[40] NORMAN J M, WELLES J M, WALTER E A. Contrasts among bidirectional reflectance of leaves, canopies, and soils [J]. IEEE Transactions on Geoscience and Remote Sensing, 1985, (5): 659-667.

[41] LI C, SONG J, WANG J. Modifying geometric-optical bidirectional reflectance model for direct inversion of forest canopy leaf area index [J]. Remote Sensing, 2015, 7(9): 11083-11104.

[42] ZHOU G, YANG S, SATHYENDRANATH S, et al. Canopy modeling of aquatic vegetation: A geometric optical approach (AVGO) [J]. Remote Sensing of Environment, 2020, 245: 111829.

[43] ZHOU K, GUO Y, GENG Y, et al. Development of a novel bidirectional canopy reflectance model for row-planted rice and wheat [J]. Remote Sensing, 2014, 6(8): 7632-7659.

[44] KIMES D. Remote sensing of row crop structure and component temperatures using directional radiometric temperatures and inversion techniques [J]. Remote Sensing of Environment, 1983, 13(1): 33-55.

[45] FERET J-B, FRANçOIS C, ASNER G P, et al. PROSPECT-4 and 5: Advances in the leaf optical properties model separating photosynthetic pigments [J]. Remote Sensing of Environment, 2008, 112(6): 3030-3043.

[46] FéRET J-B, GITELSON A, NOBLE S, et al. PROSPECT-D: Towards modeling leaf optical properties through a complete lifecycle [J]. Remote Sensing of Environment, 2017, 193: 204-215.

[47] JIANG J, COMAR A, WEISS M, et al. FASPECT: A model of leaf optical properties accounting for the differences between upper and lower faces [J]. Remote Sensing of Environment, 2021, 253: 112205.

[48] JACQUEMOUD S, VERHOEF W, BARET F, et al. PROSPECT+SAIL models: A review of use for vegetation characterization [J]. Remote Sensing of Environment, 2009, 113: S56-S66.

[49] JACQUEMOUD S, BARET F. PROSPECT: A model of leaf optical properties spectra [J]. Remote Sensing of Environment, 1990, 34(2): 75-91.

[50] VERHOEF W, JIA L, XIAO Q, et al. Unified optical-thermal four-stream radiative transfer theory for homogeneous vegetation canopies [J]. IEEE Transactions on Geoscience and Remote Sensing, 2007, 45(6): 1808-1822.

[51] YANG P, VAN DER TOL C, YIN T, et al. The SPART model: A soil-plant-atmosphere radiative transfer model for satellite measurements in the solar spectrum [J]. Remote Sensing of Environment, 2020, 247: 111870.

[52] KUUSK A. Canopy Radiative Transfer Modeling [J]. Reference Module in Earth Systems and Environmental Sciences, 2018: 9-22.

[53] GOEL N S, ROZEHNAL I, THOMPSON R L. A computer graphics based model for

scattering from objects of arbitrary shapes in the optical region [J]. Remote Sensing of Environment, 1991, 36(2): 73-104.

[54] QIN W, GERSTL S A. 3-D scene modeling of semidesert vegetation cover and its radiation regime [J]. Remote Sensing of Environment, 2000, 74(1): 145-162.

[55] HUANG H, QIN W, LIU Q. RAPID: A Radiosity Applicable to Porous IndiviDual Objects for directional reflectance over complex vegetated scenes [J]. Remote Sensing of Environment, 2013, 132: 221-237.

[56] GASTELLU-ETCHEGORRY J-P, YIN T, LAURET N, et al. Discrete anisotropic radiative transfer (DART 5) for modeling airborne and satellite spectroradiometer and LiDAR acquisitions of natural and urban landscapes [J]. Remote Sensing, 2015, 7(2): 1667-1701.

[57] KOBAYASHI H, IWABUCHI H. A coupled 1-D atmosphere and 3-D canopy radiative transfer model for canopy reflectance, light environment, and photosynthesis simulation in a heterogeneous landscape [J]. Remote Sensing of Environment, 2008, 112(1): 173-185.

[58] NORTH P R. Three-dimensional forest light interaction model using a Monte Carlo method [J]. IEEE Transactions on Geoscience and Remote Sensing, 1996, 34(4): 946-956.

[59] GOODENOUGH A A, BROWN S D. DIRSIG 5: core design and implementation; proceedings of the Algorithms and technologies for multispectral, hyperspectral, and ultraspectral imagery XVIII, F, 2012 [C]. SPIE.

[60] QI J, XIE D, YIN T, et al. LESS: LargE-Scale remote sensing data and image simulation framework over heterogeneous 3D scenes [J]. Remote Sensing of Environment, 2019, 221: 695-706.

[61] VERGER A, VIGNEAU N, CHéRON C, et al. Green area index from an unmanned aerial system over wheat and rapeseed crops [J]. Remote Sensing of Environment, 2014, 152: 654-664.

[62] BOUBEZOUL A, PARIS S. Application of global optimization methods to model and feature selection [J]. Pattern Recognition, 2012, 45(10): 3676-3686.

[63] VAN DER TOL C, VILFAN N, DAUWE D, et al. The scattering and re-absorption of red and near-infrared chlorophyll fluorescence in the models Fluspect and SCOPE [J]. Remote Sensing of Environment, 2019, 232: 111292.

[64] YANG P, VERHOEF W, VAN DER TOL C. The mSCOPE model: A simple adaptation to the SCOPE model to describe reflectance, fluorescence and photosynthesis of vertically heterogeneous canopies [J]. Remote Sensing of Environment, 2017, 201: 1-11.

[65] LIU W, ATHERTON J, MõTTUS M, et al. Simulating solar-induced chlorophyll fluorescence in a boreal forest stand reconstructed from terrestrial laser scanning measurements [J]. Remote Sensing of Environment, 2019, 232: 111274.

[66] ZHAO F, DAI X, VERHOEF W, et al. FluorWPS: A Monte Carlo ray-tracing model to

compute sun-induced chlorophyll fluorescence of three-dimensional canopy [J]. Remote Sensing of Environment, 2016, 187: 385-399.

[67] HERNáNDEZ-CLEMENTE R, NORTH P R, HORNERO A, et al. Assessing the effects of forest health on sun-induced chlorophyll fluorescence using the FluorFLIGHT 3-D radiative transfer model to account for forest structure [J]. Remote Sensing of Environment, 2017, 193: 165-179.

[68] MALENOVSKý Z, REGAIEG O, YIN T, et al. Discrete anisotropic radiative transfer modelling of solar-induced chlorophyll fluorescence: Structural impacts in geometrically explicit vegetation canopies [J]. Remote Sensing of Environment, 2021, 263: 112564.

[69] REGAIEG O, YIN T, MALENOVSKý Z, et al. Assessing impacts of canopy 3D structure on chlorophyll fluorescence radiance and radiative budget of deciduous forest stands using DART [J]. Remote Sensing of Environment, 2021, 265: 112673.

第3章　遥感平台与传感器

3.1　知识要义

本章重点讲解：遥感平台简介；陆地资源卫星的轨道特点、陆地资源卫星种类；遥感仪器概述：框幅式、推扫式、扫描式以及侧视雷达等传感器成像原理；传感器的参数。本章所涉及的基本概念包括：遥感平台、遥感传感器。

3.1.1　遥感平台

遥感平台(remote sensing platform)：安放遥感器并能进行遥感作业的载体。

地面平台(ground remote sensing platform)：高度通常在100m以下，安置遥感器的三脚架、遥感塔、遥感车等。

航空平台(aerial remote sensing platform)：高度通常在100m以上，100km以下安置遥感器的航空飞行器、无人机、飞艇和气球等飞行器。

航天平台(space remote sensing platform)：高度通常在240km以上的航天飞机、人造卫星等航天飞行器。

升交点赤经(right ascension of ascending node)：春分点沿赤道逆时针方向到升交点的角距。

轨道倾角(orbit inclination)：轨道平面与赤道平面的夹角。

卫星轨道的半长轴(semi-major axis of orbit)：卫星轨道椭圆的长半径。

轨道偏心率(orbital eccentricity)：卫星椭圆轨道两个焦点之间的距离与长轴的比值。

卫星过近地点时刻(satellite perigee time)：卫星经过近地点的时刻，作为卫星运动时间的起算点，过近地点时刻后的时间长度可表明卫星在轨道上的位置。

近地点角距(argument of perigee)：从升交点沿卫星轨道到近地点的角距。

轨道周期(orbital period)：卫星在轨道上绕地球一周所需的时间。

覆盖周期(covering the period)：卫星从某点开始，经过一段时间飞行后，又回到该点用的时间。

赤道轨道(equatorial orbit)：轨道倾角等于0°，轨道平面与赤道平面重合。

地球静止轨道(the geostationary orbit，GEO)：轨道倾角等于0°且卫星运行方向与地球自转方向一致，运行周期与地球自转周期相等。

倾斜轨道(orbital inclination)：倾斜轨道分为顺行轨道和逆行轨道，其中顺行轨道的轨道倾角在0°~90°，卫星运行方向与地球自转方向一致；而逆行轨道的轨道倾角在90°~

180°，卫星运行方向与地球自转方向相反。

星下点(subsatellite point)：卫星质心与地心连线同地球表面的交点。

星下点轨迹(track of subsatellite point)：星下点在卫星运行过程中在地面的轨迹。

近圆形的轨道：轨道偏心率接近于 0 的卫星轨道，有利于使不同地区获取的图像比例尺一致，使得卫星速度近于匀速，便于遥感传感器稳定成像。

近极地的轨道：轨道倾角接近 90°的卫星轨道，有利于增大卫星对地总的覆盖范围。

与太阳同步的轨道：卫星轨道面与太阳、地球连线之间在黄道面内的夹角不随地球绕太阳公转而改变，有利于卫星在相近的光照条件下对地面进行观测，也有利于卫星在固定时间飞临地面接收站。

卫星姿态角(satellite attitude)：以卫星质心为坐标系原点，用来描述卫星相对自身运动位置的角度。

3.1.2　遥感传感器

摄影方式遥感器(photographic mode remote sensor)：指经过透镜(组)，按几何光学的原理聚焦构像，用感光材料，通过光化学反应直接感测和记录目标物反射的可见光和摄影红外波段电磁辐射能，在胶片或像纸上形成目标物固化影像的遥感器。

电子扫描方式遥感器(electronic scanning mode sensor)：由扫描电子束逐次扫描经透镜在焦平面上形成的光像而成像的遥感器。

瞬时视场(instantaneous field of view，IFOV)：指传感器内单个探测元件的受光角度或观测视野，它决定了在给定高度上瞬间观测的地表面积，这个面积就是传感器所能分辨的最小单元。

收集器(divertor)：收集器是用于接收目标物发射或反射的电磁辐射能的元件，并把它们进行聚焦，然后送往探测系统。摄影机的收集元件是凸透镜；雷达的收集元件是天线。

探测器(detector)：将辐射能转化为电信号的元件。具体的元器件如感光胶片、光电管、光敏和热敏探测元件、共振腔谐振器等。

处理器(processor)：对收集的信号进行处理。如显影、定影、信号放大、变化、校正和编码等。具体的处理器类型有摄影处理装置和电子处理装置。

输出器(follower)：输出获取的数据。输出器类型有扫描晒像仪、阴极射线管、电视显像管、磁带记录仪、彩色喷墨仪，等等。

成像光谱仪(imaging spectrometer)：利用成像技术和精细光谱分光技术，同时获取目标二维影像和各像元在不同波长下的光谱成分的遥感器。

线阵扫描(linear scanning)：线阵扫描成像是指瞬间先形成一条与平台前进方向垂直的线图像，然后靠平台运动形成二维图像。每次扫描时，同一扫描行通过中心投影成像，如线阵列 CCD 推扫式成像仪成像。

成像雷达(imaging radar)：通过发射雷达脉冲以接收物体后向散射信号，形成地物景观图像的一种传感器。

后向散射回波(back scattering)：与雷达波入射方向逆向的微波散射。

斜距(slant range)：天线至目标的径向距离。

地面距离(ground distance)：从航迹(地面轨迹)到目标的水平距离。

波瓣角(beamangle)：天线方向低于主瓣峰值3db处所形成的夹角。

方位向(azimuth)：侧视雷达成像时平台的飞行方向。

方位向分辨率(azimuth resolution)：在雷达飞行方向上，能分辨两个目标的最小距离。

距离向(range direction)：侧视雷达成像时垂直飞机航向方向。

距离分辨率(range resolution)：在脉冲发射的方向上，能分辨两个目标的最小距离。

雷达地距分辨率(radar ground range resolution)：距离向上，能分辨的两个地面目标之间的最小水平距离。

合成孔径雷达(synthetic aperture radar，SAR)：利用雷达与目标的相对运动把尺寸较小的真实天线孔径用数据处理的方法合成一较大的等效天线孔径的雷达，可提高雷达成像的方位向分辨率。

相干雷达(InSAR)：利用SAR对同一地区获取两幅(或两幅以上)的影像来形成干涉，进而得到该地区的三维地表信息。

激光雷达(light detection and ranging，LiDAR)：以扫描方式发射激光束并接收物体回波信号从而获取目标三维信息的系统。

3.2 知识扩展

3.2.1 星载遥感平台发展

1957年10月，苏联发射世界第一颗人造地球卫星斯普特尼克1号(Sputnik-1)，人类社会进入太空时代[1]。仰观浩瀚宇宙、俯瞰苍茫大地、追寻生命起源成为空间活动的重要主题。1959年利用自动星际站探测月球背面，1961年发射“东方”号飞船，利用航天器居高临下的优势开展对地观测水到渠成。对地观测卫星成为航天器的重要类型，卫星遥感或空间对地观测成为卫星应用的重要领域和空间科学研究的重要数据源。随着卫星对地观测的发展和关于太空探索的科学传播，地球科学的研究对象“地球”首次以一个完整的形态呈现在科学家和社会公众面前。1968年12月24日，人类首次载人绕月任务阿波罗8号的航天员比尔·安德斯(Bill Anders)拍摄的“地出”(Earthrise)照片，被誉为“有史以来拍摄到的最具影响力的环境照片”[2]。1972年，美国发射陆地卫星，获得了79m分辨率的多光谱(MSS)图像，它标志着遥感已经从航空遥感进入空间遥感时代[3]。

历经近60年的发展，空间对地观测体系和能力日趋完备，已经开启大变革时代的序幕，空间对地观测领域显现出两方面特点：一是系统规模和能力稳步发展，应用广度和深度不断延伸，服务能力和产业化水平显著提高；二是在大国竞争的时代背景下衍生出的需求变化，已成为未来新一代空间对地观测系统转型发展、技术创新的主导推动力量。截至2020年10月31日，全球已发射10556个航天器，其中对地观测卫星达3273颗，占比超过三成，位居第二(图3.1)。从时间尺度来看，对地观测卫星发射数量在2000—2009年、

2010—2019年两个十年间实现快速跃升，由218颗增至1080颗，增加近5倍(图3.2)。对地观测卫星发射规模显现两种“新”趋向：一是传统大卫星(质量>500kg)发展平稳，发射占比23%；二是创新小卫星发展跃升，发射占比77%。

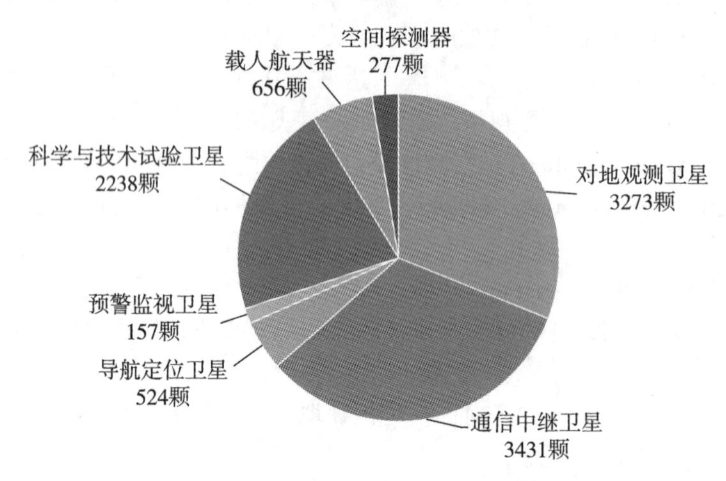

图3.1 全球卫星发射数量统计[4]

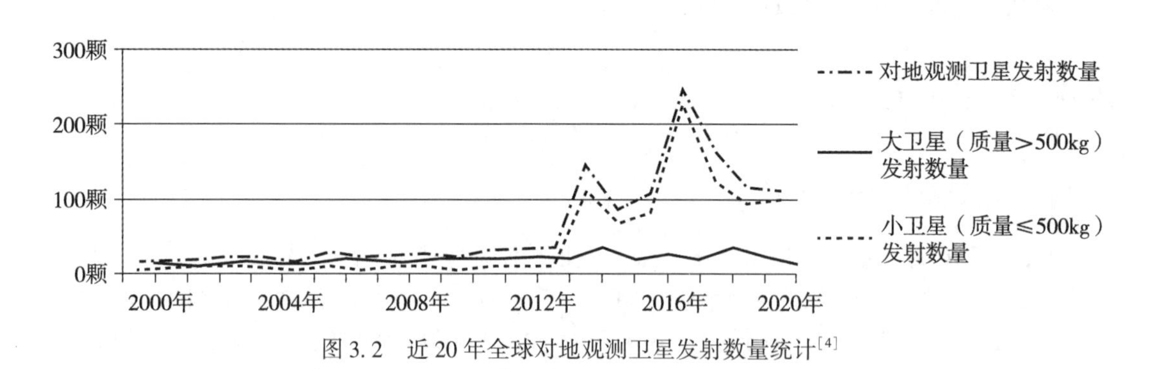

图3.2 近20年全球对地观测卫星发射数量统计[4]

遥感平台有地球同步轨道卫星(35000km)、太阳同步卫星(60~1000km)、太空飞船(200~300km)、航天飞机(240~350km)、探空火箭(200~1000km)，并且还有高、中、低空飞机、升空气球、无人机等。传感器有框幅式光学相机、缝隙相机、全景相机、光机扫描仪、光电扫描仪、CCD线阵、面阵扫描仪、微波散射计、雷达测高仪、激光扫描仪和合成孔径雷达等，它们几乎覆盖了可透过大气窗口的所有电磁波段。三行CCD阵列可以同时得到3个角度的扫描成像，EOS Terra卫星上的MISR可同时从9个角度对地成像。

航空航天遥感传感器数据获取技术趋向三多(多平台[5]、多传感器、多角度[6])和三高(高空间分辨率、高光谱分辨率和高时相分辨率)。单以分辨率来说，美国军用大型对地观测“锁眼”(KH)系列卫星，卫星全色分辨率达到0.1m，红外分辨率达到0.5m。世界观测-3(WorldView-3)军商两用卫星达到0.31m分辨率[7]。美国“未来成像体系-雷达”(FIA-Radar)卫星分辨率优于0.3m。德国商业合成孔径雷达卫星——“X频段陆地雷达”

(TerraSAR-X)卫星分辨率达到0.25m。同时，随着对快速重访能力的需求与日俱增，微小对地观测卫星星座快速发展，美国“天空卫星”的图像分辨率达0.9m，视频分辨率达1.1m(30帧/秒)[8]。

1. 国外卫星计划

截至2020年10月31日，国外在轨对地观测卫星633颗(图3.3)，与此前的在轨数量255颗相比，数量翻了一番。目前美国对地观测卫星数量最多，约占63.5%。从对地观测卫星在轨规模来看，传统大卫星数量趋稳，占比47%；新型卫星(以星座组成系统)数量跃升，占比53%，已反超大卫星。目前，对地观测系统技术及演进正进入承上启下的关键阶段，总体来看，传统大型卫星系统技术稳步升级，观测性能和效能显著提升；新型小型卫星系统技术蓬勃发展(表3.1)，服务时效性和产品多样性显露优势；新一代对地观测系统技术呼之欲出，高、低轨卫星系统技术正朝多途径发展。

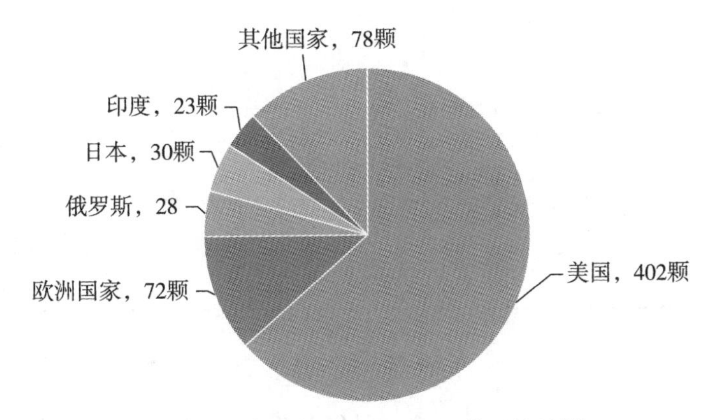

图3.3 国外在轨对地观测卫星数量统计[4]

表3.1 **国外典型的对地观测微纳卫星情况(截至2020年)[8-9]**

名　　称	星(座)组成情况/颗(规划/已发射/在轨)	分辨率/m	质量/kg	寿命/年	备　注	所属国家
“天空卫星”(SkySat)星座	24/15/15	0.72(全色) 1(多光谱)	113	6	重访周期8h	美国
“鸽群”(FLOCK)星座	150/349/229	3~5	5	3	近实时重访	美国
“卡佩拉”(Capella)星座	36/1/1	0.5	100	—	重访周期1h	美国
“狐猴-2”(Lemur-2)星座	125/112/87	—	4	4	实时覆盖	美国
“黑天全球”(BlackSky Global)星座	60/5/5	1(多光谱)	54	3	重访周期1.5h	美国

续表

名　　称	星(座)组成情况/颗(规划/已发射/在轨)	分辨率/m	质量/kg	寿命/年	备　注	所属国家
"陆地制图" Landmapper 星座	10/5/5(BC 型)	22	10	5	重访周期 1d	美国
	20/0/0(HD 型)	2.5	20	5	重访周期 1~4d	
"灰鹤"(GRUS)星座	5/1/1	2.5(全色) 5(多光谱)	80	5	重访周期 24h	日本
"清晰成像"(Vivid-i)星座	15/1/1	0.6 1(视频)	100	5	12h	英国
"印度纳鲁尔伊斯拉姆大学"(NIUSAT)卫星	1/1/1	25	15	—	技术验证	印度
"新卫星"(NuSat)星座	98/7/7	1(多光谱) 30(超光谱)	37	3	重访周期 1h	阿根廷
"芬兰冰眼"(ICEYE)星座	18/5/5	3	80	3	重访周期 3h	芬兰

1)美国

多年来，美国建设了规模大、种类全、性能先进且军民功能互补的空间基础设施，在商业卫星遥感应用等方面长期领先[10]。

在军事侦察卫星方面，美国"锁眼"12(KH-12)是美国第六代成像侦察卫星，搭载有可见光、红外、多光谱和超光谱传感器等多种成像侦察设备，最高空间分辨率 0.1m，是目前世界上公认最先进的光学成像侦察卫星[4,11]。KH-12 在伊拉克战争中发挥了重要作用，利用 3 颗 KH 光学成像卫星进行不间断侦察，每隔 2 小时对伊拉克全境获取一次成像情报。综合利用可见光、红外与微波成像能力，弥补侦察的盲区，快速地查明了伊军的布防情况，为美军了解战场态势、组织火力打击、综合计划兵力火力、战损评估等提供了有力的情报保障。美国 KH-12 与以往的侦察卫星相比，进一步提升了空间分辨率，组成星座提高了时间分辨率，具有 0.1m 的超高分辨率、红外成像、大气补偿和斜距补偿能力等，使用寿命长，能够连续不断地为美国提供高分辨率情报图像。另外，美国"长曲棍球"卫星星载高分辨力合成孔径雷达的最高分辨率为 0.3m，具有不受云、雾、烟影响的全天候昼夜侦察能力，弥补了光学侦察的短板，在几场局部战争和地区冲突中均发挥了巨大作用[12]。

在民商用对地观测卫星方面，截至 2020 年年底，美国共有 362 颗对地观测卫星在轨运行。从卫星类型来看，光学对地成像卫星 213 颗，雷达对地成像卫星 3 颗，气象环境探测卫星126颗，海洋环境探测卫星1颗，其他环境探测卫星16颗，射频信号接收定位卫星3颗；从卫星用途来看，民用卫星37颗，商用卫星325颗[13]。

美国的民用空间对地观测事业主要涉及美国国家航空航天局(NASA)、国家海洋和大气管理局(NOAA)和地质勘探局(USCS)三个政府机构，但是就空间地球科学而言，NASA与学术界融合密切[14]。目前，NASA在轨科学任务和未来规划任务多达40余项[15]，形成了一个完整且可持续的空间地球科学卫星舰队(含有效载荷搭载)，如表3.2所示，突出了地球系统变化和空间地球科学对人类社会可持续发展的科技支撑作用，着力回答地球系统如何变、因何而变、如何应变等重大问题。表3.2表明，美国空间地球科学任务已进入多元发展的新阶段，呈现出如下特点：

表3.2　**截至2023年NASA对地观测卫星舰队**

类型	任务阶段			
	预先研究	工程研制	在轨运行	延寿运行
科学卫星	➢ 极地辐射能远红外实验立方星(2颗)(PREFIRE)	➢ 双频合成孔径雷达卫星(美-印度合作)(NISAR) ➢ 陆地卫星-9(LandSat-9) ➢ 地表水和海洋测高卫星(美-法合作)(SWOT) ➢ 浮游生物、气溶胶、云、海洋生态系统卫星(美-荷兰合作)(PACE) ➢ 降水结构和风暴强度时间分辨观测立方星座(6颗)(TROPICS) ➢ 紧凑型太阳总辐照度监测验证立方星(CTIM) ➢ 高光谱热成像立方星(HyTI) ➢ (土壤湿度和雪当量)P波段机遇信号观测立方星(SNoOPI) ➢ 大气化学高光谱观测立方星(NACHOS)	➢ 哨兵6号迈克尔-弗里利希卫星/B(Sentinel-6 Michael Freilich/B) ➢ 冰、云和陆地高程卫星-2(ICESat-2) ➢ 全球重力场测量和气候实验卫星后续任务(2颗)(美-德合作)(GRACE-FO) ➢ 紧凑型红外辐射探测立方星(CIRiS) ➢ 紧凑型太阳光谱辐照度监测立方星-飞行验证(CSIM-FD) ➢ 超角彩虹偏振探测立方星(HARP)	热带气旋跟踪立方星座(8颗)(CYGNSS) ➢ 云卫星(美-加合作)(CloudSat) ➢ "大地"卫星(美-日-加合作)(Terra) ➢ "水"卫星(美-巴西-日合作)(AQUA) ➢ "微风"卫星(美-荷兰-芬兰-英合作)(AURA) ➢ 云-气溶胶激光雷达与红外探测探路者卫星(美-法合作)(CALIPSO) ➢ 全球降水观测卫星(美-日合作)(GPM) ➢ 陆地卫星-7(LandSat-7) ➢ 陆地卫星-8(LandSat-8) ➢ 碳观测卫星-2(OCO-2) ➢ 土壤湿度主被动监测卫星(SMAP) ➢ Suomi国家极轨伙伴卫星(Suomi NPP) ➢ 高时间分辨率风暴和热带系统监测验证立方星(TEMPEST-D)

续表

类型	任务阶段			
	预先研究	工程研制	在轨运行	延寿运行
卫星搭载	➢ 地球同步轨道海岸带成像和监测辐射计(GLIMR) ➢ 太阳总辐照度和光谱辐照度监测仪-2(TSIS-2) ➢ “利贝拉”地球-大气系统辐射平衡度测量仪(Libera)，搭载在联合极轨卫星系统3号(JPSS-3)	➢ 地球同步轨道碳循环监测仪(GeoCarb) ➢ 气溶胶多角度成像仪(MAIA) ➢ 对流层污染排放监测仪(TEMPO) ➢ 臭氧成像和廓线探测包-临边探测(OMPS-Limb)，搭载在联合极轨卫星系统2号(JPSS-2)	—	➢ 先进辐射计(NISTAR)，由美国国家标准与技术研究院(NIST)研制；地球多色成像相机(EPIC)。两个载荷搭载在深空气候观测卫星(DSCOVR)上
国际空间站搭载	—	➢ 地球表面矿尘来源监测仪(EMIT) ➢ 气候绝对辐射和大气折射率观测卫星-探路者(CLARREO-PF)	➢ 全球生态系统动态监测仪(GEDI) ➢ 碳观测仪-3(OCO-3) ➢ 太阳总辐照度和光谱辐照度监测仪-1(TSIS-1)	➢ 生态系统空间热辐射实验仪(ECOSTRESS) ➢ 闪电成像仪(LIS) ➢ 平流层气溶胶和气体实验-3(SAGE Ⅲ)

(1)持续发展大型综合性对地观测卫星，例如陆地卫星系列、PACE卫星等；

(2)积极开展有效载荷搭载，例如在国际空间站搭载了碳观测-3(OCO-3)专用温室气体探测载荷。OCO-3是NASA在2019年5月发射的专用于温室气体探测的独立载荷仪器，安装在“国际空间站”(ISS)的日本希望号实验舱的舱外实验平台(JEM-EF)上，以获取高精度、高空间分辨率的全球CO_2观测数据，空间分辨率1.29km，测量精度1×10^{-6}[16]。

(3)充分采用近些年蓬勃发展的立方星，开展了单星/星座观测和技术验证，例如CYGNSS立方星座。

其中，Landsat-9于2021年9月27日发射[17]，将很大程度上复制目前在轨运行的Landsat-8，以减少陆地成像数据断档的风险，卫星成像能力更高，包括辐射分辨率与几何精度，且寿命更长、定标精度更高。Landsat-9携带2台有效载荷仪器，包括业务陆地成像仪-2(OLI-2)和热红外遥感器-2(TIRS-2)。其中，TIRS-2采用了新型光学组件，可以保护仪器免受杂散光的影响，且采用了冗余设计，寿命延长至5年以上(之前为3年)。未来，采用新型可持续陆地成像(SLI)技术的Landsat-9系统将至少在轨运行数十年(2021—2035年)，为全球用户提供与现有的40余年的Landsat存档数据兼容的高质量、全球性的陆地成像数据。

在商业卫星方面，从1999年至今，美国连续发射了IKONOS、QuickBird、WorldView

系列多颗高分辨率商业卫星，一直引领着高分辨率光学卫星遥感发展潮流。美国已发射的商业遥感卫星一般可划分为三代，第一代为IKONOS和QuickBird；第二代为WorldView-1、GeoEye-1和WorldView-2；第三代为WorldView-3和WorldView-4。WorldView-3卫星是美国第三代遥感卫星的首发星，是世界上第一颗集多载荷、超光谱、高分辨率于一体的商业卫星。在617km的轨道上，WorldView-3可提供0.31m的全色影像和1.24m的多光谱影像、3.7m的短波红外影像和30m的CAVIS影像。WorldView-3具备小于1天的重访能力和每天68万km^2的数据获取能力。WorldView-4于2016年11月发射，具有与WorldView-3相同的分辨率，但在2019年1月，因一个控制力矩陀螺仪出现故障，无法恢复运行。

麦克萨公司将继续发展接替“世界观测”(WorldView)卫星的新星座，含6颗“军团”(Legion)卫星和6颗“侦察兵”(SCOUT)卫星。Legion首星以750kg的质量实现0.29m全色分辨率，而上一代WorldView-3卫星质量2.8t，分辨率0.31m。此外，Legion卫星敏捷能力大幅度提升，星座对重点目标的重访速率大于20次/天。同时，综合轨道的优化设计，1颗Legion卫星具备单轨大区域覆盖能力[13]。

在小型光学对地观测卫星方面，美国行星公司(Planet)已部署10多颗100千克级SkySat卫星，可提供分辨率0.9m、幅宽8km的图像产品和分辨率1.1m、时长90s的视频产品。此外，行星公司已部署200多颗5千克级“鸽群”(Flock)卫星，可提供3~5m分辨率图像，实现8h全球数据更新。美国黑色天空公司于2020年开始部署50千克级60星星座，可提供分辨率1m的图像产品，星座建成后，中低纬区域重访时间为10~60min(见表3.1)。

在小型雷达对地观测卫星方面，美国、芬兰、日本等国的众多初创公司都在积极发展商业微小合成孔径雷达(SAR)卫星星座，卫星成本只有数百万美元，卫星体积只有传统大型SAR卫星的三十分之一。美国“卡佩拉”(Capella)星座由36颗卫星组成，2022年建成后可实现1小时重访和4小时InSAR重访，分辨率优于0.5m、幅宽5 km，具备数据采集后30分钟交付能力。

2)欧洲

欧洲的对地观测计划主要包括三方面：欧洲气象卫星开发组织(EUMETSAT)负责的气象卫星系列，欧盟(EU)和欧洲航天局(ESA)联合实施的“哥白尼计划”，以及欧洲各国及组织负责的空间地球科学卫星。

(1)欧洲气象卫星开发组织(EUMETSAT)是1986年成立的欧洲国家政府间组织，目前有30个成员国。该组织长期致力于建立、维护和利用欧洲的业务气象卫星系统，为实际监测气候和探测全球气候变化作出贡献。EUMETSAT的第一代气象卫星(MFG)逐渐地被第二代气象卫星(Meteosat Second Generation，MSG)取代。欧洲第二代静止轨道气象卫星共包含4颗卫星，分别是Meteosat-8(MSG-1)、Meteosat-9(MSG-2)、Meteosat-10(MSG-3)和Meteosat-11(MSG-4)[18]。另外，EUMETSAT管理着Metop-A、Metop-B和Metop-C三颗极地轨道卫星，能够提供全球10天的天气预报和气候监测数据。

(2)“哥白尼计划”原称“全球环境与安全监测计划”(Global Monitoring for Environment and Security，GMES)，是由欧洲委员会和欧洲太空总署联合倡议，于2003年正式启动的一项重大航天发展计划。“哥白尼计划”先后发射若干个对地观测卫星组，通过这些卫星组成集群时刻监视地球的环境状态，提供全球范围近实时的卫星遥感数据来满足用户的需求，用于监测海洋、陆地、污染、水质、森林、空气、全球变化、土地利用与土地覆盖状况及其变化[19]等，应对污染和石油泄漏、洪水和森林火灾危机、地陷和山崩危机等突发事件。而这些对地观测卫星统一命名为“哨兵(Sentinel)”，不同的组以序数区别，而对于双星则以A、B等区分，如图3.4所示。“哥白尼计划”的服务领域包括：大气、海洋、土地、气候变化、安全和应急等[20]。

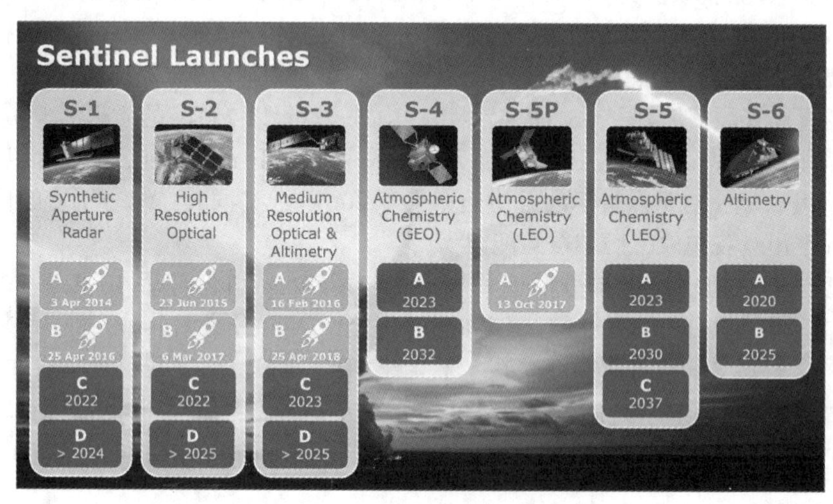

图3.4　哨兵(Sentinel)系列卫星[20]

另外，由不同国家或机构运作的其他卫星计划也为哥白尼服务提供了丰富的数据[20]。例如，灾难监视星座(DMC)、Pléiades(法国)、RapidEye(德国)、Deimos-2(西班牙)、SPOT(HRS)(法国)提供了高分辨率光学数据，SPOT(法国)、PROBA-V(欧空局)提供了中低分辨率光学数据，Cosmo SkyMed(意大利)、Radarsat(加拿大)、TerraSAR-X TanDEM-X(德国)提供了合成孔径雷达数据，Cryosat(ESA)、Jason(法国国家空间研究中心(CNES)和NASA联合研制)提供了测高数据，MetOp(EUMETSAT)、MSG(EUMETSAT和ESA联合研制)提供了大气数据。

(3)欧洲航天局(ESA)2021年在对地观测方面投入14.4亿欧元，占其总经费的22.2%[14]。ESA专门设置了地球探索者计划(Earth Explorers)，包括10余项空间地球科学任务，旨在解决地球科学界亟待突破的关键科学问题，表3.3按规划任务、工程研制和在轨运行对这些任务进行了梳理和分类。

(4)法国Pléiades是SPOT卫星家族后续卫星，由Pléiades-1和Pléiades-2组成。Pléiades-1已于2011年12月17日成功发射并开始商业运营，Pléiades-2于2012年12月1日成功发射并已成功获取第一幅影像，分辨率为0.5m，幅宽达到了20km×20km。双星配合可实现全球任意地区的每日重访，快速满足客户对任何地区的超高分辨率数据获取需求[21]。

表 3.3 **ESA 地球科学卫星**[14]

规划任务	工程研制	在轨运行
➤ "生物量"卫星(Biomass) ➤ 荧光探测器植被监测卫星(FLEX) ➤ 远红外辐射认知和监测卫星(FORUM) ➤ "和谐"地球科学卫星(2 颗)(Harmony) ➤ 云、气溶胶和辐射监测卫星(欧-日合作，EarthCARE) ➤ 地球探索者-11(Explorer-11)	➤ 星上自主项目 1 号试验卫星(Proba-1) ➤ 星上自主项目 V 号试验卫星(Proba-V) ➤ 土壤湿度和海洋盐度卫星(SMOS) ➤ 冰冻圈测高卫星(CryoSat) ➤ "蜂群"地磁场测绘星座(3 颗)(Swarm) ➤ "风神"卫星(Aeolus)	➤ 欧洲遥感卫星 1 号(ERS-1) ➤ 欧洲遥感卫星 2 号(ERS-2) ➤ 欧洲航天局环境卫星(Envisat) ➤ 重力场和海洋环流探测卫星(GOCE)

另外法国持续发展"光学空间段"(CSO)卫星系统，在轨 2 颗，其中 CSO-1 卫星全色分辨率 0.35m，CSO-2 卫星全色分辨率 0.2m，2 颗卫星均具备红外成像能力[21]。

(5)德国 RapidEye 资源卫星依靠其专业的卫星专家团队打造了一个由 5 颗地球观测卫星组成的卫星星座，5 颗 RapidEye 卫星被均匀分布在一个太阳同步轨道内，在 620km 高空对地面执行监测任务，任务寿命为 7 年。每颗卫星都携带 6 台分辨率达 6.5m 的照相机，能实现快速传输数据、连续成像。其重访间隔时间短，1 天内可访问地球任何一个地方，5 天内可覆盖北美和欧洲的整个农业区。并且每天可下行超过 4 百万平方千米 5m 分辨率的多光谱图像。另外，RapidEye 卫星传感器图像有 5 个波段，能够提供红边波段[22]。红边波段更有利于为植被分类和植被生长状态的监测提供有效信息。

TerraSAR-X 卫星为德国研制的一颗高分辨率雷达卫星，携带一颗高频率的 X 波段合成孔径雷达传感器，可以聚束式、条带式和推扫式 3 种模式成像，并拥有多种极化方式。可全天时、全天候地获取用户要求的任一成像区域的高分辨率影像。另外，TanDEM-X 于 2010 年 6 月 21 日成功发射。这两颗卫星在 3 年内将反复扫描整个地球表面，最终绘制出高精度的 3D 地球数字模型。德国将研发接替"X 频段陆地合成孔径雷达"(TerraSAR-X)星座的"高分辨率宽测绘带"(HRWS)卫星，采用基于数字波束形成(DBF)技术的多波束体制。

(6)灾害监测星座(DMC)是一项由英国萨里卫星技术有限公司(SSTL)倡导的太空国际合作，汇集了来自 7 个国家的组织[23]。用于人类最需要的防灾、抗灾、救灾的动态监测。利用星座内各国家地面站获取图像信息并共享遥感数据，以较大的陆地覆盖面积提供环境监测与灾害预警。第一代灾害监测星座参与国家为阿尔及利亚、英国、尼日利亚和土耳其。第二代灾害监测星座 DMC2 参与国家为中国、英国、西班牙和尼日利亚。第三代灾害监测星座 DMC3 为中英合作的"北京二号"小卫星星座[21]。

英国地球成像(Earth-i)公司将出资建立清晰成像(Vivid i)的商业遥感视频卫星星座，星座计划由 15 颗卫星组成。Vivid-i 星座可以获得 0.6m 地面分辨率的静止图像或 1m 分辨率的运动图像，单颗星每次观测可获取 5.2km×5.2km 范围的图像。2018 年 1 月，该星座的验证星 Vivid X2 卫星成功发射[9]。另外，英国初创公司 Sen 公司宣布计划构建"地球电视"(EarthTV)星座。每颗卫星具备 1.5m、10m、50m 和广角超高清成像能力，其中首星已于 2022 年 1 月发射。

(7)意大利航天局(ASI)的 Cosmo-SkyMed 星座是军民两用雷达成像四星星座，能够实现全天时、全天候的高分辨率成像侦察，为意大利政府和军方提供军、民用的雷达图像数据。4 颗 Cosmo-SkyMed 卫星已于 2007—2010 年间发射部署，目前均超期服役。卫星载有合成孔径雷达，工作在 X 频段，具有聚束、条带和扫描 3 种成像模式，最高分辨率优于 1m。意大利将继续发展"第二代地中海盆地观测小卫星星座"(CSG)，提高短时多点密集成像能力，具备同等分辨率更大幅宽。CSG 计划发射两颗卫星组成双星系统，并与法国的"Pléiades"光学成像侦察卫星协同工作。2019 年 12 月 18 日，CSG 的首发星(CSG-1)发射成功。

(8)波兰在 2019 年 4 月成功发射了首颗遥感卫星——"斯威诺吉茨"(Swiatowid)卫星。该卫星也是波兰第一颗商业小卫星，由波兰卫星革命公司(SatRelvolution)采用 3D 打印技术建造。卫星是一颗 2U 立方体卫星，搭载的相机能够拍摄 4m 分辨率的图像，可用于观察水位上升、空气状态以及天气变化。此外，波兰初创公司——KP 实验室(KPLab)正在研制第一颗可利用深度神经网络技术实现星上数据处理的 Intuition-1 卫星，此卫星能够进行高光谱成像，可快速评估植被和森林状况，评估作物产量，绘制城市污染图等[23]。

(9)芬兰初创公司"冰眼"(ICEYE)于 2018 年 1 月 12 日，将自主研发的质量小于 100kg 的合成孔径雷达卫星 ICEYE-X1 成功发射。该公司计划建成由 18 颗卫星组成的 ICEYE 星座，建成后可实现平均 3h 重访能力，分辨率 0.25m，幅宽 5km[24]。

3)日本

"情报采集卫星"(IGS)是日本发展的成像侦察卫星星座，包含有光学成像侦察卫星和雷达成像侦察卫星。IGS 卫星的目标是通过光学和雷达两种卫星协同工作，实现全天时、全天候成像侦察，密切监视我国以及东亚、俄罗斯远东等地区，特别注重对朝鲜地区的军事详查，为日本政府和军方提供图像情报，同时也用于自然灾害监控任务。目前，日本已经完成第二代 IGS 卫星的全面部署，开始部署第三代 IGS 卫星。截至 2020 年 2 月底，有 10 颗卫星在轨运行，其中光学卫星 5 颗，雷达卫星 5 颗，包含超期服役的 4 颗卫星。日本耗费巨资发展 IGS 卫星星座，目前其性能已不容小觑，第三代光学卫星分辨率达到 0.3m，雷达卫星分辨率达到 0.5m[25]。

另外，日本的初创公司也已开展微型 SAR 卫星的研发工作，如合成视角公司(Synspective)和 QPS 研究所。其中，Synspective 公司计划建成由 6 颗微型 SAR 卫星组成的星座，QPS 研究所已于 2019 年发射了首颗微型 SAR 卫星[26]。

4)俄罗斯

苏联解体后，俄罗斯军事航天能力严重下滑，特别是军用侦察卫星发展停滞，致使天基侦察能力长期处于不足状态[27]。进入21世纪，随着经济形势的好转，俄罗斯提出重振航天强国的战略目标。俄罗斯自2015年以来，大幅度增强了军用天基光学测绘能力，“猎豹”M1(Bars-M1)光学测绘卫星空间分辨率为1.1m，弥补了俄罗斯在军用测绘能力上的不足，提高了全球测绘的时效性，为其军事斗争准备提供了关键支撑作用。目前承担侦察任务的卫星是“琥珀”4K2M(Yantar-4K2M)卫星，属于返回式卫星，空间分辨率达0.2m，从卫星返回到图像交付至少需要1个月的时间；“角色”(Persona)传输型光学侦察卫星，全色分辨率为0.33m，是俄罗斯分辨率最高的传输型成像卫星，目前在轨的Persona-2、Persona-3卫星可为作战人员快速获取战场态势提供支持。俄罗斯资源卫星(Resurs)系列地面分辨率(全色)优于1m，雷达卫星“秃鹰”(Kondor)的地面分辨率可达1m[27]，下一代光学遥感卫星星座Obzor-O处于研制之中。此外，俄罗斯正在构建新型预警卫星星座[28]。俄罗斯还将构建“球体”(Sfera)天基综合信息网络系统，计划发展通、导、遥卫星组成的600余颗卫星星座，其中遥感卫星占1/3[4]。俄罗斯计划在2025年前发射31颗地球遥感卫星。然而，其在商用卫星方面，还处于发展起步阶段，俄罗斯将采用“军民商”协同发展的模式，研制的“资源”(Resurs)、“老人星”(Kanopus)系列卫星同样参与商业遥感市场竞争[12]。俄罗斯未来的工作重点是增加侦察卫星在轨数量，提升遥感卫星性能，有望通过努力恢复其航天大国的实力。

5)印度

印度军民两用对地观测系统体系建设较为完备。目前，印度基本建立了以“制图卫星”(CartoSat)系列光学成像卫星和“雷达成像卫星”(RISAT)系列雷达成像卫星为主、具备高中低分辨率的对地观测系统[29]。2019年11月，CartoSat-3发射升空，该卫星在全色、多光谱、高光谱模式下分辨率分别达到0.25m、1.13m和12m，技术性能均达到世界先进水平，星上还载有分辨率5.7m的中波红外相机[30]。也就是说，印度光学成像卫星最高分辨率已达0.25m，高于俄罗斯(0.3m)和日本(0.3m)。2019年5月，RISAT-2B雷达成像卫星发射升空，分辨率0.3m，也高于俄罗斯(1m)和日本(0.5m)。此外，印度还发射了首颗电子信号卫星“电磁情报收集卫星”(EMISAT)。

6)其他国家

加拿大发展了接替“雷达卫星”(RadarSat)的“雷达卫星星座任务”(RCM)三星星座[31]。2019年6月12日，加拿大下一代雷达成像卫星星座RCM发射成功，为加拿大的灾害管理、生态系统监测、海上监控等提供遥感数据。RCM采用多颗小卫星组网协同运行的方式，每颗卫星质量1400kg，长1.7m，宽1.1m，高3.6m(天线展开后跨度6.98m)，设计寿命7年，相邻两颗卫星的时距为32min。RCM卫星载有C频段合成孔径雷达(SAR)，船舶自动识别系统(AIS)作为次级有效载荷，可独立或与SAR载荷结合使用。RCM卫星具有低分辨率、中分辨率、高分辨率、低噪声、聚束、全极化等多种成像模式，最高分辨率为1m×3m，RCM星座还具有单轨干涉测量(InSAR)能力[32]。

以色列以本国需求为中心，自行研制并发射了“地平线”(Ofeq)系列侦察卫星，其中有“地平线”8、10雷达成像侦察卫星，“地平线”5、7、9光学侦察成像卫星在轨服役[12]。以色列已经逐渐建立起了适合本国需求的军事侦察卫星体系，未来发展方向主要是建立全天候、实时的卫星侦察监视系统，进一步提升本国及周边领域的空间目标探测和识别能力[12]。

韩国阿里郎卫星(Korea Multi-Purpose Satellite，KOMPSAT)是基于韩国国家空间计划(Korea National Space Program)由韩国空间局(Korea Aerospace Research Institute，KARI)研制的卫星。迄今为止已经发射了 5 颗，还有 2 颗在研。KOMPSAT-2 的发射使韩国成为世界上第 7 个拥有 1m 级高分辨率卫星的国家。KOMPSAT-3 具有 70cm 分辨率，KOMPSAT-5 是 SAR 卫星，KOMPSAT-3A 分辨率为 55cm。KARI 后续还规划了 KOMPSAT-6 雷达成像卫星、KOMPSAT-7 高分辨率对地观测卫星[33]。

阿根廷卫星逻辑公司(Satellogic)自 2016 年以来，共计成功发射了 22 颗“新卫星”(NuSat)[34]。卫星单星质量 38.5kg，搭载可见光与近红外载荷，能够拍摄分辨率为 1m 的影像和视频。该公司计划构建一个可扩展的对地观测平台，能够以更高的时间分辨率和空间分辨率对地球表面进行全覆盖观测。

2. 国内卫星计划

我国的遥感技术起步并非最早，但是发展势头迅猛，从 20 世纪 80 年代后期开始逐步形成了几大知名的遥感卫星系列：风云系列气象卫星——1988 年发射首颗“风云 1 号 A”气象卫星；资源系列卫星——1999 年发射首颗“资源 1A”卫星；海洋遥感卫星——2002 年发射首颗“海洋 1A”卫星；环境减灾系列卫星——2008 年发射首颗“环境与灾害监测小卫星星座”；高分系列卫星——2013 年发射首颗“高分一号”卫星；以及中国第一代传输型立体测绘卫星——天绘系列，已成功发射 34 颗星的中国“遥感”系列卫星等等[35]。此外，“尖兵”系列侦察卫星、“前哨”系列红外预警卫星等军用遥感卫星，以及高景系列卫星星座、吉林一号卫星星座等商业遥感卫星星座，各大高校及科研机构的小卫星，同样在蓬勃发展。国内由小卫星组网的遥感星座呈现井喷趋势。截至 2020 年 9 月，中国有 182 颗遥感卫星在轨运行，位居世界第二，可基本满足气象监测与预报、资源调查与监测、应急减灾、农林水利、国家重大工程等需求，遥感卫星计划的陆续提出与实施为我国卫星应用市场发展奠定了基础，天基资源的极大完善将我国带入一个多层、立体、多角度、全方位和全天候对地观测的新时代。

1)高分系列

高分专项是中国《国家中长期科学和技术发展规划纲要(2006—2020)》确定的 16 个重大科技专项之一(表 3.4)。专项启动实施以来，已成功发射高分一号高分宽幅、高分二号亚米全色、高分三号 1 米雷达、高分四号同步凝视、高分五号高光谱观测、高分六号陆地应急监测、高分七号亚米立体测绘等 7 颗民用高分卫星，实现了“七战七捷”，初步构建起了稳定运行的中国高分卫星遥感系统，具备了全天候、全天时、时空协调的对地观测能力。目前高分系列卫星已经发展到高分十四号：高分八号高分辨率对地观测、高分九号亚米光学遥感、高分十号亚米微波遥感、高分十一号亚米光学遥感、高分十二号亚米微波遥感、高分十三号高轨光学、高分十四号光学立体测绘，但截至目前开放可用的数据仅包含高分一号到高分七号，其中，高分一号、高分二号卫星已达到 5 年设计寿命要求，但相信在可预见的相当长一段时间内仍能正常工作。

表 3.4 **高分系列卫星主要参数**

卫星	发射时间	传感器分辨率	幅宽	波 段
高分一号	2013 年	全色 2m，多光谱 8m	60km	全色，蓝、绿、红、近红外
高分二号	2014 年	全色 0.8m，多光谱 3.2m	45km	全色，蓝、绿、红、近红外
高分三号	2016 年	1~500m	10~100km	C 频段 SAR
高分四号	2015 年	50~400m	400km	可见光近红外，中波红外
高分五号	2018 年	30m	60km	可见光至短波红外，全谱段
高分六号	2018 年	全色 2m，多光谱 8m	90km	全色，蓝、绿、红、近红外
高分七号	2019 年	全色 0.65m(后视)、0.8m(前视)，多光谱 2.6m(后视)	≥20km	全色、蓝、绿、红、近红外

高分系列主要任务为完成高分辨率对地观测，获取米级乃至亚米级微波以及多光谱数据。其数据应用于国土普查、农作物估产、环境治理、气象预警预报和综合防灾减灾等领域，为国民经济发展提供信息服务，为“一带一路”等国家重大战略实施和国防现代化建设提供信息保障。高分系列卫星数据的可用性查询及下载，可以在中国资源卫星中心的“陆地观测卫星数据服务平台”[36]，以及自然资源部国土卫星遥感应用中心的“自然资源卫星遥感服务平台”[37]完成。

2)资源系列

资源卫星是专门用于探测和研究地球资源的卫星，可分陆地资源卫星和海洋资源卫星，一般都采用太阳同步轨道。我国已陆续发射了资源一号、资源二号和资源三号卫星。资源一号卫星是由中国和巴西联合研制的，包括中巴地球资源卫星 01 星、02 星、02B 星、02C 星、02D 星和 04 星；资源二号卫星包括资源二号 01 星、02 星和 03 星；资源三号卫星包括资源三号 01 星、02 星、03 星以及资源三号 04 星。其中，部分卫星已经退役，后续卫星尚处于预备发射、立项规划或研制阶段，资源卫星家族成员梯次接替，谱系在不断扩充中。此外，ZY3-01、ZY3-02、ZY3-03 与 GF-7 可形成四星组网观测，将全球影像覆盖周期缩短至 15 天，更快更好地完成国土测绘和全球测图。

资源系列卫星的主要任务是长期、连续、稳定、快速地获取覆盖全国的高分辨率立体影像和多光谱影像，其数据广泛应用于国土资源调查与监测、防灾减灾、农林水利、生态环境、林业资源调查、农作物估产、城市规划、国家重大工程等领域。中国资源卫星应用中心[38]负责资源卫星数据的接收、处理、归档、查询、分发和应用等业务。

3)环境系列

环境与灾害监测预报小卫星星座 A、B、C 星(HJ-1A/B/C)包括两颗光学星 HJ-1A/B 和一颗雷达星 HJ-1C，是我国专用于环境和灾害监测的对地观测系统，可以实现对生态环境与灾害的大范围、全天候、全天时的动态监测。

环境卫星配置了宽覆盖 CCD 相机、红外多光谱扫描仪、高光谱成像仪、合成孔径雷达等四种遥感器，组成了一个具有中高空间分辨率、高时间分辨率、高光谱分辨率和宽覆盖的比较完备的对地观测遥感系列(表 3.5)。系统拥有光学、红外、超光谱等不同探测方法，有大范围、全天候、全天时、动态的环境和灾害监测能力。其中，HJ-1A 卫星和 HJ-1B 卫星上各自搭载了两台 CCD 相机，组网后重访周期仅为 2 天。

表 3.5　**HJ-1A/B/C 卫星主要载荷参数**

<table>
<tr><th>平台</th><th>有效载荷</th><th>谱段号</th><th>光谱范围
/μm</th><th>空间分辨率
/m</th><th>幅宽
/km</th><th>侧摆能力</th><th>重访时间
/d</th></tr>
<tr><td rowspan="5">HJ-1A</td><td rowspan="4">CCD 相机</td><td>1</td><td>0.43~0.52</td><td>30</td><td rowspan="4">360(单台)
700(两台)</td><td rowspan="4">—</td><td rowspan="4">4</td></tr>
<tr><td>2</td><td>0.52~0.60</td><td>30</td></tr>
<tr><td>3</td><td>0.63~0.69</td><td>30</td></tr>
<tr><td>4</td><td>0.76~0.9</td><td>30</td></tr>
<tr><td>高光谱成像仪</td><td>—</td><td>0.45~0.95(110~128 个谱段)</td><td>100</td><td>50</td><td>±30°</td><td>4</td></tr>
<tr><td rowspan="8">HJ-1B</td><td rowspan="4">CCD 相机</td><td>1</td><td>0.43~0.52</td><td>30</td><td rowspan="4">360(单台)
700(两台)</td><td rowspan="4">—</td><td rowspan="4">4</td></tr>
<tr><td>2</td><td>0.52~0.60</td><td>30</td></tr>
<tr><td>3</td><td>0.63~0.69</td><td>30</td></tr>
<tr><td>4</td><td>0.76~0.90</td><td>30</td></tr>
<tr><td rowspan="4">红外多光谱相机</td><td>5</td><td>0.75~1.10</td><td rowspan="3">150(近红外)</td><td rowspan="4">720</td><td rowspan="4">—</td><td rowspan="4">4</td></tr>
<tr><td>6</td><td>1.55~1.75</td></tr>
<tr><td>7</td><td>3.50~3.90</td></tr>
<tr><td>8</td><td>10.5~12.5</td><td>300</td></tr>
<tr><td>HJ-1C</td><td>合成孔径雷达(SAR)</td><td>—</td><td>—</td><td>5(单视)
20(4 视)</td><td>40(条带)
20(扫描)</td><td>—</td><td>4</td></tr>
</table>

环境系列卫星系统建设的主要任务是利用我国自主小卫星星座，形成对我国生态环境和灾害的遥感监测能力，为我国环境保护与防灾减灾提供技术支撑，全面提高我国环境和灾害信息的获取、处理和应用的水平。中国资源卫星应用中心[38]负责环境系列卫星数据的管理与分发。

4)海洋系列

海洋系列卫星是中国自主研制和发射的海洋环境监测卫星，装备海流、海浪、海面温度、湿度、风向、风速等自动观测仪器，观测区域主要为中国沿海区域(渤海、黄海、东海、南海及海岸带区域等)。此系列卫星分为一号、二号和三号，其中，海洋水色卫星即海洋一号(HY-1)卫星、海洋动力环境卫星即海洋二号(HY-2)卫星，均分为 A 卫星、B 卫星、C 卫星及 D 卫星。海洋水色卫星主要观测要素为海水光学特性、叶绿素浓度、悬浮泥沙含量、可溶有机物、海表温度等，满足海洋水色水温、海岸带和海洋灾害与环境监测需求；海洋动力环境卫星主要观测要素为海面风场、海面高度、有效波高、重力场、大洋环流和海面温度等，为灾害性海况预警预报提供实测数据，为海洋防灾减灾、海洋权益维护、海洋资源开发、海洋环境保护、海洋科学研究以及国防建设等提供支撑服务。此外，由中国和法国联合研制的中法海洋卫星(CFOSAT)，在国际上首次实现海洋表面风浪的大面积、高精度同步联合观测，其主要任务是获取全球海面波浪谱、海面风场、南北极海冰信息与冰盖相关数据，提高对巨浪、海洋热带风暴、风暴潮等灾害性海况预报的精度与时效。

海洋系列卫星的主要任务为全天候定时提供全球海洋信息，服务于自然资源调查、环境生态、应急减灾、气象、农业和水利等行业。国家卫星海洋应用中心[39]为国内用户提供海洋卫星相关数据。

5)风云系列

风云卫星是目前世界上在轨数量最多、种类最全的气象卫星星座，是我国独立自主研制的一套完整的气象卫星系统，它使我国成为世界上少数同时拥有极轨和静止气象卫星的国家之一。目前，风云气象卫星已被世界气象组织纳入全球业务应用气象卫星序列，成为全球综合地球观测系统的重要成员。未来，风云卫星观测体系将更加完善，气象观测时效和精度将进一步提升。

我国已成功发射了“两代四型”共 19 颗风云气象卫星，其中，风云一号卫星和风云三号卫星属于极轨卫星，通过南北两极围绕地球飞行，能够进行全球观测；风云二号卫星和风云四号卫星属于静止轨道卫星，能够始终和地面相对静止，用于对我国及我国周边区域进行气象探测。

风云一号卫星分为两个批次，各 2 颗星(01 批：FY-1A、FY-1B；02 批：FY-1C、FY-1D)，主要任务是获取国内外大气、云、陆地、海洋资料，进行有关数据收集，用于天气预报、气候预测、自然灾害和全球环境监测等。目前，4 颗卫星已全部停止工作。

风云三号卫星分为三个批次，共 8 颗星(01 批：FY-3A、FY-3B；02 批：FY-3C、FY-3D；03 批：FY-3E、FY-3F、FY-3G、FY-3H)，主要用于三维大气探测，监测大范围自然灾害和地表生态环境。风云三号卫星大幅度提高了全球资料获取能力，进一步提高了云区和地表特征遥感能力，能够获取全球、全天候、三维、定量、多光谱的大气、地表和海表特性参数。目前，FY-3A、FY-3B 已停止工作，FY-3F、FY-3G 在轨测试，FY-3H 暂未发射。

风云二号卫星分为三个批次，共 8 颗星(01 批：FY-2A、FY-2B；02 批：FY-2C、FY-2D、FY-2E；03 批：FY-2F、FY-2G、FY-2H)，主要任务是收集气象监测等数据，为天气预报、灾害预警和环境监测等提供参考资料。目前，FY-2G、FY-2H 在轨运行并提供应用服务。

风云四号卫星分为两个批次，共 2 颗星(01 批：FY-4A；02 批：FY-4B)，主要任务是充分考虑海洋、农业、林业、水利以及环境、空间科学等领域的需求，加强空间天气监测预警，实现综合利用。目前，FY-4A、FY-4B 实现双星组网，进一步满足我国及共建“一带一路”国家和地区气象监测预报、应急防灾减灾等服务需求。

第三代风云气象卫星将实现精准预报，迈入领跑阶段，满足全要素、精细化气象观测需求，达到世界先进水平，在气象预报、气候预测、大气化学、生态环境监测以及防灾减灾等应用领域起主导作用。国家卫星气象中心/国家空间天气监测预警中心[40]负责风云系列数据的管理与分发。

6) 商业遥感系列

2014 年开始，我国密集出台政策支持商业航天产业发展，小卫星等商业航天产品逐渐成为市场的热点。《中国地理信息产业发展报告(2019)》显示，商业遥感卫星发展势头强劲，在轨卫星已经超过 30 颗。国内商业航天参与企业已经超过百家，主要集中在发射服务和卫星系统两大领域，商业遥感卫星产业正式迎来发展窗口期，如高景一号、吉林一号、陕西一号、珠海一号、深圳一号、北京二号、微景一号等。据统计，我国在 2030 年前规划中的低轨遥感卫星数目将超过 800 颗。

“高景一号”卫星星座是中国航天科技集团公司商业遥感卫星系统的首发星，是首个完全由中国制造、发射和运营的 0.5m 分辨率商业遥感卫星星座。系统建成后，卫星日采集能力达到 1200 万 km^2，实现国内 10 大城市 1 天覆盖 1 次的能力，并为全球用户提供遥感数据服务和应用系统解决方案服务，以及针对国土资源调查、测绘、环境监测、金融保险以及互联网行业的增值服务。该卫星由中国航天科技集团公司旗下专业公司中国四维测绘技术有限公司负责商业化运营[41]。

“珠海一号”卫星星座是由珠海欧比特宇航科技股份有限公司[42]发射并运营的商业遥感微纳卫星星座，是中国首家由民营上市公司建设并运营的卫星星座，也是国内目前唯一完成发射并组网的商用高光谱卫星星座。整个星座由 34 颗卫星组成，包括视频卫星、高光谱卫星、雷达卫星、高分光学卫星和红外卫星。“珠海一号”具备对植被、水体、海洋等地物进行精准定量分析的能力，已经在军民融合、自然资源监测、环保监测、海洋监测、农作物面积统计以及估产、保险定价与理赔、应急管理、城市规划、重大工程监测等领域得到了示范应用，填补了中国商业航天高光谱领域的空白。

“吉林一号”卫星星座是长光卫星技术股份有限公司在建的核心工程，是我国重要的光学遥感卫星星座。截至 2021 年 9 月 19 日，已有 29 颗卫星在轨运行，是国内目前规模最大的商业光学遥感卫星星座。“吉林一号”卫星遥感影像已广泛应用于国土资源监测、土地测绘、矿产资源开发、智慧城市建设、交通设施监测、农业估产、林业资源普查、生态环境监测、防灾减灾及应急响应等领域。该卫星由吉林长光卫星技术股份有限公司负责研制和商业化运营，卫星入轨并开展工作后，该公司将通过在线和离线方式向国内外用户提供卫星遥感数据和各级产品[43]。

此外，山东、海南、深圳、宁夏、珠海、四川等地方政府纷纷以光学遥感或雷达遥感为主，提出遥感卫星星座建设计划，如山东产业技术研究院所提出实施的齐鲁星座计划、三亚中科遥感研究所着手筹划的“海南一号”卫星项目等。截至 2020 年 7 月，中国共有 181 颗遥感卫星在轨运行，其中民用、商用遥感卫星数量占比超过 60%。民营资本投资的商业遥感星座的快速发展，有助于弥补国家民用遥感卫星数据覆盖的空白，丰富商业化卫星遥感数据的来源。

7) 高校微纳卫星

当前，高校正成为我国微纳卫星研制的生力军。我国多所高校都在开展立方星研制工作，如西北工业大学、哈尔滨工业大学、北京航空航天大学、北京理工大学、国防科技大学等。在对地观测方面，清华大学于 2000 年发射了 Tsinghua 1 微型卫星[44]。武汉大学研制的“珞珈”系列卫星于2018年发射了珞珈一号(Luojia 1)，这也是全球首颗专业夜光遥感卫星[45]，主要用于夜光遥感及导航增强技术验证[46]。截至2024年5月21日，武汉大学已陆续发射珞珈一号01星、启明星一号、珞珈三号01星、珞珈二号01星、珞珈三号02星等多颗卫星。北京师范大学在2019年发射了BNU 1，围绕地球轨道进行全天候极地气候和环境观测[47]。

3.2.2 无人机遥感平台

无人机(Unmanned Aerial Vehicles，UAVs)作为一种遥感平台，拥有非常广阔的市场前景[48]。无人机遥感空间分辨率高、信息容量大，且无人机可以实现低空、连续、经济、成本小和低风险的数据采集[49]，因此被广泛地应用于各个领域中，如：精准农业[50-52]、表型研究[53-55]、环境监测[56]、考古[57-58]、气象监测[59]。近年来，已有多种无人机平台及传感器被用于遥感领域中。此外，集成计算机视觉和摄影测量算法的消费级软件对用户来说变得便宜可用，也极大地推动了无人机遥感的发展。图3.5展示了多年以来无人机在遥感领域的外文出版物数量的变化趋势。自2009年以来，无人机遥感的出版物数量稳步递增，说明无人机在遥感领域有着巨大的潜力。

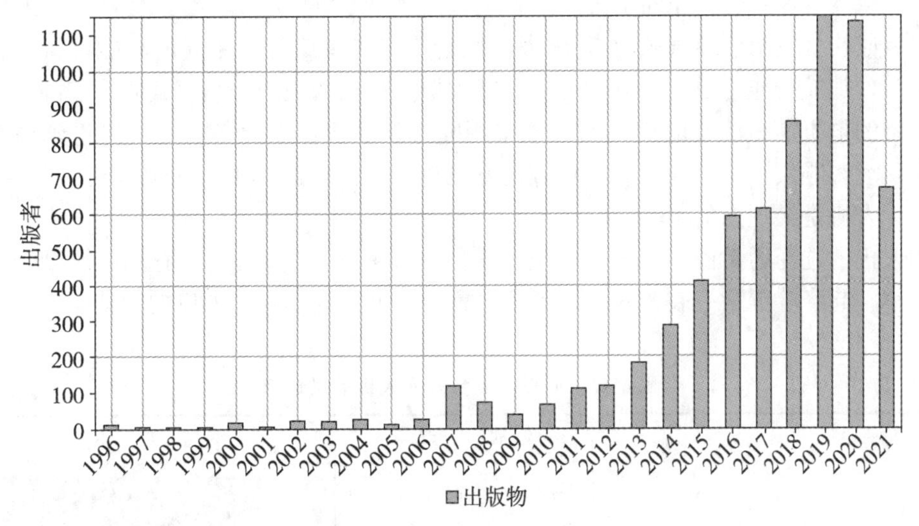

图3.5 无人机在遥感领域的外文出版物数量
(数据来源：Web of Science，搜索时间截至2021.9.14。)

1. 无人机

考虑到无人机的尺寸、配置和特征，不同的研究提出了不同的分类方式[60-62]。依据重量，无人机可分为超重无人机、重型无人机、中型无人机、轻型无人机和微型无人机[52]。根据飞行平台构型，无人机可分为固定翼无人机、多旋翼无人机、无人飞艇、伞翼无人机、扑翼无人机等。固定翼无人机和多旋翼无人机常被用作遥感平台，下面重点对这两类无人机进行介绍。

固定翼无人机发射通常需要借助发射装置，起飞和降落需要跑道。这类无人机可以在离起飞地点几千米的范围内作业，具备高巡航能力、速度快、覆盖范围大、能够获得厘米级的空间分辨率数据等特点。

旋翼无人机能够在低空以较低的速度飞行，因此可以采集亚厘米级分辨率的数据。旋翼无人机的优点包括垂直起飞和降落(Vertical Take-Off and Landing，VTOL)、悬停能力以及容易实现的自动飞行体验[63]。VTOL 和悬停能力使得旋翼无人机能被应用于受限或有障碍的区域。与固定翼无人机相比，旋翼无人机覆盖范围小，采集相同区域的数据会花费更多的时间。常见的旋翼无人机包括四旋翼无人机[64]、六旋翼无人机[65]和八旋翼无人机[66]。相比于四旋翼无人机，六旋翼和八旋翼无人机近年来获得了更多关注，因为它们能更安全地起降、飞行，可以搭载更重的载荷。

多旋翼无人机机动性强但持续飞行能力低，固定翼无人机持续飞行能力强但机动性差。为使无人机适用于不同的应用场景，可对无人机进行改装和定制，比如修改无人机的设计和结构以适用于果园和葡萄园的监测[67]。改装无人机在起飞、着陆和区域覆盖上具有很好的表现，而未改装的无人机的稳定性更好。

有研究为结合固定翼和多旋翼无人机的优势而做出了努力[68-69]。复合式无人机拥有旋翼无人机的 VTOL 能力和固定翼无人机的高巡航飞行能力[70]。当今复合式无人机的研究方向有倾转旋翼机、喷气式垂起机[71]。倾转旋翼机将旋翼和尾翼的功能进行结合，降低负重，增加航行能力及充分利用旋翼，减少旋翼带来的阻力；喷气式垂直起降无人机摒弃了传统的电机加螺旋桨的模式而完全采用喷气发动机，因此其推力可以得到精确的控制，受环境影响较小，可在大山树林等地方飞行。对需要高续航和可操作性的任务来说，复合式无人机是最理想的工具。

无人机的选择通常由任务类型确定，需要综合考虑飞行时长、期望的分辨率、风速、区域大小、起降等因素。表 3.6 总结了固定翼、旋翼及复合式无人机的优缺点。

表 3.6　**固定翼、旋翼及复合式无人机的优缺点**

无人机平台	优　点	缺　点	示　例
固定翼无人机	覆盖范围大、速度快，作业时间短	需要有经验的飞行员起降 飞行速度快时可能会为拍摄小物体或满足足够的重叠度带来困难	
旋翼无人机	稳定、可悬停 易于使用、灵活 低空和缓速飞行	覆盖范围小 风可能会影响稳定性	

续表

无人机平台	优　点	缺　点	示　例
复合式无人机	悬停、垂直起降 覆盖范围大	复杂	

2. 无人机传感器

传感器作为无人机遥感的重要组成部分，既可以依据其光谱波段进行分类，也可以按照其成像方式分类。

1)按光谱波段分类

无人机可搭载多种类型的传感器，常见的有 RGB(Red-Green-Blue)相机、多光谱相机、高光谱相机、热成像仪和 LiDAR(表 3.7)。

RGB 相机虽然仅有红、绿、蓝三个可见光波段，却在作物表型、精准农业中具备巨大的潜力[72]。在满足一定重叠度的情况下，可以使用运动恢复结构(Structure form Motion, SfM)等三维重建算法生成高分辨率的数字表面模型(Digital Surface Models, DSMs)[73]。此外，还可以利用 RGB 数据计算植被指数，如：nExG(normalised Excess Green Index)、NGRDI(Normalised Green-Red Difference Index)[74]等，用于植被监测。将 RGB 相机进行改装，可用于近红外成像，并被广泛地用于无人机遥感中[75]。

表 3.7　　无人机常用传感器

传感器类型	描　述	传　感　器	应　用
RGB 相机	仅提供红、绿、蓝波段的信息	Canon EOS 5DS Sony QX1 Nikon D750	精准农业[76]、植被制图[77]、表型[78]、林业[79]
多光谱相机	带有红、绿、蓝、红边和近红外波段滤波片的相机	Tetracam MCAW6 Parrot Sequoia MicaSense RedEdge	精准农业[50]、林业[80]、环境监测[56]、分类[81]
高光谱相机	比多光谱相机拥有更多的波段，甚至能够达到 2000 个	Rikola Ltd. hyperspectral camera HySpex Mjolnir S-620	精准农业[82]、分类[81]
热成像相机	红外辐射形成图像	FLIR Duo Pro 640 Optris PI 450 Workswell WIRIS 640	精准农业[83]、分类[84]
LiDAR	使用激光光束绘制地表	Velodyne HDL-32E Phoenix Scout	林业[85]、地质灾害[86]

多光谱和高光谱相机的波段数目相较于 RGB 相机更多。近些年来，近红外多光谱、高光谱相机已被越来越广泛地用于无人机遥感中[56]。多光谱相机除红、绿、蓝三个常用波段外，还包含红外和近红外波段。它通常由一系列包含不同镜头的传感器组成，每个传感器负责探测一个特定的波段。高光谱相机的波段数则更多，甚至能达到成百上千个，其波长范围通常在 400~1000nm 之间。

热成像仪是一种监测表面温度的有效工具。温度作为一个基本的环境变量，在诸如蒸腾作用、光合作用等植物生理过程中起着重要的作用[87]。通常多数地物都会发射热红外，借助于普朗克定理、维恩位移定理、史蒂芬-玻尔兹曼定理和基尔霍夫定理可以理解电磁辐射的行为[83]。然而热成像仪的几何分辨率很低，目前主流传感器分辨率约 640×512 像素。

LiDAR 是一种主动遥感技术，可以绘制三维地形地貌[88]。无人机载 LiDAR 发射一束激光，光束在遇到物体后经漫反射反射回激光接收器，通过测量反射光的传播时间确定目标到发射器间的距离。近年来随着技术的进步，无人机载 LiDAR 被广泛应用于林业[85]、考古[89]。

2)按成像方式分类

按成像方式，可将无人机传感器分为点光谱仪、推扫式光谱仪和二维成像光谱仪。

点光谱仪(经光谱和辐射校正后，也叫光谱辐射计)能够获取目标的单个光谱，视场及离目标的距离决定了其测量的覆盖范围。早在 2008 年，点光谱仪就被搭载在飞行平台上了。近年来，传感器的小型化使得它们可以搭载在无人机上。点光谱仪的优势包括高光谱分辨率、高动态范围、高信噪比(Signal-to-Noise Ratio，SNR)以及重量低。但是，点光谱仪采集的数据不包含空间参考，因此需要辅助数据用于配准。此外，点光谱仪采集的数据无法进行空间解析，因为每个观测均包含视场内所有目标的光谱信息。

推扫式光谱仪每次可以获取一行地物的光谱信息，在飞行过程中通过重复获取数据的方式可以生成地面目标的连续光谱影像。每个像素代表了在瞬时视场(Instantaneous Field of View，IFOV)内地物的光谱特征。推扫式作为大型机载成像光谱仪的标准设计已有多年的历史，然而，适合于无人机的小型化设备仅在近些年才实现。当前无人机可搭载的最先进的推扫式传感器在包括镜头的情况下重量在 0.5~4kg 之间。然而，推扫式传感器获取的数据量大，通常需要在无人机上搭载一个拥有大存储的小型电脑，但这增加了无人机的载荷。推扫式传感器可提供高空间、高光谱分辨率的数据，且可以进行空间解析。与点光谱仪相比，它们更重且需要高性能的机载电脑。此外，推扫式传感器也需要额外的设备用于数据的精确配准。

二维成像光谱仪在两个空间维度上成像。这为光谱成像开辟了一条新的道路，因为计算机视觉算法可以从多幅单张影像中生成场景，使得光谱和三维信息都可以从相同的数据中获取，且能生成(超)光谱 DSM。二维成像光谱仪可以分为多相机二维成像仪、连续二维成像仪和快照成像仪。多相机二维成像仪将多个相机集成在一起从而获取多光谱或高光谱影像，通常在探测器前放置特定波段的滤光片以实现不同波段的探测。在无人机上应用的较早流行的这类相机是 MCA，其包括 4 或 6 个相机。当前，另一些受欢迎的这类相机包括 MicaSense Parrot Sequoia 和 RedEdge(-m)。连续二维成像仪顺序记录光谱数据，在两个波段间有着一定的时间间隔。它们具有较高的空间分辨率且可以灵活地选择波段，不过波段的数量会影响传感器的记录时间。快照二维成像仪在同一时间获取所有波段的数据，因此波段间是对齐的。

3. 无人机遥感数据的辐射处理

辐射处理将传感器的记录数据转化为有用的信息，主要包括：①传感器相关的辐射和光谱校正；②计算反射率；③物体反射的各向异性及阴影等的消除。

1)传感器校正

传感器校正确定了一个传感器的辐射响应，步骤包含：①相对辐射校正。目的是获得一个不随像素或时间变化的统一输出。②光谱校正。确定每个波段的光谱响应。③绝对辐射定标。将像素值转化为具有物理意义的辐亮度。

(1)相对辐射校正

相对辐射校正将传感器的输出转化为标准化的DN(Digital Number)值，使得整张影像在传感器运行期间具有一致的响应。相对辐射校正包括暗信号校正和光学路径非均匀性校正。

暗信号由噪声构成，与传感器温度和积分时间有关，可通过估计暗信号非均匀性(Dark Signal Non-Uniformity，DSNU)进行校正。常规的做法是将传感器置于黑暗的环境中拍摄一系列的影像，将多张影像的均值作为暗信号校正影像，之后直接用原始影像减去暗信号校正影像从而实现暗信号校正[90]。

相机的光学路径会改变入射辐射(这里主要指暗角效应，一种亮度从影像中心向四周逐渐递减的现象[91])，不同的像素会非均匀地将其转化为电信号，可通过对光学路径建模或使用基于影像的方法校正这种影响。其中，基于影像的方法精确而简单[92]。该方法需要测量一个均匀的目标，比如积分球[93]或均匀照射的朗伯表面[94]，然后对每个像素建立一个查找表或传感器模型，以此实现对光学路径的非均匀性校正。

在实际中，暗信号校正比暗角校正简单一些，因为大的积分球比较昂贵，而小的积分球或许不能提供一个在传感器视场内均匀的光照。另外，在使用像定标毯等朗伯表面时，使光均匀地照射整个目标是非常具有挑战性的。

(2)光谱校正

光谱响应以函数的形式给出了每个波段、每个像素的系统的辐射响应。使用中心波长和波段的半峰全宽(Full Width of Half Maximum，FWHM)模拟的高斯函数常被用作光谱响应模型。目前，单色光源或氙、氪等气体发射灯被用于确定传感器的光谱响应[95-96]。

(3)绝对辐射定标

绝对辐射定标是一个确定各波段DN值与辐亮度(W/(sr · m^2))之间的转换关系的过程。通常，使用带有增益和偏置的线性模型就可以完成这项工作。有两种方式可以获取转换系数：一是使用辐射校正过的积分球；二是使用一个已校正的传感器去校正另一个传感器的交叉定标方法[97]。

2)反射率计算

传感器的记录值可以通过使用入射辐射或布设在地面的反射参考目标及经验线性法(Empirical Line Method，ELM)转换为反射率。

(1)基于入射辐射的反射率计算

借助于入射辐照度的测量，可将分光仪测量的辐射值转换为反射率。入射辐照度可利用大气辐射传输模型(Atmospheric Radiative Transfer Models，ARTMs)或分光仪测量获得。

ARTMs 能够模拟太阳到地表的入射辐照度以及地表与传感器间的大气对信号的影响，其输入包括日期、位置、温度、湿度以及气溶胶光学厚度。常见的有 6S(Second Simulation of the Satellite Signal in the Solar Spectral)模型、LOWTRAN 模型、MODTRAN(MODerate resolution atmospheric TRANsmission)模型等。ARTMs 可以用来模拟计算反射率所需的辐照度，以及传感器接收到的辐亮度。但使用 ARTMs 计算反射率的缺点是需要对大气进行足够的参数化，这对大范围的应用来说尤其具有挑战性，因为在飞行区域内大气可能不是均匀的。其次因为云的影响，光照也会发生变化。

因 ARTMs 本身所带来的限制，使用一个辅助的分光仪测量入射辐照度的技术正在无人机遥感中兴起，这种方法主要通过使用一个固定在地面的辐射记录仪或在无人机上搭载一个辐射传感器来实现。例如 Burkart 等人使用两个分光仪，其中一个搭载在无人机上测量地表目标反射的辐射，另一个则用于观测置于地面的定标板[97]，这种方法也被称作“连续定标板法”，与经典的双地面分光仪测量相似，通过持续观测目标和朗伯参考板来计算目标反射率[98]。当前，有部分相机集成了一个数字光照传感器(Digital Light Sensor，DLS)用于测量下行辐射，如 MicaSense RedEdge，然后利用光谱相机和光强传感器提供的数据可直接生成反射率[99]。

固定和移动的方法均能够在数据获取期间捕获光照的变化。相较于固定的方式，移动测量能够直接捕获测量地点的辐射变化，在非均匀光照条件下更具优势。

(2)经验线性法

经验线性法(ELM)是一种常用的辐射定标方法，该方法假设 DNs 与反射率之间呈线性关系[100]。在影像完成相对或绝对定标后，借助于定标毯等参考目标，使用最小二乘法可以确定 DNs 与反射率之间的线性转化关系，然后将该线性关系应用于整幅影像生成研究区的反射率图像。例如，Yang 等人为了使用 ELM，在平整的地面上铺设了 5 块人造的近似于朗伯体的定标毯[95]。此外，ELM 还被用于(改装)RGB 相机的辐射定标[72,101]。除了常见的 ELM 外，Wang 等人提出了一种简化的 ELM 方法[65]。Xu 等人则在 ELM 中加入光谱角的约束以提升辐射定标的精度[102]。

在满足所有假设的条件下，ELM 简单、精确。当使用最简单形式的 ELM 时，许多因素会降低定标精度，如：大气、地形的变化及大气 BRDF(Bidirectional Reflectance Distribution Function)。ELM 最少应使用两个参考目标，且参考目标的反射率应覆盖整个场景地物的反射率。为提升定标精度，也有研究选择使用更多的参考目标[103]。参考目标必须平整、水平放置，没有遮挡，且足够大(通常是地面采样距离 5 倍及以上)。此外，在定标时应选择参考目标中心位置的像素以降低邻接效应的影响。同时参考目标得拥有近似朗伯体的反射特性。如果无法在地面布设参考目标，可以测量拥有合适反射率的地物的反射率来代替，如沙子、沥青表面等。

若飞行期间的光照发生变化，ELM 将会受限，因为并不是每张影像均包含参考目标。所以，ELM 不适用于变化的条件。此外，也有部分研究发现 DNs 与反射率之间存在非线性的关系[104]。因此在辐射定标的过程中，需要根据实际选择合适的定标模型。

(3)大气校正

ARTMs 可以用于辐射模拟和反射率计算。此外，ARTMs 作为校正目标至传感器间大气影响的方法而被广泛应用于卫星、航空或高飞行高度的无人机所获取的多光谱/高光谱影像。有研究表明，大气校正对非常精确的辐射测量是非常重要的，如太阳诱导叶绿素荧光(Solar-Induced Chlorophyll Fluorescence，SIF)[105]。因此，在计算反射率的时候有必要考虑大气的影响。

3)反射率校正

(1)BRDF 校正

为实现大范围覆盖，宽视场传感器在无人机遥感中非常常见。在分析宽视场传感器成像的数据时，地表的各向异性可能会导致影像内部或相邻两张影像间存在明显的辐射差异[106]。在拼接影像时，这会带来不必要的影响，影响场景中地物的光谱特征[107]。BRDF 校正是指补偿各向异性的影响，使影像反射率对应于最低点观测的过程。常用的 BRDF 模型可以分为物理模型、经验模型和半经验模型[108]。在经典的遥感中，常使用经验模型校正 BRDF。先确定感兴趣目标的 BRDF 模型，然后计算一个乘性校正因子用于补偿 BRDF，该过程还可以包括在期望观测几何下的反射率的计算和归一化。

(2)地形校正

地形对影像的局部光照有很大的影响[109]。如果同一物体位于朝向或远离阳光入射的斜坡上，其辐亮度会发生变化。为校正地形的影响，需要 DSM、影像获取时的太阳高度及方位角作为辅助数据。Jakob 等人利用无人机影像实现并测试了一些常用的地形校正方法，包括基于朗伯和非朗伯假设的两类方法[110]。

(3) 阴影校正

阴影由场景中的地物和云引起。处理阴影区域的方法包括去阴影、分开分析阴影和阳光照射区。Adeline 等人将阴影探测方法分为六类：直方图阈值、不变颜色模型、物体分割、几何方法、基于物理的方法、非监督和监督机器学习方法[111]。几何方法需要物体的三维模型和太阳的高度及方位信息来计算阴影的位置。因为多种不确定性的影响使得几何方法的精度在大多数情况下是不足的，特别是对高分辨率的影像来说，因此需要基于影像的方法。在 Adeline 等人的实验中，基于 RGB 和近红外直方图阈值的方法表现最好，接下来才是基于物理的方法[111]。

4)辐射区域网平差

辐射区域网平差(radiometric block adjustment)适用于研究区影像存在重叠的情况。在区域网影像的摄影测量处理过程中，区域网平差用于确定整个区域网影像几何的最佳拟合。辐射区域网平差也是基于类似的思想。该方法建立影像 DN 值与反射率之间的模型，然后利用重叠区域的冗余观测进行优化处理，从而达到求解模型参数的目的[112]。其输出为辐射定标模型参数的解，然后使用这些参数可以生成反射率拼接影像等产品[106]。

在辐射区域网平差的过程中，会生成一系列的辐射连接点(Radiometric Tie Points，RTPs)，指出现在不同影像上的同一个地物，由辐射连接点的 DN 值形成观测方程。在实际使用过程中，已知反射率的地面点称为辐射控制点(radiometric control points，RCPs)，它和不同影像的辐射差异可以作为先验知识加入平差过程中，从而实现绝对定标的目的。

4. 无人机遥感存在的挑战

1)大气校正

太阳向地球发射电磁辐射，在到达地表前，其中一部分能量被气体及气溶胶散射、吸收。大气效应会影响从航空图像中所提取信息的质量，如植被指数[113]。大气校正能够消除大气、变化光照、观测几何及地形对反射率的影响并确定地表真实的反射率。

在 150~200m 的低空条件下，大气对地表反射率的贡献被认为是可以忽略不计的[114]。因此在低空无人机遥感中，大气校正常常被忽略。然而，有研究表明即使是清晰的大气状况也会显著地影响无人机数据。在 50m 的飞行高度下，低反射率目标会明显地受到大气的影响[115]。此外，对一些应用，如热成像相机，即便飞行高度为 40m，依旧需要进行大气校正[114]。为获取精确的地表反射率，对低空无人机影像进行辐射定标是非常有必要的。

因高度和辐射传输模式的不同，卫星遥感所采用的大气校正算法通常不适用于无人机影像。使用标准大气廓线进行大气校正会导致精度损失。此外，获取大气校正模型所需的数据花费高，且较难获取。因此对无人机大气校正而言，亟须一套属于自己的大气校正方法。

2)辐射定标

辐射定标确定了传感器输出(如 DNs)与辐亮度或反射率之间的转换关系。精确的辐射定标对来自不同时间、地点及传感器的数据的变化检测及解译是非常必要的，因为它确保了数据的变化是由地物的变化，而不是由影像的获取过程或状况所引起的。

辐射定标的经典方法是 ELM，该方法一般需要借助已知反射率的参考目标。基于无人机的影像采集通常会获得数百张高空间分辨率的影像[116]，然后将影像进行拼接获得一张完整的影像，由于无人机影像图幅大小的影响，保证每张影像存在一个参考目标是不现实的。此外操作人员虽能设置适合于特定平均光强条件下的相机参数，但相机的曝光在每张航拍照片中都是不同的。因此适用于单张影像的辐射定标模型对其他影像来说并不一定合适。

目前，已有多种辐射定标方法可供使用。集成到商业软件(如：AgiSoft PhotoScan、Pix4DMapper)中的辐射定标方法包括经验校正、色彩均衡、辐照度归一化和基于传感器信息的校正。虽有大量的辐射定标被提出，其中的某些有商业软件提供，但是大部分方法都较为费力且不能提供定量的辐射测量和可接受的视觉效果。对大尺度区域的无人机影像而言，如何获取精确的地表反射率仍有待研究。

3)几何校正

无人机获取的影像带有一定程度的几何畸变，造成这种几何畸变的因素有多种，如：传感器位置的变化、平台的运动、地球自转、地表曲率、地形、传感器的制作工艺。但总的来讲可将这些因素分为内部和外部因素。也可以将它们分为系统畸变或随机畸变。系统畸变是能够预测的，如由地球的自转和传感器观测角度所引起的畸变。随机畸变则是由地形及传感器高度变化引起的。系统畸变可以通过系统性的校正进行补偿；而随机畸变不可预测，在校正时非常具有挑战性。

几何校正能够补偿几何畸变，从而生成具有几何完整性的影像。在畸变影像中，一个像素所代表的区域大小可能会在整张影像中发生变化，且给定像素的坐标可能与正确的地理位置不匹配。几何校正通过恢复固有的相机参数，如焦距、像主点坐标、镜头径向失真等，从而实现重建真实场景的目的。

可以利用传感器的标定参数、位置和姿态实测数据、DEM、地面控制点及大气条件等，建立图像坐标与地理坐标之间的关系，从而实现几何校正。地理配准和正射投影是实现几何校正的常用方法。地理配准是将畸变影像对齐到已知坐标系的过程，当中可能会涉及影像的平移、旋转、缩放等过程。通常使用地面控制点(Ground Control Points，GCPs)构建一个多项式，将畸变影像从现有的位置变换到正确的地方。随着多项式次数的增加，所能校正的畸变也就越复杂。正射投影比地理配准需要更多的信息。在使用有理多项式和精确的 DEM 的情况下，正射投影能够对传感器的倾斜及地球地形畸变进行校正。

无人机作为一种新型的遥感平台，可应用到多个场景中。随着技术的进步，如今已有多种无人机平台及传感器供用户选择。根据任务的需求，应综合考虑所需的数据类型、分辨率、作业时间、飞行高度等因素选择合适的无人机及传感器。无人机遥感数据处理包括传感器校正、反射率计算及反射率校正步骤，每个步骤的目的均不相同。当前有多种方法能够用于无人机数据的处理，但需要注意每种方法的适用性及限制。根据研究目的，选择恰当的数据处理流程非常重要，因为数据处理所引入的误差可能会对之后的数据分析带来很大的影响。大气校正、辐射定标和几何校正是无人机数据处理的重要步骤，也是高精度无人机数据处理中非常具有挑战性的部分，需要更加深入的研究，从而为实现无人机影像的高精度处理打下基础。

◎ 参考文献

[1] EMERY W，CAMPS A. Introduction to Satellite Remote Sensing[M]. Elsevier，2017：1-42.

[2] NASA. Earthrise [EB/OL]. (2021-07-14) [2024-04-11]. https：//www.nasa.gov/multimedia/imagegallery/image_feature_1249.html.

[3] NASA. LANDSAT 1 [EB/OL]. (2023-07-12) [2024-04-11]. https：//landsat.gsfc.nasa.gov/satellites/landsat-1/.

[4] 周一鸣，刘韬. 国外空间对地观测领域最新发展 [J]. 卫星应用，2021，2：47-53.

[5] 高永刚. 多尺度多平台遥感影像在城市遥感中的应用研究 [D]. 福州：福州大学，2013.

[6] 朱娟娟. 多角度遥感现状与发展 [J]. 中国高新技术企业，2008(12)：72-72.

[7] 郭夏锐. 商业高分辨率遥感卫星及数据的国际市场分析 [C]. 第六届高分辨率对地观测学术年会，2019.

[8] 原民辉，刘韬. 空间对地观测系统与应用最新发展 [J]. 国际太空，2018(4)：8-15.

[9] 李健全，王倩莹，张思晛，等. 国外对地观测微纳卫星发展趋势分析 [J]. 航天器工程，2020，29(4)：126-132.

[10] GUO J，LI D，WANG L，et al. Experience and Enlightenment on Military，Civil，and Commercial Integration in US Space Infrastructure Development [J]. Chinese Journal of

Engineering Science，2020(1).
[11] 朱仁璋，丛云天，王鸿芳，等．全球高分光学星概述(一)：美国和加拿大 [J]. 航天器工程，2015，24(6)：85-106.
[12] 李栋，董正宏，刘晓昂．遥感卫星应用发展现状及启示 [J]. 中国航天，2020，1：46-53.
[13] 龚燃．2020 年国外民商用对地观测卫星发展综述 [J]. 国际太空，2021(2)：47-54.
[14] 苏晓华，时蓬，白青江，等．空间地球科学卫星发展及应用 [J]. 卫星应用，2021(7)：21-29.
[15] NASA. NASA's Earth Observing System [EB/OL]. (2022-09-26) [2024-04-11]. https：//eospso. gsfc. nasa. gov/.
[16] 陈塞崎，龚燃．2019 年国外民商用对地观测卫星发展综述 [J]. 国际太空，2020(3)：5.
[17] NASA. (2022-09-26). https：//eospso. gsfc. nasa. gov/.
[18] EUMETSAT. meteosat-series [EB/OL]. (2021-09-20) [2024-04-11]. https：//www. eumetsat. int/our-satellites/meteosat-series.
[19] RAĎOCAJ D，OBHOĐAŠ J，JURIŠIĆ M，et al. Global Open Data Remote Sensing Satellite Missions for Land Monitoring and Conservation：A Review [J]. Land，2020，9(11)：402.
[20] EUSPACE. Copernicus [EB/OL]. (2023-07-12) [2024-04-11]. https：//www. copernicus. eu/en/about-copernicus/infrastructure-overview.
[21] 朱仁璋，丛云天，王鸿芳，等．全球高分光学星概述(二)：欧洲 [J]. 航天器工程，2016，25(1)：95-118.
[22] CORPORATION S I. RapidEye Satellite Sensors [EB/OL]. (2023-07-12) [2024-04-11]. https：//www. satimagingcorp. com/satellite-sensors/other-satellite-sensors/rapideye/.
[23] KREBS G D. Intuition 1 [EB/OL]. (2023-07-31) [2024-04-11]. https：//space. skyrocket. de/doc_sdat/intuition-1. htm.
[24] ICEYE. Monitor Any Location With Sar Data [EB/OL]. (2023-07-12) [2024-04-11]. https：//www. iceye. com/sar-data.
[25] 刘韬，黄江泽，张原．日本成像侦察卫星最新发展 [J]. 国际太空，2020(6)：36-40.
[26] 李健全，赵志伟，曹长新．日本微型 SAR 卫星星座最新进展 [J]. 国际太空，2020(6)：3.
[27] 徐鹏，马婧，侯丹．俄罗斯军用侦察卫星发展分析 [J]. 卫星应用，2017(7)：38-41.
[28] 朱仁璋，丛云天，王鸿芳，等．全球高分光学星概述(三)：亚洲与俄罗斯 [J]. 2016，25(2)：27.
[29] 尹睿，杨歌．印度军用对地观测系统发展现状 [J]. 国际太空，2020(11)：59-64.
[30] 张记炜，潘娜．印度航天侦察卫星的发展现状，特点及其启示 [J]. 飞航导弹，2021(3)：7-13.
[31] 加拿大发布国家航天战略 [J]. 中国航天，2019(4)：79.

[32] 徐冰. 加拿大下一代雷达成像卫星星座 [J]. 卫星应用, 2019(7): 1.

[33] 王佳. 品种齐全性能先进的韩国卫星 [J]. 太空探索, 2021(7): 6.

[34] KREBS G D. "ÑuSat 1, …, 98(NewSat 1, …, 98, Aleph-1 1, …, 98)" [EB/OL]. (2023-07-31)[2024-04-11]. https://space.skyrocket.de/doc_sdat/nusat-1.htm.

[35] LI D R, TONG Q X, LI R X, et al. Current issues in high-resolution earth observation technology [J]. Science China Earth Sciences, 2012.

[36] 陆地观测卫星数据服务 [EB/OL]. (2021-09-29)[2024-04-11]. http://36.112.130.153:7777/DSSPlatform/index.html; jsessionid=9A4DA3202639E64ACA 92AC87A85FF2DD.

[37] 自然资源卫星遥感云服务平台 [EB/OL]. (2021-09-29)[2024-04-11]. http://www.sasclouds.com/chinese/normal/.

[38] 中国资源卫星应用中心 [EB/OL]. (2021-09-23)[2024-04-11]. http://www.cresda.com/CN/index.shtml.

[39] 国家卫星海洋应用中心 [EB/OL]. (2021-09-20)[2024-04-11]. http://www.nsoas.org.cn/.

[40] 国家卫星气象中心/国家空间天气监测预警中心 [EB/OL]. (2021-09-20)[2024-04-11]. http://www.nsmc.org.cn/newsite/nsmc/Home/Index.html.

[41] 中国四维测绘技术有限公司 [EB/OL]. (2021-09-25)[2024-04-11]. http://www.chinasiwei.com/sy.

[42] 欧比特 [EB/OL]. (2021-09-20)[2024-04-11]. https://www.myorbita.net/.

[43] 长光卫星技术有限公司 [EB/OL]. (2021-08-18)[2024-04-11]. http://www.charmingglobe.com/.

[44] Gunter's _ Space _ Page [EB/OL]. (2021-09-29)[2024-04-11]. https://space.skyrocket.de/doc_sdat/tsinghua-1.htm.

[45] LEVIN N, KYBA C C M, ZHANG Q, et al. Remote sensing of night lights: A review and an outlook for the future [J]. Remote Sensing of Environment, 2020, 237(C): 111443.

[46] 郭晗. 珞珈一号科学试验卫星 [J]. 卫星应用, 2018(7): 1.

[47] 北京师范大学参与研制的BNU-1极地观测小卫星进入总装测试阶段 [J]. 北京师范大学学报(自然科学版), 2019(1): 46.

[48] COLOMINA I, MOLINA P. Unmanned aerial systems for photogrammetry and remote sensing: A review [J]. ISPRS Journal of Photogrammetry and Remote Sensing, 2014, 92: 79-97.

[49] 彭要奇, 肖颖欣, 郑永军, 等. 无人机光谱成像技术在大田中的应用研究进展 [J]. 光谱学与光谱分析, 2020, 40(5): 1356-1361.

[50] CANDIAGO S, REMONDINO F, DE GIGLIO M, et al. Evaluating Multispectral Images and Vegetation Indices for Precision Farming Applications from UAV Images [J]. Remote Sensing, 2015, 7(4): 4026-4047.

[51] MUKHERJEE A, MISRA S, RAGHUWANSHI N S. A survey of unmanned aerial sensing solutions in precision agriculture [J]. Journal of Network and Computer Applications, 2019, 148.

[52] DELAVARPOUR N, KOPARAN C, NOWATZKI J, et al. A Technical Study on UAV Characteristics for Precision Agriculture Applications and Associated Practical Challenges [J]. Remote Sensing, 2021, 13(6).

[53] FENG L, CHEN S S, ZHANG C, et al. A comprehensive review on recent applications of unmanned aerial vehicle remote sensing with various sensors for high-throughput plant phenotyping [J]. Computers and Electronics in Agriculture, 2021, 182.

[54] HAGHIGHATTALAB A, PEREZ L G, MONDAL S, et al. Application of unmanned aerial systems for high throughput phenotyping of large wheat breeding nurseries [J]. Plant Methods, 2016, 12.

[55] MADEC S, BARET F, DE SOLAN B, et al. High-Throughput Phenotyping of Plant Height: Comparing Unmanned Aerial Vehicles and Ground LiDAR Estimates [J]. Frontiers in Plant Science, 2017, 8.

[56] MANFREDA S, MCCABE M E, MILLER P E, et al. On the Use of Unmanned Aerial Systems for Environmental Monitoring [J]. Remote Sensing, 2018, 10(4): 28.

[57] MOZAS-CALVACHE A T, PéREZ-GARCíA J L, CARDENAL-ESCARCENA F J, et al. Method for photogrammetric surveying of archaeological sites with light aerial platforms [J]. Journal of Archaeological Science, 2012, 39(2): 521-530.

[58] CHIABRANDO F, NEX F, PIATTI D, et al. UAV and RPV systems for photogrammetric surveys in archaelogical areas: two tests in the Piedmont region (Italy) [J]. Journal of Archaeological Science, 2011, 38(3): 697-710.

[59] MARTIN S, BANGE J, BEYRICH F. Meteorological profiling of the lower troposphere using the research UAV "M(2)AV Carolo" [J]. Atmospheric Measurement Techniques, 2011, 4(4): 705-716.

[60] SHAKHATREH H, SAWALMEH A H, AL-FUQAHA A, et al. Unmanned Aerial Vehicles (UAVs): A Survey on Civil Applications and Key Research Challenges [J]. Ieee Access, 2019, 7: 48572-48634.

[61] TSOUROS D C, BIBI S, SARIGIANNIDIS P G. A Review on UAV-Based Applications for Precision Agriculture [J]. Information, 2019, 10(11).

[62] KIM K, DAVIDSON J. Unmanned Aircraft Systems Used for Disaster Management [J]. Transportation Research Record, 2015(2532): 83-90.

[63] SHI Y Y, THOMASSON J A, MURRAY S C, et al. Unmanned Aerial Vehicles for High-Throughput Phenotyping and Agronomic Research [J]. Plos One, 2016, 11(7).

[64] TU Y H, PHINN S, JOHANSEN K, et al. Assessing Radiometric Correction Approaches for Multi-Spectral UAS Imagery for Horticultural Applications [J]. Remote Sensing, 2018, 10(11).

[65] WANG C Y, MYINT S W. A Simplified Empirical Line Method of Radiometric Calibration for Small Unmanned Aircraft Systems-Based Remote Sensing [J]. Ieee Journal of Selected Topics in Applied Earth Observations and Remote Sensing, 2015, 8(5): 1876-1885.

[66] MA Y, JIANG Q, WU X, et al. Monitoring Hybrid Rice Phenology at Initial Heading Stage Based on Low-Altitude Remote Sensing Data [J]. Remote Sensing, 2021, 13(1).

[67] VERBEKE J, HULENS D, RAMON H, et al. The Design and Construction of a High Endurance Hexacopter suited for Narrow Corridors; proceedings of the International Conference on Unmanned Aircraft Systems (ICUAS), Orlando, FL, F May 27-30, 2014 [C]. 2014.

[68] BAPST R, RITZ R, MEIER L, et al. Design and Implementation of an Unmanned Tail-sitter; proceedings of the IEEE/RSJ International Conference on Intelligent Robots and Systems (IROS), Hamburg, GERMANY, F Sep 28-Oct 02, 2015 [C]. 2015.

[69] SAEED A S, YOUNES A B, CAI C, et al. A survey of hybrid Unmanned Aerial Vehicles [J]. Progress in Aerospace Sciences, 2018, 98: 91-105.

[70] D'SA R, JENSON D, HENDERSON T, et al. SUAV: Q - An improved design for a transformable solar-powered UAV [C]. 2016 IEEE/RSJ International Conference on Intelligent Robots and Systems (IROS), 2016.

[71] 成泳陶. 复合式无人机设计、建模与飞控硬件在环仿真 [D]. 北京: 北方工业大学, 2021.

[72] SVENSGAARD J, JENSEN S M, CHRISTENSEN S, et al. The importance of spectral correction of UAV-based phenotyping with RGB cameras [J]. Field Crops Research, 2021, 269.

[73] JIANG Q, FANG S H, PENG Y, et al. UAV-Based Biomass Estimation for Rice-Combining Spectral, TIN-Based Structural and Meteorological Features [J]. Remote Sensing, 2019, 11(7).

[74] RASMUSSEN J, NTAKOS G, NIELSEN J, et al. Arc vegetation indices derived from consumer-grade cameras mounted on UAVs sufficiently reliable for assessing experimental plots? [J]. European Journal of Agronomy, 2016, 74: 75-92.

[75] HUNT E R, HIVELY W D, FUJIKAWA S J, et al. Acquisition of NIR-Green-Blue Digital Photographs from Unmanned Aircraft for Crop Monitoring [J]. Remote Sensing, 2010, 2(1): 290-305.

[76] LI B, XU X M, ZHANG L, et al. Above-ground biomass estimation and yield prediction in potato by using UAV-based RGB and hyperspectral imaging [J]. Isprs Journal of Photogrammetry and Remote Sensing, 2020, 162: 161-172.

[77] FENG Q L, LIU J T, GONG J H. UAV Remote Sensing for Urban Vegetation Mapping Using Random Forest and Texture Analysis [J]. Remote Sensing, 2015, 7(1): 1074-1094.

[78] HOLMAN F H, RICHE A B, MICHALSKI A, et al. High Throughput Field Phenotyping

of Wheat Plant Height and Growth Rate in Field Plot Trials Using UAV Based Remote Sensing [J]. Remote Sensing, 2016, 8(12).

[79] SCHIEFER F, KATTENBORN T, FRICK A, et al. Mapping forest tree species in high resolution UAV-based RGB-imagery by means of convolutional neural networks [J]. Isprs Journal of Photogrammetry and Remote Sensing, 2020, 170: 205-215.

[80] TORRESAN C, BERTON A, CAROTENUTO F, et al. Forestry applications of UAVs in Europe: a review [J]. International Journal of Remote Sensing, 2017, 38(8-10): 2427-2447.

[81] KEMKER R, SALVAGGIO C, KANAN C. Algorithms for semantic segmentation of multispectral remote sensing imagery using deep learning [J]. Isprs Journal of Photogrammetry and Remote Sensing, 2018, 145: 60-77.

[82] MAES W H, STEPPE K. Perspectives for Remote Sensing with Unmanned Aerial Vehicles in Precision Agriculture [J]. Trends in Plant Science, 2019, 24(2): 152-164.

[83] MESSINA G, MODICA G. Applications of UAV Thermal Imagery in Precision Agriculture: State of the Art and Future Research Outlook [J]. Remote Sensing, 2020, 12(9).

[84] 赵庆展，江萍，王学文，等．基于无人机高光谱遥感影像的防护林树种分类 [J]. 农业机械学报，2011(11)：1-15.

[85] SANKEY T, DONAGER J, MCVAY J, et al. UAV lidar and hyperspectral fusion for forest monitoring in the southwestern USA [J]. Remote Sensing of Environment, 2017, 195: 30-43.

[86] 贾虎军，王立娟，范冬丽．无人机载 LiDAR 和倾斜摄影技术在地质灾害隐患早期识别中的应用 [J]. 中国地质灾害与防治学报，2021，32(2)：60-65.

[87] SAGAN V, MAIMAITIJIANG M, SIDIKE P, et al. UAV-Based High Resolution Thermal Imaging for Vegetation Monitoring, and Plant Phenotyping Using ICI 8640 P, FLIR Vue Pro R 640, and thermoMap Cameras [J]. Remote Sensing, 2019, 11(3).

[88] LIN Y C, CHENG Y T, ZHOU T, et al. Evaluation of UAV LiDAR for Mapping Coastal Environments [J]. Remote Sensing, 2019, 11(24).

[89] KHAN S, ARAGAO L, IRIARTE J. A UAV-lidar system to map Amazonian rainforest and its ancient landscape transformations [J]. International Journal of Remote Sensing, 2017, 38(8-10): 2313-2330.

[90] JIANG J, ZHENG H, JI X, et al. Analysis and Evaluation of the Image Preprocessing Process of a Six-Band Multispectral Camera Mounted on an Unmanned Aerial Vehicle for Winter Wheat Monitoring [J]. Sensors, 2019, 19(3).

[91] ZHENG Y, LIN S, KANG S B, et al. Single-Image Vignetting Correction from Gradient Distribution Symmetries [J]. IEEE Transactions on Pattern Analysis and Machine Intelligence, 2013, 35(6): 1480-1494.

[92] YU W. Practical anti-vignetting methods for digital cameras [J]. Ieee Transactions on

Consumer Electronics, 2004, 50(4): 975-983.
[93] CAO H T, GU X F, WEI X Q, et al. Lookup Table Approach for Radiometric Calibration of Miniaturized Multispectral Camera Mounted on an Unmanned Aerial Vehicle [J]. Remote Sensing, 2020, 12(24).
[94] KELCEY J, LUCIEER A. Sensor Correction and Radiometric Calibration of a 6-Band Multispectral Imaging Sensor for Uav Remote Sensing [M]//Shortis M, Elsheimy N. Xxii Isprs Congress, Technical Commission I. 2012: 393-398.
[95] YANG G, LI C, WANG Y, et al. The DOM Generation and Precise Radiometric Calibration of a UAV-Mounted Miniature Snapshot Hyperspectral Imager [J]. Remote Sensing, 2017, 9(7).
[96] LUCIEER A, MALENOVSKY Z, VENESS T, et al. HyperUAS-Imaging Spectroscopy from a Multirotor Unmanned Aircraft System [J]. Journal of Field Robotics, 2014, 31(4): 571-590.
[97] BURKART A, COGLIATI S, SCHICKLING A, et al. A Novel UAV-Based Ultra-Light Weight Spectrometer for Field Spectroscopy [J]. Ieee Sensors Journal, 2014, 14(1): 62-67.
[98] SUOMALAINEN J, HAKALA T, PELTONIEMI J, et al. Polarised Multiangular Reflectance Measurements Using the Finnish Geodetic Institute Field Goniospectrometer [J]. Sensors, 2009, 9(5): 3891-3907.
[99] RODRIGUEZ J, LIZARAZO I, PRIETO F, et al. Assessment of potato late blight from UAV-based multispectral imagery [J]. Computers and Electronics in Agriculture, 2021, 184.
[100] SMITH G M, MILTON E J. The use of the empirical line method to calibrate remotely sensed data to reflectance [J]. International Journal of Remote Sensing, 1999, 20(13): 2653-2662.
[101] CRUSIOL L G T, NANNI M R, FURLANETTO R H, et al. Reflectance calibration of UAV-based visible and near-infrared digital images acquired under variant altitude and illumination conditions [J]. Remote Sensing Applications-Society and Environment, 2020, 18.
[102] XU K, GONG Y, FANG S, et al. Radiometric Calibration of UAV Remote Sensing Image with Spectral Angle Constraint [J]. Remote Sensing, 2019, 11(11).
[103] KARPOUZLI E, MALTHUS T. The empirical line method for the atmospheric correction of IKONOS imagery [J]. International Journal of Remote Sensing, 2003, 24(5): 1143-1150.
[104] JEONG Y, YU J, WANG L, et al. Cost-effective reflectance calibration method for small UAV images [J]. International Journal of Remote Sensing, 2018, 39(21): 7225-7250.
[105] SABATER N, VICENT J, ALONSO L, et al. Impact of Atmospheric Inversion Effects

on Solar-Induced Chlorophyll Fluorescence: Exploitation of the Apparent Reflectance as a Quality Indicator [J]. Remote Sensing, 2017, 9(6).

[106] HONKAVAARA E, KHORAMSHAHI E. Radiometric Correction of Close-Range Spectral Image Blocks Captured Using an Unmanned Aerial Vehicle with a Radiometric Block Adjustment [J]. Remote Sensing, 2018, 10(2): 29.

[107] AASEN H, BOLTEN A. Multi-temporal high-resolution imaging spectroscopy with hyperspectral 2D imagers-From theory to application [J]. Remote Sensing of Environment, 2018, 205: 374-389.

[108] 阎广建，姜海兰，闫凯，等. 多角度光学定量遥感 [J]. 遥感学报，2021，25(1): 83-108.

[109] RICHTER R, KELLENBERGER T, KAUFMANN H. Comparison of Topographic Correction Methods [J]. Remote Sensing, 2009, 1(3): 184-196.

[110] JAKOB S, ZIMMERMANN R, GLOAGUEN R. The Need for Accurate Geometric and Radiometric Corrections of Drone-Borne Hyperspectral Data for Mineral Exploration: MEPHySToA Toolbox for Pre-Processing Drone-Borne Hyperspectral Data [J]. Remote Sensing, 2017, 9(1).

[111] ADELINE K R M, CHEN M, BRIOTTET X, et al. Shadow detection in very high spatial resolution aerial images: A comparative study [J]. ISPRS Journal of Photogrammetry and Remote Sensing, 2013, 80: 21-38.

[112] HONKAVAARA E, SAARI H, KAIVOSOJA J, et al. Processing and Assessment of Spectrometric, Stereoscopic Imagery Collected Using a Lightweight UAV Spectral Camera for Precision Agriculture [J]. Remote Sensing, 2013, 5(10): 5006-5039.

[113] AGAPIOU A, HADJIMITSIS D G, PAPOUTSA C, et al. The Importance of Accounting for Atmospheric Effects in the Application of NDVI and Interpretation of Satellite Imagery Supporting Archaeological Research: The Case Studies of Palaepaphos and Nea Paphos Sites in Cyprus [J]. Remote Sensing, 2011, 3(12): 2605-2629.

[114] MARTINEZ J, EGEA G, AGUERA J, et al. A cost-effective canopy temperature measurement system for precision agriculture: a case study on sugar beet [J]. Precision Agriculture, 2017, 18(1): 95-110.

[115] SUOMALAINEN J, OLIVEIRA R A, HAKALA T, et al. Direct reflectance transformation methodology for drone-based hyperspectral imaging [J]. Remote Sensing of Environment, 2021, 266: 112691.

[116] LALIBERTE A S, GOFORTH M A, STEELE C M, et al. Multispectral Remote Sensing from Unmanned Aircraft: Image Processing Workflows and Applications for Rangeland Environments [J]. Remote Sensing, 2011, 3(11): 2529-2551.

第4章　遥感影像几何处理

4.1　知识要义

本章重点讲解：遥感影像的成像模型；遥感影像的误差来源；遥感影像的几何纠正：基于多项式、共线条件式和基于有理函数的纠正原理；遥感影像配准；遥感影像镶嵌。本章所涉及的基本概念包括遥感影像的成像模型、遥感影像的几何变形和遥感影像的几何纠正3个主要方面。

4.1.1　遥感影像的成像模型

共线方程模型：地物点、对应像点和投影中心严格位于同一条直线上，这是摄影类成像传感器的基本构像模型。

多项式模型(Polynomial Model)：回避成像的空间几何过程，直接对影像的变形进行数学模拟，把遥感影像的总体变形看作平移、缩放、旋转、偏扭、弯曲以及更高次的基本变形的综合作用结果，用一个适当的多项式来描述纠正前后影像相应点之间的坐标关系。

有理函数模型(rational function model，RFM)：Space Imaging公司提供的一种广义的新型传感器成像模型，是一种能够获得与严格成像模型近似一致精度的、形式简单的概括模型。有理函数模型是多项式模型的比值形式，是各种传感器成像几何模型的一种更广义的表达。

4.1.2　遥感影像的几何变形

地形起伏引起的像点位移：当地形有起伏时，对于高于或低于某一基准面的地面点，其在像片上的像点与其在基准面上垂直投影的投影点在像片上的构像点之间有直线位移。

大气折射引起的图像变形：大气层不是一个均匀的介质，它的密度随离地面高度的增加而递减，因此电磁波在大气层中传播时的折射率也随高度而变化，使得电磁波的传播路径不是一条直线而变成了曲线，从而引起像点的位移。

地球自转的影响：当卫星南北方向运行时，地球表面也在由西向东自转，由于卫星图像每条扫描线的成像时间不同，造成扫描线在地面上的投影依次向西平移，最终使得图像发生扭曲。

4.1.3　遥感影像的几何纠正

几何纠正(geometric correction；geometric rectification)：为消除图像的几何畸变而进行

的校正工作。

图像坐标系(image coordinate system)：图像坐标系 *O-xy* 是二维的平面坐标系统，*O* 点位于影像左上角，(*x*，*y*)为像点在影像上的平面坐标(列号行号单位：像素)，其方向与 *S-UVW* 坐标系中 *UV* 轴的方向一致。

传感器坐标系 *S-UVW*：*S* 为传感器投影中心，作为传感器坐标系的坐标原点，*UV* 平面为焦平面，*W* 轴为光轴方向，垂直于 *UV* 平面，向下或向上为正，*U* 轴指向飞行方向，*UVW* 构成右手系。该坐标系描述了像点在传感器坐标系中的位置。

地图坐标系(map coordinates system)：是二维的平面坐标系统，如大地坐标，即地理经纬度坐标、地图投影坐标(如高斯投影坐标、UTM 投影坐标等)、地方独立坐标系坐标、局部切平面坐标系坐标等。该平面坐标系和地面高程组成的三维坐标与 WGS84 地心直角坐标系之间有严格的数学转换关系。

外方位元素(elements of exterior orientation)：确定摄影光束在摄影瞬间的空间位置和姿态的参数，称为外方位元素。一张像片的外方位元素包括 6 个参数，其中有 3 个是线元素，用于描述摄影中心的空间坐标值，另外 3 个是角元素，用于表达像片面的空间姿态。

粗加工处理(粗纠正)(rough rectification)：针对由传感器系统误差引起的畸变进行的校正。

精加工(precise rectification)：利用合适的数学模型模拟校正前后的坐标关系，获取具有地图坐标的遥感影像。

多项式纠正(polynomial rectification)：多项式纠正回避成像的空间几何过程，直接对图像变形进行数学模拟。多项式法对各类型传感器图像的纠正具有适用性，可利用地面控制点的图像坐标和地面坐标通过平差原理计算多项式中的系数，然后用该多项式对图像进行纠正。

基于共线条件式纠正：共线方程纠正是建立在图像坐标与地面坐标严格数学变换关系的基础上，是对成像空间几何形态的直接描述。该方法纠正过程需要有地面高程信息，可以改正因地形起伏引起的投影差。因此当地形起伏较大，且多项式纠正的精度不能满足要求时，要用共线方程进行纠正。

直接法(direct scheme of digital rectification)：在数字影像的几何纠正中，把原始影像的每个像元通过纠正公式变换到新影像的相应位置，同时把原始影像上像元灰度值赋予新影像相应像元位置上的一种数字影像变换方法。

间接法(indirect scheme of digital rectification)：由纠正后新影像的像元，通过纠正公式推求其在原始影像中的相应位置，并通过重采样将该位置的灰度值，反送到新影像相应像元上的一种数字影像变换方法。

重采样(resampling)：影像灰度数据在几何变换后，重新插值像元灰度的过程。

影像镶嵌(image mosaic)：多张遥感图像经几何纠正，按一定的精度要求互相拼接成整幅影像图的作业过程。

4.2 知识扩展

遥感影像几何误差可分为传感器内部变形造成的误差和传感器外部变形导致的误差。所谓传感器内部变形是指由于产品质量、技术参数、性能达不到预期设定，与标准数值出现些许偏差所造成的变形，这个情况因传感器型号、批次、内部结构不同而不同。传感器的外部变形则是由传感器自身以外的原因造成的差别，比如搭载传感器的飞机的位置、航行轨迹、姿态变化、传感介质分布不均匀、地球自转、地球曲率、地形高差等因素所导致的变形。传统的框幅式相机，主要的变形来自镜头畸变，传感器内方位元素发生变化所导致的变形可以通过系统误差改正，外方位元素数值与标准坐标出现偏差，也能导致影像发生变形，这种变形就是地物点的像点坐标误差，可以用传感器的构像方程进行解析。

4.2.1 镜头畸变

镜头畸变的存在，导致物点、相机中心、像点三者并非严格满足针孔模型，使实际像点偏离针孔模型描述的理想位置。以无人机遥感为例，通常使用消费级的非量测数码相机，镜头畸变较大，直接影响几何处理的精度，因此必须考虑该因素，在数据处理前改正或平差过程中进行补偿，以消除其影响。

对某一物点，假设其满足成像模型的理想像点坐标为 (x, y)，受畸变影响而偏移的实际像平面坐标为 (x_d, y_d)，那么可用下面的 Brown 模型来描述理想像点与偏移像点之间的关系：

$$
\begin{cases}
x = x_d + \bar{x}(k_1 r^2 + k_2 r^4 + k_3 r^6 + \cdots) + \{p_1[r^2 + 2\bar{x}^2] + 2p_2\bar{x}\cdot\bar{y}\}(1 + p_3 r^2 + \cdots) \\
y = y_d + \bar{y}(k_1 r^2 + k_2 r^4 + k_3 r^6 + \cdots) + \{p_2[r^2 + 2\bar{y}^2] + 2p_1\bar{x}\cdot\bar{y}\}(1 + p_3 r^2 + \cdots)
\end{cases}
\tag{4.1}
$$

其中，$\bar{x} = x_d - x_0$，$\bar{y} = y_d - y_0$，$r^2 = \bar{x}^2 + \bar{y}^2$ 为像主点的像平面坐标，k_1，k_2，k_3 为径向畸变参数，p_1，p_2，p_3 为切向畸变参数。

畸变包含径向畸变和切向畸变两部分，一般切向畸变较小，径向畸变起主要作用。上述畸变模型又称为相机的非线性模型。

1. 地形起伏引起的像点位移

当地形不是完全水平时，无论拍摄相机是水平还是倾斜状态，都会因地形起伏而产生像点位移，这是中心投影与正射投影两种投影方法在地形起伏的情况下产生的差别，因此，也把因地形起伏造成的像点位移称为投影差。同时，因地形起伏引起的像点位移也同样会引起像片比例尺及图形的变化，另外像底点可能不在等比线上，因此，需要综合考虑像片倾斜和地形起伏的影响，像片上任何一点都可能存在像点位移，且位移的大小随点位的不同而不同，由此导致一张像片上不同点位的比例尺不相等。

2. 飞行器姿态变化引起的图像旋转和投影变形的纠正

有以下几种处理方式：①利用野外可测控制点求解摄像机的外参数，进行图像单幅纠正。②利用目标区域的大比例尺地形图，选择合适的控制点，然后按照摄影测量的方法进行几何纠正。③在目标区域有正射影像的情况下，将采集的图像与正射图像进行配准，从而实现纠正。④基于机载惯性导航系统 INS(inertial navigation system)测得的相机姿态和 GPS(Global Position System)定位系统获得的相机位置，进行纠正。

由于无人机影像采集的范围较小，飞行高度较低，因此地球曲率以及大气折射引起的像点位移较小。

4.2.2　卫星在轨几何定标

卫星影像的几何处理必须有精确的几何成像参数。在轨几何定标，是指利用光学卫星在轨获取的影像数据，通过摄影测量方法对成像系统在轨运行时的内外方位元素状态进行精确标定的技术。为影像几何处理提供精确的几何成像参数，即成为决定光学卫星影像定位精度至关重要的因素。纵观国际上先进的光学卫星，例如美国的 GeoEye、法国的 Pleiades 等，在轨运行后均立即开展了系统的在轨几何定标工作，并且在整个运行生命期内也会定期进行在轨几何定标以对星上载荷的状态进行跟踪分析，旨在消除卫星平台外部系统误差(如相机安装角在卫星发射过程中受空间力学环境影响相对于实验室检校值的形变、空间复杂热环境下引起的长周期性变形误差)及相机内部系统误差(主点、主距检校误差及物镜光学畸变、CCD 畸变)，从而保证影像产品的几何质量[1-4]。

目前，国内所采用的在轨几何定标方法大多需要基于地面定标场的高精度参考数据，利用光学卫星在轨获取的定标场影像，通过影像匹配获取的密集控制点信息作为约束条件，基于单像空间后方交会方法精确确定各项定标参数。

国外知名的高分辨率卫星如 SPOT、IKONOS、GeoEye、WorldView、ALOS 等都布设了各自的野外试验场进行定期或不定期的在轨几何定标。法国利用定标场 0.5m 分辨率的高精度参考数据，对 SPOT5 的 HRG 相机和 HRS 相机进行了在轨几何定标[5]，在沿轨和垂轨方向分别利用一个 5 次多项式定标补偿后，相机内部畸变误差可控制在 0.1 个像素内。定标场高精度控制数据对 IKONOS 卫星相机焦平面中每个像元的指向角以及相机与星敏感器之间的夹角均进行了在轨定标，利用定标后每个像元在相机坐标系下的指向角、相机与星敏感器之间的夹角以及星敏感器测定的姿态角可实现每个像元光线在空间中的精确定向，使单景影像直接定位的平面和高程精度分别达到了 4.4m 和 2.7m[6-7]。有人利用地面定标场 4000 余个密集控制点，通过线性回归方法对 ALOSPeism 的前、下、后三视相机中的各片 CCD 均进行了严格内定标，定标后相邻 CCD 片间拼接达到子像素级精度，稀少控制条件下三视立体像对的平面和高程精度均达到了 2m 左右[8-9]。

近年来，随着资源三号等国产高分辨率光学卫星的发射，我国也建设了嵩山定标场、安阳定标场等一系列光学卫星几何定标场[10]。河南省的嵩山卫星遥感定标场地覆盖面积约 100km×80km，由固定地面靶标场和均匀分布在河南省的数百个高精度控制点组成，并提供全区 1∶2000 比例尺、0.2m 分辨率的数字正射影像图(DOM)和 1m 分辨率的数字高程模型(DEM)参考数据。同样在河南境内的安阳定标场，覆盖面积 90km×30km，提供了全区 1∶1000 比例尺、0.1m 分辨率的 DOM 和 0.5m 分辨率的 DEM 参考数据。

基于国内定标场建设的大力实施，我国学者也对光学卫星几何定标进行了广泛深入的研究与实践。文献[10-11]利用面积为 600km×100km 的东北数字地面定标场，采用等效框幅像片光束法空中三角测量方法，对天绘一号卫星前视、正视和后视相机的主距、主点位置、相机交会角和星地相机夹角等参数进行整体定标，定标后其影像无地面控制的平面和高程定位精度分别达到了 10.3m 和 5.7m。文献[12]结合天绘一号卫星相机设计特点合理简化相机畸变模型，利用嵩山定标场参考数据，基于探元指向角多项式模型对天绘一号卫星相机进行了在轨几何定标，定标精度优于 0.2 个像素，相机内部 8 片 CCD 之间的相对几何精度得到显著提升[13]。对于我国首颗民用三线阵立体测绘卫星——资源三号卫星，文献[14-21]分别利用定标场参考数据对其进行了在轨几何定标，定标结果表明资源三号卫星三线阵相机仅存在主距变化、CCD 排列旋转等引起的线性误差，为其无畸变相机设计提供有力证据，定标后生成的影像传感器校正产品，其内部畸变均控制在子像素内，多光谱影像各谱段间几何配准精度也优于 0.25 个像素[22]。针对相机偏视场设计、误差参数高度相关的问题，文献[23]提出了一种基于探元指向角模型的内外分步定标方法，并利用嵩山几何定标场的高精度参考数据对资源一号 02C 和资源三号卫星分别进行了严格的在轨几何定标实验，取得了良好的效果。

4.2.3 卫星几何处理模型

所有的几何失真都需要模型或者数学函数进行图像的几何校正，卫星遥感影像几何校正就是要在尽可能准确地模拟并改正这些影像变形的基础上，正确地描述每一个像点与其对应物点坐标间的严格几何关系，以便对原始影像进行高精度的几何纠正及对地物目标定位，从而实现由二维遥感影像反演地表空间位置。由于各种传感器特性的不同，不同的几何处理模型间存在着严密性、复杂性、准确性等多方面的差异。当前所采用的遥感影像几何处理模型大体上可以分为严格物理模型和经验模型两大类。

1. 物理模型

虽然每个传感器的特性不相同，但是绝大多数的光学影像成像过程仍然满足中心投影的严格共线条件。事实上，在线阵列 CCD 传感器采用推扫式成像技术获取的连续影像条带中，每一扫描行影像与被摄物体之间具有严格的中心投影关系，并且都具有各自的外方位元素。为了完全再现成像瞬间各项条件与原始影像间的对应函数关系，严格物理模型需要对各项误差源建立与之相应的数学模型。这就涉及平台模型、传感器模型、大地模型和投影模型 。

与传统摄影测量方法相似，恢复摄影瞬间光线的位置、姿态等定向参数依然是高分辨率卫星遥感影像几何处理的关键技术。根据影像定向参数建模方式的不同可以将物理模型分为两类。

1)扩展的共线方程模型

加拿大学者 Kratky 提出了对共线条件方程扩展而成的严格物理模型[24]。假定卫星运行轨道满足轨道摄动方程，将传感器位置表达成标准卫星轨道参数的函数，而传感器的姿态角则视具体情况采用 1 至 3 次多项式函数进行拟合。该模型先后被用于 SPOT[25]、MOMS[26]和 JERS-1[27]等卫星遥感影像的几何处理，并被用于推扫式卫星遥感影像模拟、DEM 提取及正射影像的制作等[28]，均取得了很好的结果。在 Kratky 模型基础上，瑞典学者 Westin 简化了地球自转、地球曲率和地球引力所造成的影响，提出了 Westin 模型[29]。Westin 模型的优势在于形式简单，仅使用一个地面控制点就可以对轨道参数进行改正，其缺点是假设卫星运行轨道为圆形，没有考虑轨道摄动力的影响。

瑞士苏黎世联邦技术大学(ETH)的 Poli 提出了更为通用的扩展共线方程模型[30]，可适用于航空/航天单线阵或多线阵推扫式遥感影像的几何处理。对于航空遥感影像，飞机的飞行轨迹由分段多项式函数描述，分段数取决于控制点和连接点的数目及分布情况；对于卫星遥感影像，可直接采用 2 次或 3 次拉格朗日多项式表示，并可将卫星的运行轨道特征当作约束条件。

加拿大遥感中心(CCRS)的 Toutin 提出了 3D 物理模型，模型中每一个参数的物理几何意义是由几个相关几何变量的“联合”数学抽象表达，这些参数组成了相互独立的参数集，最大限度地减少了参数相关性对参数估值的影响[31]，在多源遥感影像的联合平差中得到了较好的结果。

总体来说，扩展共线方程模型都是以共线条件方程为基础的，在假设卫星运行轨迹满足轨道摄动方程的条件下，用轨道参数的函数来表示影像外方位线元素，用多项式来拟合影像外方位角元素。通过光束法平差，整体解求包括影像外方位元素、自检校参数等的影像严格物理模型参数，从而实现卫星遥感影像的高精度几何处理。

2)定向点 / 片模型

定向点/片模型主要用于三线阵推扫式遥感影像的几何处理，最早由德国汉诺威大学的 Ebner 教授提出[32]。该模型与扩展共线方程的不同之处在于无须采用严格数学模型对每个扫描行影像的外方位元素进行拟合，而仅仅是对定向点(orientation point)所在的扫描行影像外方位元素进行最小二乘估计，其余扫描行影像的外方位元素则由其内插得到。

以定向点几何模型为基础，德国航宇中心的 Kornus 提出了定向片(orientation image)模型[33]，主要用于 MOMS-2P 的三线阵推扫式遥感影像几何处理。利用 MOMS-NAV 导航数据(导航精度约 5m)，仅用 4 个控制点就可以达到平面 8m、高程 10m 的定位精度。西安测绘研究所的王任享院士提出了与定向片模型相类似的等效框幅式影像 EFP(equivalent frame photo)模型[34]。利用该模型平差时，只需计算 EFP 时刻(类似于定向片时刻)的影像外方位元素。

定向片模型一定程度上避免了由于参数间的强相关所带来的法方程解奇异问题，提高了影像几何处理的精度，但仅对数量有限的定向点所对应的影像外方位元素加以估计而无法顾及整个航线模型存在的扭曲。因此，大多数模型都引入了带附加参数的系统误差模型，与定向片外方位元素同时解求，在平差过程中自检校并消除系统误差的影响。这就是许多文献中提到的 CCD 传感器的在航检校(in-flight calibration)方法[35]。定向点/片方法为解决推扫式遥感影像的几何处理提供了一种新的思路，这种仅对特定扫描行的外方位元素进行估计，通过内插获得任意扫描行外方位元素的方法应用于航空推扫式影像的几何处理(如：ADS40)同样获得了较好的结果[36]。

2. 经验模型

与物理模型不同，经验模型不会直观反映误差源与影像变形间的具体关系，无须影像获取系统(包括：平台、传感器、投影方式等)的任何先验信息，完全独立于具体的传感器。经验模型一方面可以有效地避免传感器和轨道参数等核心信息的泄漏；另一方面在很大程度上减少了高分辨率卫星遥感影像几何处理的复杂性。

1)一般多项式

一般多项式模型形式较为简单，常用二维、三维多项式如下所示：

$$\begin{cases} P_{2D}(x,\ y) = \sum_{i=0}^{m} \sum_{j=0}^{n} \alpha_{ij} X^i Y^j \\ P_{3D}(x,\ y) = \sum_{i=0}^{m} \sum_{j=0}^{n} \sum_{k=0}^{l} \alpha_{ijk} X^i Y^j Z^k \end{cases} \tag{4.2}$$

式中，α 为多项式系数；$(x,\ y)$ 为像点坐标；$(X,\ Y,\ Z)$ 为地面点的物空间坐标。

一般多项式模型的阶数通常不应超过 3 阶，因为更高阶的多项式模型往往不能提高影像几何处理精度，反而会导致过度参数化，进而降低影像几何处理的精度。一般多项式模型只能应用于影像畸变较小且较为简单的情况，如垂直下视影像、覆盖范围较小的影像、地势较为平坦的影像等。一般多项式模型的定向精度与地面控制点的数量、精度、分布以及实际地形有关[37]。同时，采用一般多项式模型进行影像定向时，控制点附近的地面点坐标拟合较好，但其他位置可能存在明显的偏差，与相邻的控制点不协调，即会在某些点上产生震荡现象。一般多项式模型在早期的中低分辨率卫星遥感影像的几何处理中应用比较广泛，但由于其理论上的局限性无法满足高分辨率卫星遥感影像几何处理的需求，逐步被形式上较为相近的有理多项式函数模型所取代。

2)仿射变换模型

仿射变换模型最早是为了克服窄视场角和大主距所带来的卫星遥感影像定向参数之间的强相关性而提出的[38]。这种模型假设在窄视场角的影像获取时，仿射投影可以近似代替中心投影，从而用线性的仿射变换模型建立像方与物方对应坐标的几何关系式。需要指出的是，仿射变换模型利用的是局部坐标系和椭球高表示物方坐标，因此需要补偿由于地球曲率所带来的高程误差：

$$\left.\begin{aligned} &\frac{f - \dfrac{Z}{m\cos\alpha}}{f - (x - x_0)\tan\alpha}(x - x_0) = a_0 + a_1X + a_2Y + a_3Z \\ &y - y_0 = b_0 + b_1X + b_2Y + b_3Z \end{aligned}\right\} \tag{4.3}$$

式中，a，b 为仿射变换参数；α 为中心扫描行的倾斜角；$(x,\ y)$ 为像点坐标，$(x_0,\ y_0)$ 为中心扫描行的像点坐标；$(X,\ Y,\ Z)$ 为地面点的物空间坐标。

仿射变换模型是根据高分辨率卫星遥感成像的几何特性对严密共线条件关系的一种近似表达，将行中心投影影像转化为相应的仿射投影影像后，以仿射影像为基础进行目标点的空间定位，大大减小了模型中各参数之间的相关性，在保证几何处理精度的同时，简化了计算。如何在实际应用中区分和界定这种假设的适用范围，根据不同传感器的成像机理完善假设的不严密性，是需要研究的。

3)直接线性变换模型

直接线性变换模型(Direct Linear Transformation，DLT)是直接建立像平面坐标与物空间坐标关系的一种数学变换公式。最早用于近景摄影测量和航空遥感影像的几何处理中，具有运算量小、无须初始值等优点。用于卫星遥感影像的处理不需要卫星轨道参数和传感器参数，但没有考虑到每扫描行影像外方位元素随时间变化的特点，将线阵推扫式遥感影像等同于框幅式影像进行处理。研究表明，将 DLT 模型用于 SPOT 影像的几何处理，亦可获得子像素级的定位精度[39]。此外，Wang 在 DLT 模型中加入了自检校参数，提出了自检校直接线性变换模型 SDLT[40]。该模型在卫星遥感影像飞行方向加入改正项后，使框幅式直接线性变换模型也能用于对推扫式线阵卫星遥感影像的几何处理，经用于 SPOT 和 MOMS 影像的几何处理，获得了较好的精度。

4)有理函数模型

最早利用有理函数模型(Rational Function Model，RFM)进行影像定位的方法出现在 1980 年代[41]。RFM 模型将地面点的物方坐标 D(Latitude，Longitude，Height)与其对应的像点坐标 d(line，sample)用比值多项式关联起来。为了增强参数求解的稳定性，将物方和影像坐标正则化到[-1，1]之间。对一幅影像定义了如下的比值形式：

$$\begin{cases} l = \dfrac{\mathrm{Num}_l(P,\ L,\ H)}{\mathrm{Den}_l(P,\ L,\ H)} \\ s = \dfrac{\mathrm{Num}_s(P,\ L,\ H)}{\mathrm{Den}_s(P,\ L,\ H)} \end{cases} \tag{4.4}$$

式中，$(s,\ l)$ 为正则化的像点坐标；$(P,\ L,\ H)$ 为正则化的物方坐标。

有理函数模型实质是用纯数学模型来对严格物理模型进行拟合，同时也可以看成对成像地区实际地形的一种数学逼近。因此，有理函数模型从其构建的方式可以分为“与地形无关”和“与地形相关”两种方案[42]：与地形无关的方案是因为用于解算有理函数多项式系数的控制点是通过严格物理模型计算得到的虚拟格网点，并非真实的地面控制点；与地形相关的方案类似于一般多项式模型的构建方法。有理函数多项式系数的求解依赖于地面测量所获得的大量地面控制点，其精度很大程度上受控制点分布的影响，往往需要很多的控制点来提高参数的解求精度，而这样的要求通常难以实现。

有理函数模型用于平坦地区影像处理时能够获得比较理想的结果，但处理地形起伏较大地区的影像时定位精度较低。

4.2.4　其他传感器的几何校正

本节以 SAR 传感器为例进行介绍，目前对 SAR 图像进行几何校正主要有基于地面控制点的校正方法和基于 DEM 来模拟 SAR 影像的校正方法。基于地面控制点的校正方法根据校正变换模型的不同又可以分为多项式校正法、共线方程校正法以及基于 SAR 成像原理的距离多普勒模型校正法。

1. 基于地面控制点的多项式校正

SAR 图像几何校正最简易的方法是基于多项式模型，但是因为它是基于两个平面之间的转换，且不考虑地形，几何校正无法在非平面图像很好地使用。基于雷达共线思想发展，简化建立的 SAR 雷达成像几何共线方程，模型参数设置和解决均是遵循数字摄影的思想，这个方法的缺陷是校正精度较低[43]。目前，星载 SAR 几何校正最广泛使用的模型是由 Brown 和 Curlander 提出的距离-多普勒(Range Doppler，RD)模型，这个模型完全从成像机理出发，定位精度很高[44]。由于 RD 模型三大方程含有非线性方程，利用其求解目标位置需要采用迭代的方法，而星载 SAR 系统的全球观测以及处理海量数据，使得逐点迭代运算方式难以满足实际需求[45]。

凭借着丰富的全球控制点数据库，可以使用控制点先验信息提高几何校正的准确性。利用控制点先验信息直接对定位结果进行校正，从而达到几何精校正的效果。从遥感图像识别处理应用出发，汤亚波[46]提出目标位置精校正的新方法，直接在系统级别检测遥感图像几何校正和目标附近的地面控制点，然后进行异常控制点检测，最后使用精准控制点对目标进行地理位置校正。此类方法具备精度高、目标误差校正速度快的优势。在遥感几何失真的情况下，杨晶[47]开始系统分析各种几何校正算法和关键技术，从多个方面综合研究控制点数量、算法复杂度、适用性和实现问题，讨论不同算法在遥感影像几何精校正准确性和计算速度方面对控制点的依赖性。飞行导航、大比例尺地图更新，需要使用高分辨率线阵推扫式卫星，正射影像需要轨道和传感器参数，但是在实际应用中，有时不能得到上述参数数据，此时可以用一般多项式、改进多项式、小面元多项式、小样条函数、直接线性变换、有理函数、仿射模型来进行几何精纠正[48]。

2. 先验 DEM 辅助的 SAR 图像几何校正

高分辨率卫星获取的图像具有复合性、多样性、复杂性等特点，这就带来了一系列相关领域的应用难题，而几何校正则是首当其冲需要解决的问题。通常情况下，传统的几何校正模型都不把成像几何关系纳入考虑的范围中，而是简单直接地对失真的图像进行数学上的仿真。

当实际地形变化大时，如果只是将图像近似为一个平坦地面用平均高程进行几何校正，图像精度没法得到保障。因此，存在地形起伏的地区，必须考虑依据地表地貌生成的数字高程模型(DEM)来实现高精度的图像校正[49]。当卫星轨道数据的系统误差较大时，将 DEM 信息应用到以这种不够精确的轨道模型为基础建立的定位模型，有可能使得地面目标和影像坐标之间的映射关系变得更加不精确，此时基于 DEM 模拟 SAR 影像，然后对模拟 SAR 影像和真实 SAR 影像进行匹配得到偏移量，利用偏移量对卫星轨道参数进行修正，从而提高定位精度，达到精校正的目的[50]。

目标高程误差是星载 SAR 图像精确定位的主要误差来源，先验 DEM 数据将有助于提升几何校正质量。基于 RD 定位模型，余安喜[51]等使用先验 DEM 数据，可以有效消除地形起伏带来的几何失真，为了满足高分辨率大数据的处理要求，提出基于多项式参数拟合与内插的几何校正模型解算方法，能够在保精度的前提下显著提高算法效率。

4.2.5　无人机影像的几何校正

1. 无人机影像几何校正方法

对于图像的畸变校正过程而言包含两部分内容：一是像素坐标的变换；二是对坐标变换后的像素亮度值进行重采样。数字影像的几何校正处理过程如下：

(1)根据图像的成像方式确定图像坐标和地面坐标之间的数学模型。

(2)根据地面控制点和对应像点坐标进行平差计算变换参数，评定精度。

(3)对原始图像进行几何变换计算，像素亮度值重采样。

目前纠正方法主要有多项式法、共线方程法和有理函数模型法等。

1)基于多项式模型的几何校正

多项式纠正回避成像的空间几何过程，直接对图像变形的本身进行数学模拟。多项式法对于各种类型传感器图像的纠正是适用的。利用地面控制点的图像坐标和其同名点的地面坐标通过平差原理计算多项式中的系数，然后用该多项式对图像进行纠正。

在不考虑像片成像内外方位元素和投影关系的情况下，如果地形平坦且拥有高精度大比例尺地形图，可以通过影像对地形图选取足够数目的平面控制点，采用一次、二次、三次多项式模型实施几何处理生产影像地图，满足二维平面几何精度要求，技术路线简单成熟。

一般多项式校正的公式为：

$$\begin{cases} x = a_1X^3 + a_2Y^3 + a_3X^2Y + a_4XY^2 + a_5X^2 \\ \qquad + a_6Y^2 + a_7XY + a_8X + a_9Y + a_{10} \\ y = b_1X^3 + b_2Y^3 + b_3X^2Y + b_4XY^2 + b_5X^2 \\ \qquad + b_6Y^2 + b_7XY + b_8X + b_9Y + b_{10} \end{cases} \tag{4.5}$$

式中，(x, y)为某像素原始图像坐标；(X, Y)为同名像素的地面坐标。

2)基于共线方程的几何校正

共线方程纠正是建立在图像坐标与地面坐标严格数学变换关系的基础上，是对成像空间几何形态的直接描述。该方法纠正过程需要有地面高程信息(DEM)，可以改正因地形起伏而引起的投影差。因此当地形起伏较大，且多项式纠正的精度不能满足要求时，要用共线方程进行纠正。

共线方程纠正需要有数字高程信息，计算量比多项式纠正要大。同时，在动态扫描成像时，由于传感器的外方位元素是随时间变化的，因此外方位元素在扫描过程中的变化只能近似地表达，此时共线方程本身的严密性就存在问题。所以动态扫描图像的共线方程纠正与多项式纠正相比精度不会有大的提高。

共线方程定义了地物点及其对应像点的数学关系：

$$\begin{cases} x_i = -f\dfrac{a_1(X_i - X_{si}) + b_1(Y_i - Y_{si}) + c_1(Z_i - Z_{si})}{a_3(X_i - X_{si}) + b_3(Y_i - Y_{si}) + c_3(Z_i - Z_{si})} \\ y_i = -f\dfrac{a_2(X_i - X_{si}) + b_2(Y_i - Y_{si}) + c_2(Z_i - Z_{si})}{a_3(X_i - X_{si}) + b_3(Y_i - Y_{si}) + c_3(Z_i - Z_{si})} \end{cases} \tag{4.6}$$

其中，x 为飞行方向，$(X_i,\ Y_i,\ Z_i)$ 为地面点 i 的地面坐标，$(x_i,\ y_i)$ 为其相应的图像坐标，$(X_{si},\ Y_{si},\ Z_{si})$ 为 l_i 行上外方位元素(即传感器地面坐标)，a_i，b_i，c_i 为姿态角 φ_i，ω_i，κ_i 的函数。

以像点坐标为观测值，地面点坐标和影像外方位元素为待定参数。如果一个待定点跨了 n 张像片，则可以列出 $2n$ 个误差方程，将所有待定点的误差方程组成法方程，解出每个待定点的地面坐标。

2. 无人机影像镶嵌

影像镶嵌是指不同影像几何纠正到统一坐标系下，去掉重叠部分拼接成具有地理信息的大幅面影像的过程，其主要步骤有：

(1)影像匹配：通过一定的匹配算法在两幅或多幅影像之间识别同名点。主要有基于灰度的匹配和基于特征的匹配。

(2)几何纠正：根据影像的内方位、外方位元素与数字地面模型，利用相应的构像方程式，或按一定的数学模型用控制点解算，确定影像坐标和地面坐标之间的关系，从原始非正射投影的影像获取正射影像，并将其归化到统一的坐标系中。常见的几何纠正模型有多项式纠正、仿射变换纠正和共线方程纠正等。几何纠正产生的误差在很大程度上决定了镶嵌的精度。

(3)亮度和反差调整：将相邻图像去掉重叠部分后"缝合"成为新的大视图影像。由于影像之间存在灰度差异，导致镶嵌的影像出现明显接缝，因此需要对影像进行色调调整。

目前使用的较为流行的影像镶嵌方法及代表论文如下：

(1)多项式法：Yue Yujuan[52]基于 SIFT 特征匹配进行影像拼接，基于二次多项式对拼接后影像进行几何校正，均匀选取控制点 20 个左右，校正后的检查点中误差为 1.65m，拼接结果与地形图叠加目视效果良好。

(2)卡尔曼滤波法：Fernando[53]等提出一种基于卡尔曼滤波的影像局部配准方法，先通过基于特征的影像匹配和地形平坦的假设，计算影像的单应性矩阵及其协方差矩阵，按照金字塔分级匹配的原理，逐步迭代求出精确的单应矩阵，单应矩阵的协方差作为一个参数传到接下来的影像拼接中，从而减少漂移误差的累积。算法优化后每幅影像采样点的位置同 GPS 数据对比，平均误差为 1.76m。但是，该方法只适用于平坦地区的拼接。Cheng Xing[54]等提出一种改进的卡尔曼滤波方法，通过 L-M 算法进行全局优化，以修正重采样影像的位置。局部优化后检查点中误差由 1.16m 减小到 1.09m，全局优化后更降低至 1.06m。

(3)基于 SfM 点云匹配的方法：Turner 等[55]使用特征匹配和 SfM 摄影技术对无人机影像进行几何纠正和镶嵌，先对影像进行处理，得到模型空间的三维点云，再通过相机位置数据直接定位技术或者获取精确的地面控制点(GCP)坐标，将点云转换到实际的地理坐标系中，生成数字地面模型，最后将具有地理信息的影像进行镶嵌。通过量测地面控制点在镶嵌后影像的平面坐标，并与相应点的 GPS 数据对比，地面控制点的平面位置最大残差分别为 1.2m(直接定位技术)和 0.15m(GCP 技术)。

(4)传统空中三角测量法：张永军[56]采用传统空中三角测量的方法，先对无人机影像进行匹配，利用匹配获得的同名点进行相对定向，加入地面控制点和检查点进行区域网平差工作，利用平差以后的方位元素，将经过密集影像匹配后的大量同名点进行前方交会生成 DEM，进而采集对应的正射影像。通过量测地面控制点在正射影像的平面坐标，并与已知坐标对比，地面控制点的平面误差约为 0.03m。

(5)POS 辅助空中三角测量法：传统空中三角测量法精度较高，需要提供足够数据的分布均匀的地面控制点。然而由于地面特征不明显、人员无法到达等因素，地面控制点的获取往往比较困难甚至根本不可能。随着全球定位技术和惯性导航技术的迅速发展，定位定向系统(position & orientation system，POS)能获取摄站三维坐标和姿态信息，POS 系统是由差分全球定位系统(difference global positioning system，DGPS)和惯性测量装置(inertial measurement unit，IMU)组合而成的，能够实现 POS 辅助的空中三角测量，同时减少或不需要地面控制点[57]。使用该方法对航空影像进行试验，检查点的平面误差约为 0.12m[58]。

(6)对偶四元数的 POS 辅助空中三角测量[59]：基于单位对偶四元数的航空影像区域

网平差解算方法，将影像的摄站位置和姿态以一个单位对偶四元数整体表示，从而构建基于对偶四元数的区域网平差模型，并采用具有约束条件的参数平差进行解算。结果表明，该方法的平差精度与常规的区域网平差方法相当，同时由于无须设置计算的初始参数，计算速度快，具有很好的适应性和稳定性。姬亭[60]按照不同倾角模拟影像数据，分别采用欧拉角法和对偶四元数法进行实验，从定向精度和对不同倾角的适应性进行分析，对偶四元数算法具有明显优势。因此，用对偶四元数进行无人机影像统一的位姿描述，建立POS辅助的光束法平差模型，对进一步提高无人机影像几何定位的可靠性、稳定性以及定位精度具有重要的理论意义。

3. 常见无人机影像处理软件

1) PhotoScan

Agisoft PhotoScan 软件是 AGISOFT 公司研发的基于影像自动生成高质量三维模型的软件，支持 JEPG、TIFF、PNG、BMP 等多种格式。

其主要优势有：①全自动和直观的工作流程；②GPU 高性能计算能力；③可生成高精度超精细 3D 模型；④网格计算系统支持超大空间范围处理。

PhotoScan 处理数据的大致流程为：①按照拍摄顺序添加照片及 POS 数据(如没有可不导入)；②经纬度转换为投影平面坐标；③评估照片质量，删除较差照片；④对齐照片；⑤添加控制点及比例尺；⑥创建密点云；⑦创建 TIN 模型；⑧模型纹理贴图；⑨生成正射、正射镶嵌编辑；⑩输出 DEM、DOM。

2) Pix4D

Pix4Dmapper 来自瑞士的 Pix4D 公司，主要是利用无人机来采集数据、航拍、测量，经过处理，可自动生成影像，并且快速地生成专业的、精准的二维地图或三维模型。

该软件具有以下几个特色：①无须专业操作员、无须人机交互；②数据获取当天即可得到结果；③可达到优于 5cm 的精度；④自动获取相机参数；⑤自动生成 Google 瓦片；⑥自动生成带纹理的三维模型；⑦生成正射校正镶嵌结果。

Pix4D 处理数据的大致流程为：①导入照片(格式为 JPG 或者 TIFF，数量可达千张)和 POS 数据；②导入控制点文件；③根据不同要求，填写选项参数；④一“键”式全自动处理(包括：空三加密、DSM 及 DOM 生成)；⑤正射影像编辑；⑥多格式输出(包括：正射影像图、数字表面模型、KML、三维模型、三维点云、空三结果和精度报告)，生成的成果能够和 GIS、RS 及摄影测量软件对接。

3) Inpho

Inpho 摄影测量系统是欧洲最著名的航空摄影测量与遥感处理软件之一，共有以下 10 个模块：①Applications Master(基础平台)；②Match-AT(自动空中三角测量)；③inBlock(测区平差)；④Match-T (DSM 自动提取地形地表模块)；⑤DTMaster(DTM/LiDAR 编辑软件)；⑥OrthoMaster(正射纠正)；⑦OrthoVista(镶嵌拼接)；⑧SCOP++(高效管理 DTM)；⑨Summit Evolution(摄影测绘立体处理工作站)；⑩UASMaster(无人机模块)。

Inpho 处理数据大致流程为：①导入数据：相机定义、导入影像、GPS 设站坐标、控制点坐标、建立航线；②数字空三：标定控制点、初匹配、自动匹配、点剔除及调整匹配；③DSM 生成：定义输出参数、生成 DSM；④DOM 生成：引入 DSM、设置参数及正射纠正；⑤拼接匀光：添加影像、设置区域、设置参数及拼接匀光；⑥镶嵌线编辑及输出成果。

几种软件对比如表 4-1 所示：

表 4-1　　常见无人机影像处理软件性能对比

软　件	PhotoScan	Pix4D	Inpho
操作性	中	易	难
空中三角测量	较弱	较优	优
DTM、DOM 制作	三维模型重建及纹理添加能力强	滤波和匀色方式单一，自动化能力强	功能强大，参数可调性强
空三、DOM 精度	三种软件基本能满足地形图精度要求，平面精度基本一致，Inpho 的高程精度明显优于其他两种		

◎ 参考文献

[1] FRASER C S, BALTSAVIAS E, GRUEN A. Processing of Ikonos imagery for submetre 3D positioning and building extraction [J]. ISPRS Journal of Photogrammetry and Remote Sensing, 2002, 56(3): 177-194.

[2] BALTSAVIAS E, LI Z, EISENBEISS H J P-F-G. DSM Generation and Interior Orientation Determination of IKONOS Images Using a Testfield in Switzerland [J]. Photogrammetric Fernerkundung Geoinformation, 2006, 2006(1): 41.

[3] 张力，张继贤，陈向阳，等. 基于有理多项式模型 RFM 的稀少控制 SPOT-5 卫星影像区域网平差 [J]. 测绘学报，2009，38(4)：302-310.

[4] 雷蓉. 星载线阵传感器在轨几何定标的理论与算法研究 [D]. 郑州：解放军信息工程大学，2011.

[5] LEGER D, VIALLEFONT F, HILLAIRET E, et al. In-flight refocusing and MTF assessment of SPOT5 HRG and HRS cameras; proceedings of the Sensors, Systems, and Next-Generation Satellites VI, F 2003-04, 2003 [C]. SPIE.

[6] GRODECKI J, DIAL G. IKONOS geometric accuracy; proceedings of the Proceedings of joint workshop of ISPRS working groups I/2, I/5 and IV/7 on high resolution mapping from space, F, 2001 [C].

[7] GRODECKI J. IKONOS Geometric Calibrations[C]//proceedings of the Proceedings of the ASPRS 2005 Annual Conference, F, 2005.

[8] TADONO T, SHIMADA M, MURAKAMI H, et al. Calibration of PRISM and AVNIR-2 Onboard ALOS "Daichi" [J]. IEEE Transactions on Geoscience and Remote Sensing, 2009, 47(12): 4042-4050.

[9] TAKAKU J, TADONO T. PRISM On-Orbit Geometric Calibration and DSM Performance

[J]. IEEE Transactions on Geoscience and Remote Sensing, 2009, 47(12): 4060-4073.

[10] 张永生. 高分辨率遥感测绘嵩山实验场的设计与实现——兼论航空航天遥感定位精度与可靠性的基地化验证方法 [J]. 测绘科学技术学报, 2012, 29(2): 79-82.

[11] 李晶, 王蓉, 朱雷鸣, 等. "天绘一号"卫星测绘相机在轨几何定标 [J]. 遥感学报, 2012(S1): 35-39.

[12] 孟伟灿. 线阵推扫式相机高精度在轨几何标定 [J]. 武汉大学学报(信息科学版), 2015, 40(10): 9.

[13] 孟伟灿. 拼接型 TDI CCD 卫星推扫影像几何模型研究 [D]. 郑州: 解放军信息工程大学, 2015.

[14] 蒋永华, 张过, 唐新明, 等. 资源三号测绘卫星三线阵影像高精度几何检校 [J]. 测绘学报, 2013, 42(4): 523-529.

[15] 曹金山, 袁修孝, 龚健雅, 等. 资源三号卫星成像在轨几何定标的探元指向角法 [J]. 测绘学报, 2014(10): 1039-1045.

[16] 李德仁, 王密. "资源三号"卫星在轨几何定标及精度评估 [J]. 航天返回与遥感, 2012, 33(3): 1-6.

[17] 王涛. 线阵 CCD 传感器实验场几何定标的理论与方法研究 [D]. 郑州: 解放军信息工程大学, 2012.

[18] CHEN Y, XIE Z, QIU Z, et al. Calibration and Validation of ZY-3 Optical Sensors [J]. IEEE Transactions on Geoscience and Remote Sensing, 2015, 53(8): 4616-4626.

[19] ZHANG G, JIANG Y, LI D, et al. In-Orbit Geometric Calibration And Validation Of Zy-3 Linear Array Sensors [J]. The Photogrammetric Record, 2014, 29(145): 68-88.

[20] CAO J, YUAN X, GONG J. In-orbit geometric calibration and validation of ZY-3 three-line cameras based on CCD-detector look angles [J]. The Photogrammetric Record, 2015, 30(150): 211-226.

[21] ZHANG Y, ZHENG M, XIONG J, et al. On-Orbit Geometric Calibration of ZY-3 Three-Line Array Imagery With Multistrip Data Sets [J]. IEEE Transactions on Geoscience and Remote Sensing, 2014, 52(1): 224-234.

[22] JIANG Y-H, ZHANG G, TANG X-M, et al. Geometric Calibration and Accuracy Assessment of ZiYuan-3 Multispectral Images [J]. IEEE Transactions on Geoscience and Remote Sensing, 2014, 52(7): 4161-4172.

[23] 杨博, 王密. 资源一号 02C 卫星全色相机在轨几何定标方法 [J]. 遥感学报, 2013, 17(5): 1175-1190.

[24] KRATKY V. Rigorous photogrammetric processing of SPOT images at CCM Canada [J]. ISPRS Journal of Photogrammetry and Remote Sensing, 1989, 44(2): 53-71.

[25] BALTSAVIAS E P, STALLMANN D. Metric information extraction from SPOT images and the role of polynomial mapping functions; proceedings of the XVII ISPRS Congress, Commission IV, F, 1992 [C]. Swiss Federal Institute of Technology, Institute of Geodesy and Photogrammetry.

[26] BALTSAVIAS E P, STALLMANN D. Geometric potential of MOMS-02/D2 data for point positioning, DTM and orthoimage generation; proceedings of the XVIII ISPRS Congress, Commission IV, F, 1996 [C]. Institute of Geodesy and Photogrammetry, ETH Zurich.

[27] FRITSCH D, STALLMANN D. Rigorous photogrammetric processing of high resolution satellite imagery [M]. Universität Stuttgart, Fakultät Bauingenieur-und Vermessungswesen, Institut für Photogrammetric, 2000.

[28] 江万寿，张剑清，张祖勋．三线阵 CCD 卫星影像的模拟研究 [J]. 武汉大学学报(信息科学版)，2002，27(4)：414-419.

[29] WESTIN T. Precision rectification of SPOT imagery [J]. Photogrammetric Engineering & Remote Sensing, 1990, 56(2): 247-253.

[30] POLI D. Modelling of spaceborne linear array sensors [M]. ETH Zurich, 2005.

[31] TOUTIN T. Generation of DSMs from SPOT-5 in-track HRS and across-track HRG stereo data using spatiotriangulation and autocalibration [J]. ISPRS Journal of Photogrammetry and Remote Sensing, 2006, 60(3): 170-181.

[32] EBNER H, MüLLER F. Processing of digital three-line imagery using a generalized model for combined point determination [J]. Photogrammetria, 1987, 41(3): 173-182.

[33] KORNUS W, LEHNER M, SCHROEDER M. Geometric inflight-calibration by block adjustment using MOMS-2P-imagery of three intersecting stereo-strips [C]. Proceedings of the ISPRS Workshop on Sensors and Mapping from Space, 1999.

[34] WANG R. EFP aerial triangulation of satellite borne three-line array CCD image [J]. Science of Surveying and Mapping, 2001, 26(4): 1-5.

[35] WESTIN T. Inflight calibration of SPOT CCD detector geometry [J]. PE & RS-Photogrammetric Engineering and Remote Sensing, 1992, 58(9): 1313-1319.

[36] ZHAO S-M, LI D-R. Experimentation of adjustment math model for ADS40 sensor [J]. Acta Geodaetica et Cartographica Sinica, 2006, 35(4): 342-346.

[37] LEE J-S. Digital Image Enhancement and Noise Filtering by Use of Local Statistics [J]. IEEE Transactions on Pattern Analysis and Machine Intelligence, 1980, PAMI-2(2): 165-168.

[38] OKAMOTO A. Orientation and construction of models [J]. Photogrammetric Engineering & Remote Sensing, 1981, 48(11): 1615-1626.

[39] EL-MANADILI Y, NOVAK K. Precision rectification of SPOT imagery using the direct linear transformation model [J]. Photogrammetric Engineering & Remote Sensing, 1996, 62(1): 67-72.

[40] WANG Y. Automated triangulation of linear scanner imagery; proceedings of the Joint Workshop of ISPRS WG I/1, I/3 and IV/4 on Sensors and Mapping from Space, F, 1999 [C]. Citeseer.

[41] OKAMOTO A. Orientation theory of CCD line-scanner images [J]. International Archives of Photogrammetry and Remote Sensing, 1988, 27(B3): 609-617.

[42] 张过. 缺少控制点的高分辨率卫星遥感影像几何纠正 [D]. 武汉：武汉大学，2005.
[43] 朱彩英，徐青，吴从晖，等. 机载 SAR 图像几何纠正的数学模型研究 [J]. 遥感学报，2003，7(2)：112-117.
[44] CURLANDER J C. Location of Spaceborne Sar Imagery [J]. IEEE Transactions on Geoscience and Remote Sensing，1982(3)：359-364.
[45] 王青松. 星载干涉合成孔径雷达高效高精度处理技术研究 [D]. 长沙：国防科学技术大学，2011.
[46] 汤亚波，徐守时. 一种卫星遥感图像目标位置快速精校正的新方法 [J]. 遥感学报，2005，9(6)：653-658.
[47] 杨晶，段卫星，徐维秀，等. 遥感影像精校正方法研究及软件开发 [C]. 山东省地球物理六十年学术交流会，2009.
[48] 张维胜，王永明，王超，等. 平坦小区域中高分辨率线阵推扫式影像几何精纠正算法的精度分析 [J]. 光学技术，2006，32(4)：537-541.
[49] 向冬梅. 基于 DEM 数据的 SPOT 影像几何精校正[D]. 北京：中国地质大学(北京)，2009.
[50] 尤红建，丁赤飚，吴一戎. 基于 DEM 的星载 SAR 图像模拟并用于图像精校正的方法研究 [J]. 航天器工程，2005(1)：27-32.
[51] 余安喜，董臻，陈绍劲，等. 先验 DEM 辅助的星载 SAR 几何校正技术 [C]. 第二届高分辨率对地观测学术年会，2013.
[52] YUE Y，LI D，LI Y，et al. Discussion on the mosaic and geometric correction technique of UAV remote sensing image; proceedings of the 2010 International Conference on Mechanic Automation and Control Engineering，F 2010-06，2010 [C]. IEEE.
[53] CABALLERO F，MERINO L，FERRUZ J，et al. Homography Based Kalman Filter for Mosaic Building. Applications to UAV position estimation; proceedings of the Proceedings 2007 IEEE International Conference on Robotics and Automation，F 2007-04，2007 [C]. IEEE.
[54] XING C，WANG J，XU Y. A Robust Method for Mosaicking Sequence Images Obtained from UAV; proceedings of the 2010 2nd International Conference on Information Engineering and Computer Science IEEE，F 2010-12，2010 [C]. IEEE.
[55] TURNER D，LUCIEER A，WATSON C. An Automated Technique for Generating Georectified Mosaics from Ultra-High Resolution Unmanned Aerial Vehicle (UAV) Imagery，Based on Structure from Motion (SfM) Point Clouds [J]. Remote Sensing，2012，4(5)：1392-1410.
[56] 张永军. 无人驾驶飞艇低空遥感影像的几何处理 [J]. 武汉大学学报(信息科学版)，2009，34(3)：284-288.
[57] 韩文超. 基于 POS 系统的无人机遥感图像拼接技术研究与实现 [D]. 南京：南京大学，2011.
[58] 袁修孝. POS 辅助光束法区域网平差 [J]. 测绘学报，2008，37(3)：7.

[59] 龚辉，姜挺，江刚武，等. 利用单位对偶四元数进行航空影像区域网平差解算 [J]. 武汉大学学报(信息科学版)，2012，37(2)：6.
[60] 姬亭，盛庆红，王惠南，等. 对偶四元数单片空间后方交会算法 [J]. 中国图象图形学报，2012，17(4)：494-503.

第5章　遥感影像辐射校正

5.1　知识要义

本章重点讲解：传感器定标方法、大气校正模型及其他因素校正方法；数字影像增强的方法；遥感影像融合；遥感影像变换与选择。本章所涉及的基本概念包括辐射定标、大气校正和遥感影像增强3个主要方面。

5.1.1　辐射定标

辐射校正(radiometric correction)：为消除遥感图像的辐射误差而进行的校正。

实验室定标：在遥感器发射之前在实验室中标定其波长位置、测定辐射定标参数等信息，将仪器输出的数字量化值转换为辐射亮度值。

场地定标：遥感器处于正常运行条件下，选择辐射定标场地，通过地面同步测量对遥感器定标。

光谱定标(spectral calibration)：确定成像光谱仪等传感器所获取影像数据的中心波长和波段宽度等信息的过程。

辐射定标(radiation calibration)：建立遥感传感器的数字输出值与其所对应视场中辐射亮度值之间定量关系的过程。

相对辐射定标：为了校正探测元件的不均匀性，消除探测元件的响应不一致性，对原始亮度值进行归一化处理，从而使入射辐射量一致的像元对应的输出像元值也一致，以消除传感器本身的误差。

绝对辐射定标：建立DN值与实际辐射值之间的数学关系，目的是获取目标的辐射绝对值。

星上定标(在轨定标)：在卫星正常运行期间，利用卫星上自带的定标设备或恒星等天体对遥感器进行辐射定标。

反射率基法：在卫星过顶时同步测量地面目标反射率因子和大气光学参量(如大气光学厚度、大气柱水汽含量等)然后利用大气辐射传输模型计算出遥感器入瞳处辐射亮度值，以该辐射亮度值对遥感器进行辐射定标。

辐照度基法：又称改进的反射率法，利用地面测量的向下漫射与总辐射度值来确定卫星遥感器高度的表观反射率，进而计算出遥感器入瞳处辐射亮度，实现辐射定标。

辐亮度法：采用经过严格光谱与辐射标定的辐射计，通过航空平台实现与卫星遥感器观测几何相似的同步测量，把机载辐射计测量的辐射度作为已知量，去标定飞行中遥感器的辐射量，从而实现卫星的标定。

交叉定标：当待标定的在轨卫星传感器与已定标且精度较高的在轨卫星传感器同时观测同一目标时，用后者来定标前者。

5.1.2 大气校正

大气校正(atmospheric correction)：从遥感影像中消除大气影响复原地表真实信息的过程。

大气校正物理模型：利用电磁波在大气中的辐射传输原理建立起的大气校正模型，如5S模型、6S模型、MODTRAN模型、LOWTRAN模型、ATCOR模型。

5.1.3 遥感影像增强

对比度变换：通过改变图像像元亮度值来改变图像像元对比度，从而改善图像质量的图像处理方法。

灰度级阈值：将图像中所有亮度值根据给定的亮度阈值分成高于阈值和低于阈值两类，生成二值图像。

密度分割：将图像的亮度值划分成一系列用户指定的间隔，并将每一间隔范围内的不同亮度值显示为相同的值或颜色。

线性变换：在图像增强中采用一定的变换函数改变图像像元的亮度值，若变换函数为线性的或分段线性，这种变换通常称为线性变换。

非线性变换：变换函数为非线性的图像像元变换方法，如指数变换(在亮度值较高的部分拉伸，在亮度值较低的部分压缩)、对数变换(在亮度值较低的部分拉伸，在亮度值较高的部分压缩)等。

直方图变换：使输入图像灰度值的频率分布与所希望的直方图形状一致而变换灰度值的方法。例如直方图均衡化(把原图像的直方图变换为各灰度值频率均衡的直方图)、直方图正态化(把非正态分布的直方图变换为具有正态分布的直方图)等。

IHS变换：将彩色图像从RGB空间(由红R、绿G、蓝B三原色构成)转换至IHS空间(由强度I、色度H、饱和度S三个变量构成)的变换；从IHS到RGB空间的变换，称为IHS反变换。

遥感影像融合(image fusion)：把不同时间、不同传感器系统或者不同分辨率的影像进行复合变换，生成新的影像的技术。

假彩色合成(false color composite)：将彩色、多光谱或高光谱数据中的波段影像合成不同于原景物色彩的图像合成技术。

伪彩色增强(pseudo-color enhancement)：把单波段灰度图像中的不同灰度级按特定的映射关系变换成彩色，并进行显示的一种方法。

5.2　知识扩展

5.2.1　辐射定标

遥感数据定量化的基本前提是辐射定标，定标精度影响着数据后续定量化应用水平。光学辐射定标可分为相对辐射定标和绝对辐射定标，相对辐射定标是去除因传感器各成像探元响应差异引起的探元级误差，绝对辐射定标是将相对辐射定标后的图像信息转换为实际地物辐射亮度或地表反射率、表面温度等物理量有关的量[1]。

1. 相对辐射定标

根据传感器相对定标参数类型的不同，在轨相对辐射定标方法可细分为暗电流定标和相对增益定标。暗电流定标是标定传感器在无光入射时各探元的响应值及各探元间响应值的不一致性，即标定光学辐射定标模型中的暗电流响应值参数；相对增益定标是标定传感器在不同入射光强下各探元的响应模型系数，即标定光学辐射定标模型中的传感器各探元间响应非均匀性参数、传感器各寄存器间响应差异系数以及传感器各探测器间响应差异系数。

1）暗电流定标

基于星上搭载定标设备的不同，星上暗电流定标可分为两类：①基于星上遮光挡板定标：在卫星处于地球背面时，用遮光挡板遮挡卫星入光口，传感器同时记录各探元暗电流响应值；常见于国外传感器如 SPOT-5-HRG、Landsat-8 OLI、QuickBird 等[2-3]。②基于传感器无感光探元定标：利用传感器焦面特殊设计无感光探元，记录传感器电子学暗电流。③对于无星上定标设备的卫星传感器而言，采用间接遮挡卫星传感器入瞳光照的形式实现传感器暗电流定标，包括卫星夜间对深空背景成像[4-5]。

2）相对增益定标

目前国内外常用的相对增益定标方法有：星上定标、在轨均匀场定标、统计定标以及偏航辐射定标等方法。

星上定标方法依赖于星上搭载的各类定标设备，不受地球大气的影响，可实现高精度的在轨定标，有效减少各波段影像的平均条纹系数，但该方法受限于星上定标设备，一般只能利用两个亮度等级样本点标定传感器线性模型，无法实现传感器非线性定标，且星上定标灯或太阳漫反射板存在时间衰减性，会引起传感器焦面非均匀性光照，降低了星上辐射定标精度。

而另一个常用的是在轨统计定标，在轨统计定标方法通过在轨传感器成像数据样本量的积累，基于统计规律标定探元间响应，根据统计策略的不同具体可分为基于均值标准差统计法、直方图匹配法和基于阈值分割均值方差统计法等[6-7]。均值标准差统计法受传感器成像地物亮度分布影响较大，定标校正效果不稳定，如传感器成像地物亮度绝大部分位于传感器的中亮度区间内，低亮度区间几乎无数据，而少许高亮地物如云、雪、冰等往往造成传感器成像饱和，会引起统计定标系数畸变。

随着遥感卫星敏捷机动成像能力的发展，遥感卫星能够在敏捷机动条件下成像，为线阵推扫式传感器在轨相对辐射定标带来新契机。Henderson 等[8]在 2004 年首次提出利用卫星敏捷能力进行在轨相对辐射定标的“side-slither”概念，将卫星旋转 90°成像，使得线阵传感器各探元依次经过地面相同地物，以此标定为线阵传感器各探元响应模型。因需卫星偏航 90°后对地成像，“side-slither”方法也称为偏航辐射定标方法。该方法自提出以来已在国内外多颗卫星上得到具体应用，但对于一些因传感器探元在不同亮度范围内的响应模型存在差异且不同探元的响应模型也存在差异的卫星传感器而言，该方法并不能取得良好定标效果，且无法实现传感器全动态范围的在轨相对辐射定标[7]。基于此，张过等[9]提出基于卫星敏捷能力的无场在轨相对辐射定标方法，可实现线阵推扫式光学卫星传感器高精度、全动态范围、高频次在轨相对辐射定标。

2. 绝对辐射定标

一般而言，遥感器绝对辐射定标根据定标阶段的不同，可以分为发射前定标、在轨星上定标和在轨替代定标(场地定标、场景定标和交叉定标)。

1)发射前定标

发射前定标是辐射定标的基础，一方面用于获得传感器各通道的光谱响应函数、中心波长、时间均匀性、响应线性度、暗电流和调制传递函数等仪器基本参数，另一方面作为卫星在轨期间是否发生衰减和变化的评价依据。

2)在轨星上定标

卫星发射后，光学遥感器性能随着太空环境变化而变化，例如真空环境、太空能量粒子的轰击、透光片投射系数和光谱响应的变化以及电子系统的缓慢老化等问题[10]，因此必须对其进行在轨星上定标，这主要依赖于星上定标设备。卫星上一般搭载有内置积分球和黑体，可以分别实现可见光、近红外波段和热红外波段的在轨辐射定标[11]。尽管在轨星上定标不受地表类型和大气的影响，具有较高的定标精度，但随着时间推移和定标设备的衰减，定标器本身辐射性能也会发生变化。

3)在轨场地定标

场地定标方法是基于地面辐射定标场的星地同步观测来实现光学传感器绝对辐射定标。在卫星过境时，通过地面或飞机上准同步测量，基于大气辐射传输模型解算遥感卫星入瞳辐射亮度，计算传感器绝对定标参数。根据地面同步测量内容的差异又分为反射率基法、辐亮度基法和辐照度基法 3 种[12]，可取得 3%~5%[13]的绝对辐射定标不确定度。

4)在轨交叉定标

交叉辐射定标因其更为简便的校正过程，已经成为目前传感器绝对定标的研究热门。交叉辐射定标是以高辐射定标精度的传感器为基准，与待定标传感器同步拍摄同一区域，并以地面大气和光谱测量数据或历史大气光谱数据为辅助，对待定标传感器进行绝对辐射定标的一种方法，也是卫星传感器稳定性监测的定标和校验方法，可取得 1%~2%的交叉辐射定标精度[14]。

交叉定标方法是以一个已定标的参考卫星遥感器作为参考，通过遥感图像数据的对应处理，实现对另一个遥感器的绝对定标。当两个遥感器观测地面上同一块区域，由于两个遥感器观测几何、大气条件、遥感器光谱响应等差异，使得参考卫星遥感器和待定标卫星遥感器的入瞳辐亮度或表观反射率不同，因此交叉定标充分考虑上述因素影响，根据参考卫星遥感器入瞳辐亮度或表观反射率推算待定标卫星遥感器的入瞳辐亮度或表观反射率，并结合待定标卫星图像的灰度值就可得到待定标遥感器的定标系数。

影响交叉定标精度的因素主要有以下三项：①两个传感器的几何校正精度；②传感器之间光谱响应差异带来的误差；③双向反射因子、照度和观测角度的差异带来的影响。同时，若待校正传感器与标定传感器成像时间有一定差异，还需要考虑大气带来的影响。针对上述误差的改进，科学界已经取得了一定的突破。

针对传感器之间光谱响应差异带来的误差，可以通过光谱匹配因子来校正，近年来获取光谱匹配因子的方法主要有以下两种：①选择一块地面比较均一、朗伯特性较好的区域，根据地面测量的反射率数据、相应的大气条件、观测条件以及遥感器的光谱响应函数，使用 MODTRAN 或者 6S 大气辐射传输模型可以分别模拟计算得到待定标卫星遥感器和参考卫星遥感器对应的表观反射率，二者的比值即为光谱匹配因子[15-16]。②使用多项式拟合实现待定标卫星和参考卫星的光谱匹配。

而对于传感器之间观测角度以及非朗伯体地表带来的观测误差，可以通过多角度观测地表 BRDF 特性，计算双向反射因子来解决。

5）月球定标

Kieffer 等[17]通过长时间对月球光谱特征和反射特性的分析，发现月球是个非常稳定的辐射光源，且光谱宽而平滑。Fehr 等[18]提出利用对月球长期观测实现遥感卫星传感器的在轨辐射定标和稳定性监测，将月球作为辐射源引入光学传感器辐射定标，即月球定标。精确的月球辐射模型是实现遥感卫星传感器基于月球观测辐射定标的基础。目前，基于地基对月辐射测量，不少研究者建立了月球辐射模型，如 MT2009 模型和 ROLO 模型。MT2009 模型基于地基周期性对月观测获得的月球光谱反射率数据集合建立[19]，但 MT2009 模型数据源多，没有溯源到同一标准，且未顾及月相角的正负和月球天平动对月球辐射照度的影响，不确定性较大，应用受到较大限制[20]。ROLO 模型是基于通道式月球成像仪器对月球进行周期性辐射观测而建立的月球辐射模型，ROLO 观测期间获得了 350~2500nm 波段内 32 个通道 83000 次月球观测数据，数据量大、数据源一致，且模型的建立充分考虑了反冲效应、天平动、月球相位角、观测距离等因素的影响，适用性好，应用广泛。

3. 其他传感器辐射定标

1）星载 SAR 辐射定标

星载 SAR 辐射定标的目标为：测定天线方向图和测定雷达系统总体传递函数（或定标系数）。

早期发射的星载 SAR 如美国的 SIR-B、欧空局的 ERS-2 卫星等，其天线方向图主要采用标准角反射器方法进行测量，但该方法只能测试距离向天线方向图，测试精度受到多种因素的制约，同时测试成本较高、工作量大，因此在 ERS-2 之后标准角反射器测量方法便成了一种补充的测量手段[21]。与此同时，基于分布目标的距离向天线方向图测量方法成为主流，该方法利用亚马孙等自然分布目标即可完成距离向双程天线方向图的测量，大大节约了测量成本，测量精度能够达到 0. 3dB。SIR-C，Radarsat 由于标准角反射器方法和基于分布目标的测量方法都只能测量距离向双程天线图，为了实现对方位向天线方向图的在轨测量，人们开始研究利用地面接收机、地面发射机、有源定标器等有源测量设备来测量天线方向图[22]，地面接收机能够接收雷达脉冲信号并进行存储，因此沿距离向布设多个接收机可以完成距离向和方位向二维发射天线方向图的测量。而地面发射机可以向雷达卫星发射信号，雷达接收机接收信号，从而生成接收天线方向图，同样沿距离向布设多个发射机可以完成距离向和方位向二维接收天线方向图的测量。有源定标器兼具角反射器、地面接收机、地面发射机的功能。能够对 SAR 信号进行接收、放大和转发，因此，在现有主流星载 SAR 卫星天线方向图测量过程中，有源定标器的应用最为广泛[23]。而随着 SAR 新体制的发展，SAR 工作模式不断增多，导致 SAR 实际工作时波位数量急剧增多，例如 TerraSAR-X 实际工作时，有超过 12000 种不同波束需要进行标定，这使得在轨测试工作量非常大。为此，研究人员提出了基于有源相控阵天线数学模型的测量方法，该方法可以基于内定标数据和天线方向图模型快速计算出各波位天线方向图，满足了 TerraSAR-X 天线方向图在轨测试的需要[24]。

2)星上红外遥感辐射定标

红外相机长期工作的工作点漂移需要对原始辐射定标查找表进行周期性修正。由于星上定标的面阵黑体源的面积较大，造成定标设备载荷体积、质量、功耗大，温度调节慢，且存在均匀性、材料和控温稳定性等问题。此外，定标时由于光路切换，对成像视场造成遮挡，影响对地面目标的遥感成像，难以适应校正参数随工作状态环境的变化。近年来，自适应非均匀校正和动态辐射校正技术有望弥补基于黑体定标方法的缺点。替代定标、交叉定标、PICS 等新型定标技术以及光谱测量、气溶胶测量、大气传输模型等高精度的测量方法都有利于辐射定标精度的提升。机器学习等数据处理技术将进一步提高红外辐射定标与目标反演效率。

5.2.2 大气校正

在大气浑浊的情况下，光学卫星拍摄到的遥感影像上，地物等目标信息会受到严重干扰[25]，直观表现为传感器图像对比度、锐度等显著降低，产生模糊现象。这种图像质量的降低，来源于大气中气溶胶、水汽等颗粒物和吸收气体对卫星接收到的地物反射的太阳辐射信号的削减作用，是一种独立于成像系统的自然不可控因素。由于大气对卫星遥感影像的显著影响，大气校正在目前的光学卫星传感器数据处理链条中受到了越来越多的重视。

图 5.1 是卫星光学遥感器对地观测时获取的辐射信息的构成示意图：①是由目标直接反射太阳光的辐射信息；②是未到达地面的太阳辐射被大气分子、气溶胶粒子等散射的信息，通常称为程辐射；③是来自目标周围环境反射，再经大气散射进入遥感器视场的辐射信息；④是由经过大气散射到背景像元，反射后再经大气散射进入遥感器视场的辐射信息；⑤是目标反射大气背景产生的辐射信息。由图示可以看出：①是最主要的目标特征信息，⑤在一定程度上也反映了目标特征，如对阴影部分目标的探测可以利用此信息。①和⑤包含了最终所需的地表信息，②是仅由大气引起的程辐射，③和④则是由邻近效应[26]造成的干扰，也不包含目标信息。

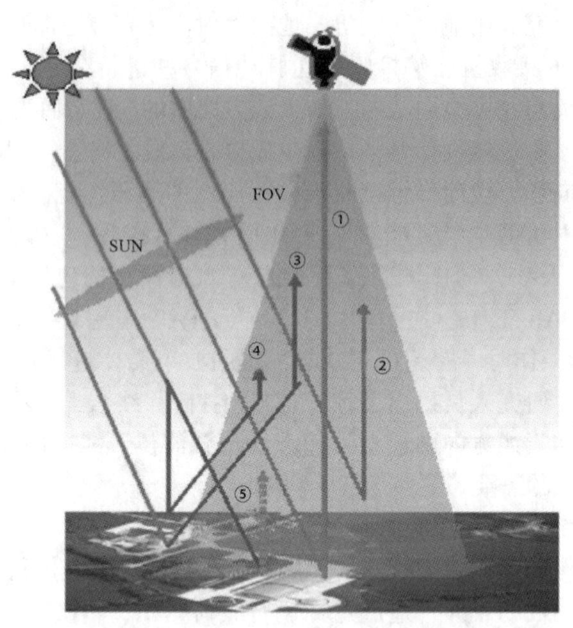

图 5.1　光学传感器入瞳辐射信号构成

为了开展光学遥感大气校正，研究人员从不同的思路出发开发了大量的方法，相关学者也对其进行了归类[27]。然而，实际执行大气校正的时候，由于大气、地表等输入信息条件差异很大，实际可用的大气校正方法也不同，因此，着眼于校正输入信息来源和定量化与否，对现阶段大气校正的主要方法作如下介绍。

1. 相对大气校正

基于图像自身特征，采用图像和图形处理方法可以开展大气校正。这类方法不关注造成图像模糊的物理机理，只要是大气造成图像视觉模糊，都可采用“去雾”或者“去雾霾”等算法[28-29]进行校正，这通常视为一种相对大气校正。遥感图像去雾是从地面摄像数据的去雾方法[30]发展而来的，并不关注遥感信号的辐射数值定量化准确程度，这种方法在特定场景下可显著提高目视效果。在某些具备较高空间分辨率的图像应用中，用户如果仅关注目标类型和几何特征等非定量化辐射信息，去雾类大气校正方法能够满足需求且具备较高的效率，甚至针对不均匀的大气分布，利用小波变换、T-C 变换等[31]，也可以有较好的校正效果。这些方法中典型的有 He 等[30]发展的暗通道去雾法、Zhang 等[32]发展的 HOT(Haze Optimized Transform) 方法等，后续很多研究在此基础上做出改进[31,33-35]。这些去雾处理往往伴随使用对比度拉伸等增强处理，通常使用清晰度、信息熵等评价指标，但由于其不考虑地物反射特性或者辐射强度等物理量，容易造成校正过度或色彩失真[33]。这种方法在高空间分辨率的有人机、无人机航空遥感图像处理中得到了大量的应用。在实际的航空测绘遥感产品生产过程中，通过这种大气校正方法达到用户对测图清晰度的要求，可以在较短的时间内完成航拍任务，在较短工期内交付测绘产品[36-37]。

2. 基于辐射传输计算的大气校正

基于辐射传输模型的大气校正属于物理模型方法。商业遥感软件公司和研究机构已经提供了一些广泛使用的辐射传输大气校正工具。该类工具通常并没有指定大气信息的来源，仅提供了基于辐射传输的大气校正计算功能。因此，在执行辐射传输计算的时候，需要人工输入大气参数。这类大气校正软件通常采用6S、MODTRAN等辐射传输计算模型。6S模型[38]是由法国里尔大学大气光学实验室和美国马里兰大学发展的辐射传输模型，提供了较全面的卫星信号模拟和大气辐射传输计算功能，在卫星影像大气校正中得到了广泛的应用。MODTRAN模型[39]是由美国空军物理实验室与光谱科技公司联合开发的模型，被广泛使用于FLAASH等大气校正软件包。德国光电研究所研发的ATCOR快速大气校正软件包也是使用MODTRAN构建辐射传输查找表。

3. 基于图像信息反演大气参数的大气校正

基于辐射传输的大气校正是符合光学遥感物理机理的方法，但这种方法需要知道大气参数，对于部分具备大气探测能力的传感器而言，从图像自身提取大气参数是一种切实可行的方法。Kaufman等[40]利用MODIS图像自身的暗目标(浓密植被等)提取大气气溶胶信息，并将其用于大气校正。对于中高空间分辨率的卫星，例如我国高分卫星[41]、资源卫星[42-43]、环境卫星[44]等，可通过基于先验知识设定经验系数[43-44]、先验地表关系[42]或先验地表数据支撑[41]等方法，从待校正图像估算气溶胶信息，随后用于大气校正。这些方法通常受限于地表类型，或者需要其他遥感器的地表数据库支撑，具有一定的局限性，但优点是自动化程度较高。另外还有通过使用大气干扰较小的遥感参数来描述某些地表特征，也可归类为利用图像自身光谱特征的大气校正，例如被广泛使用的归一化植被指数NDVI[45]等。

4. 基于大气同步校正仪的大气校正

大气状况随着时间和空间变化往往非常剧烈，利用其他渠道获得的大气气溶胶信息时空匹配吻合度随机性较大，很难满足业务化校正这类需要专门大气测量信息的需求。因此，通过搭载小型化专用大气探测仪，同步获取大气测量数据，用于同一平台上其他传感器遥感数据的大气校正方法得到了发展。大气校正所需的大气参数，须与待校正图像同时同区域，以保证可以精准描述成像时刻的大气状态，然后通过辐射传输计算，得到指定波段的地表反射率。考虑到气溶胶、水汽等信息的反演需要大量的专用探测波段，且大气组分的时空变化特性明显，通过专用小型化仪器获得高精度的大气参数，逐渐成为大气校正的一个重要发展方向。例如2014年8月，美国商业卫星遥感数据公司Digital Globe发射了WorldView-3卫星，该卫星专门搭载了用于纠正高分辨率遥感影像的大气同步校正仪CAVIS (Clouds, Aerosols, Water Vapor, Ice and Snow)；在我国民用空间基础设施规划的一些中(十米级)高(亚米级)分辨率卫星上面，已设计搭载了中国科学院安徽光学精密机械研究所研制的系列化星载大气同步校正仪，该类型的大气同步校正仪[46,47]使用了偏振技术提高气溶胶反演的精度[48]。

5. 大气校正多领域应用与发展

遥感是一个面向应用的交叉学科，大气校正是服务于遥感应用的重要数据处理过程，由于定量化遥感需求快速增加的推动作用，大气校正应用的需求十分迫切。结合国际发展趋势，针对我国高分辨率卫星的大气校正需求，大气校正的现状和发展方向可以大致归纳为以下几个方面：

1)面向高分辨率遥感的大气校正

近年来，国内外高空间分辨率卫星大量发射，服务领域也从原来集中服务于国土详查、军事侦察等拓展到各行各业的定量化应用。高空间分辨率遥感图像受到邻近像元的干扰贡献，在大气校正处理的时候更有必要包括邻近效应校正。刘广员等[49]基于3DMC模型开展了卫星遥感邻近效应的蒙特卡罗模拟，对相关参数进行了敏感性分析，得到一些结论：随着太阳天顶角的增大，邻近效应明显增大；邻近窗口大小受到地表均一性、气溶胶光学厚度和相函数影响；空间分辨率越高，邻近效应越强。

温奇等[50]将卫星获取的信号分为目标像元的贡献和背景像元的贡献两部分，通过同步测量目标区域和邻近区域的地面反射率，利用逆向最小二乘法确定目标像元贡献率，从而进行了邻近效应校正。Liang等[51]针对Tanré等[52]邻近效应校正中背景平均反射直接求解困难的问题，利用三维辐射传输模型SHDOM，提出用有效反射率代替反射率，建立经验方程，实现Landsat ETM+陆地遥感图像的大气校正。然而，在很多情况下，在计算邻近效应时需要输入的邻近像元的反射率仍然是难以确定的，因此简便、通用的邻近效应校正方法仍是目前的一个挑战。

2)多种大气校正方法融合发展

在不同的应用场合下，遥感图像的大气校正可以使用对应的校正方法，以服务于定性或定量化的地面参数遥感应用。在定量遥感应用领域，基于辐射传输的物理方法是面向大部分应用的通用处理方法，但其在高分辨率图像大气校正方面仍面临许多问题，高分影像大气校正的算法需要结合卫星观测姿态、地表类型、阴影处理等开展细化研究，与地形辐射校正进行深度耦合提高山区校正精度；对辐射定量化需求并不太强烈的遥感应用，可以结合图像处理的相关方法，针对某个方面提高特定应用需求下的图像质量。

基于辐射传输方法的定量化遥感图像大气校正在业务化运行时占用大量计算时间，需要从算法级别优化，再结合计算机高性能计算，开发既保障高精度，又能快速进行大气校正处理的运行算法。此外，遥感卫星海量数据批量处理，要求研发自动化的大气参数提取和图像校正算法和流程，从而具备业务化处理能力，推动从算法研究到工程实现的转变，促进大气校正在卫星工程地面系统中具备实用化能力。

3)大气校正输入信息的多源化和专用化

大气校正的依据是对大气状况的判断，气溶胶、水汽、云等大气组分的相关参数是开展精确大气校正的数据基础。随着大气环境、气象类卫星在轨运行数量的增多，利用多源卫星大气产品整合形成具备高空间分辨率、高时间分辨率、统一时空参考的大气探测数据集，可以为不具备同时、同区域大气参数同步探测的遥感图像提供交叉大气校正服务。

面向定量化辐射精度要求较高，或者商业价值较高的亚米级空间分辨率卫星数据，大气校正需要时空严格匹配的、更加精准的大气参数，大气同步校正仪随着更多的高分辨率卫星发射而得到发展。随着卫星平台以及载荷技术的发展，大气校正的同步参数探测将朝着更高空间分辨率的方向发展，获得偏振、光谱、角度等多维信息，并充分借助于训练地基数据得到的气溶胶模型等先验知识[53]，实现更加精确的地气解耦合和大气多参数探测。

大气校正是辐射处理的重要环节，包含大气参数提取和图像校正两方面的内容，这两部分的精度均严重依赖遥感数据地面处理过程中的几何校正、绝对和相对辐射标定等环节的处理精度。我国规划并已经发射了大量的高分辨率遥感卫星，其中高分、资源、环境等系列卫星的数据已经开放使用，但在地面处理系统数据产品方面，目前还较少提供经过几何精纠正的辐射数据，这不利于开展基于辐射传输计算的大气校正，因此未来应统筹考虑几何和辐射校正，满足高精度定量遥感应用的全链路需求。

◎ 参考文献

[1] PESTA F, BHATTA S, HELDER D, et al. Radiometric Non-Uniformity Characterization and Correction of Landsat 8 OLI Using Earth Imagery-Based Techniques [J]. Remote Sensing, 2014, 7(1): 430-446.

[2] MORFITT R, BARSI J, LEVY R, et al. Landsat-8 Operational Land Imager (OLI) Radiometric Performance On-Orbit [J]. Remote Sensing, 2015, 7(2): 2208-2237.

[3] MARKHAM B, BARSI J, KVARAN G, et al. Landsat-8 Operational Land Imager Radiometric Calibration and Stability [J]. Remote Sensing, 2014, 6(12): 12275-12308.

[4] GRESLOU D, DE LUSSY F, AMBERG V, et al. PLEIADES-HR 1A&1B image quality commissioning: innovative geometric calibration methods and results; proceedings of the SPIE Proceedings, F 2013-09-23, 2013 [C]. SPIE.

[5] KRAUSE K S. Relative radiometric characterization and performance of the QuickBird high-resolution commercial imaging satellite; proceedings of the SPIE Proceedings, F 2004-10-26, 2004 [C]. SPIE.

[6] HELDER D L. Comparison of MSS relative radiometric calibration methods; proceedings of the Recent Advances in Sensors, Radiometric Calibration, and Processing of Remotely Sensed Data, F 1993-11-15, 1993 [C]. SPIE.

[7] GADALLAH F L, CSILLAG F, SMITH E J M. Destriping multisensor imagery with moment matching [J]. International Journal of Remote Sensing, 2000, 21(12): 2505-2511.

[8] HENDERSON B G, KRAUSE K S. Relative radiometric correction of QuickBird imagery using the side-slither technique on orbit; proceedings of the SPIE Proceedings, F 2004-10-26, 2004 [C]. SPIE.

[9] 张过，李立涛．遥感25号无场化相对辐射定标 [J]. 测绘学报，2017，46(8)：1009-1016.

[10] LIANG S. Quantitative Remote Sensing of Land Surfaces [M]. John Wiley & Sons, 2003.

[11] THORNE K, MARKHARN B, SLATER P, et al. Radiometric Calibration of Landsat [J]. Photogrammetric Engineering & Remote Sensing, 1997, 63(7): 853-858.

[12] SLATER P N, BIGGAR S F, HOLM R G, et al. Reflectance- and radiance-based methods for the in-flight absolute calibration of multispectral sensors [J]. Remote Sensing of Environment, 1987, 22(1): 11-37.

[13] 陈世平．空间相机设计与试验 [M]. 北京：中国宇航出版社，2003.

[14] LACHERADE S, FOUGNIE B, HENRY P, et al. Cross Calibration Over Desert Sites: Description, Methodology, and Operational Implementation [J]. IEEE Transactions on Geoscience and Remote Sensing, 2013, 51(3): 1098-1113.
[15] 李小英. CBERS-02 卫星 CCD 相机与 WF1 成像仪在轨辐射定标与像元级辐射定标研究 [D]. 北京: 中国科学院遥感应用研究所, 2005.
[16] 童进军, 邱康睦, 李小文, 等. 利用 EOS/MODIS 交叉定标 FY1D/VIRR 可见光-近红外通道 [J]. 遥感学报, 2005, 9(4): 349-356.
[17] KIEFFER H H. Photometric Stability of the Lunar Surface [J]. Icarus, 1997, 130(2): 323-327.
[18] FEHR T, FOX N, MARINI A, et al. Traceable Radiometry Underpinning Terrestrial-and Helio-Studies (TRUTHS)-A 'gold standard' imaging spectrometer in space to support climate emergency research [Z]. Copernicus GmbH. 2023: EGU-12399. 10. 5194/egusphere-egu23-12399.
[19] BARRETO A, CUEVAS E, DAMIRI B, et al. A new method for nocturnal aerosol measurements with a lunar photometer prototype [J]. Atmospheric Measurement Techniques, 2013, 6(3): 585-598.
[20] 张璐, 张鹏, 胡秀清, 等. 月球辐射照度模型比对及地基对月观测验证 [J]. 遥感学报, 2017, 21(6): 864-870.
[21] 洪峻, 明峰, 胡继伟. 星载 SAR 天线方向图在轨测量技术发展现状与趋势 [J]. 雷达学报, 2012, 1(3): 217-224.
[22] ERNST C, MAYAUX P, VERHEGGHEN A, et al. National forest cover change in Congo Basin: deforestation, reforestation, degradation and regeneration for the years 1990, 2000 and 2005 [J]. Global Change Biology, 2013, 19(4): 1173-1187.
[23] TOUZI R, HAWKINS R K, COTE S. High-Precision Assessment and Calibration of Polarimetric RADARSAT-2 SAR Using Transponder Measurements [J]. IEEE Transactions on Geoscience and Remote Sensing, 2013, 51(1): 487-503.
[24] SCHWERDT M, BRAUTIGAM B, BACHMANN M, et al. Final TerraSAR-X Calibration Results Based on Novel Efficient Methods [J]. IEEE Transactions on Geoscience and Remote Sensing, 2010, 48(2): 677-689.
[25] 赵英时. 遥感应用分析原理与方法 [M]. 北京: 科学出版社, 2003.
[26] 胡宝新, 李小文, 朱重光. 一种大气订正的方法: BRDF——大气订正环 [J]. 遥感学报, 1996, 11(2): 151-160.
[27] 亓雪勇, 田庆久. 光学遥感大气校正研究进展 [J]. 国土资源遥感, 2005(4): 1-6.
[28] 赵锦威, 沈逸云, 刘春晓, 等. 暗通道先验图像去雾的大气光校验和光晕消除 [J]. 中国图象图形学报, 2016, 21(9): 1221-1228.
[29] 代书博, 徐伟, 朴永杰, 等. 基于暗原色先验的遥感图像去雾方法 [J]. 光学学报, 2017, 37(3): 341-347.
[30] HE K, SUN J, TANG X. Single Image Haze Removal Using Dark Channel Prior [J].

IEEE Transactions on Pattern Analysis and Machine Intelligence, 2011, 33(12): 2341-2353.
[31] 姜侯，吕宁，姚凌．改进 HOT 法的 Landsat 8 OLI 遥感影像雾霾及薄云去除［J］．遥感学报，2016，20(4)：620-631.
[32] ZHANG Y, GUINDON B, CIHLAR J. An image transform to characterize and compensate for spatial variations in thin cloud contamination of Landsat images [J]. Remote Sensing of Environment, 2002, 82(2-3): 173-187.
[33] 李坤，兰时勇，张建伟，等．改进的基于暗原色先验的图像去雾算法［J］．计算机技术与发展，2015，16(2)：6-11.
[34] 王建新，张有会，王志巍，等．基于 HSI 颜色空间的单幅图像去雾算法［J］．计算机应用，2014，34(010)：2990-2995.
[35] 梁健，巨海娟，张文飞，等．偏振光学成像去雾技术综述［J］．光学学报，2017，37(4)：1-13.
[36] 王京卫．测绘无人机低空数字航摄影像去雾霾研究［J］．测绘学报，2016(2)：251.
[37] 纪红霞，姚军，潘延鹏，等．基于暗通道先验的无人机图像去雾算法研究简述［J］．光学与光电技术，2016，14(5)：53-56.
[38] VERMOTE E F, TANRE D, DEUZE J L, et al. Second Simulation of the Satellite Signal in the Solar Spectrum, 6S: an overview [J]. IEEE Transactions on Geoscience and Remote Sensing, 1997, 35(3): 675-686.
[39] BERK A, BERNSTEIN L S, ANDERSON G P, et al. MODTRAN Cloud and Multiple Scattering Upgrades with Application to AVIRIS [J]. Remote Sensing of Environment, 1998, 65(3): 367-375.
[40] KAUFMAN Y J, SENDRA C. Algorithm for automatic atmospheric corrections to visible and near-IR satellite imagery [J]. International Journal of Remote Sensing, 1988, 9(8): 1357-1381.
[41] 王中挺，李小英，李莘莘，等．GF-1 星 WFV 相机的快速大气校正［J］．遥感学报，2016，20(3)：353-360.
[42] 王爱春，傅俏燕，闵祥军，等．HJ-1A/B 卫星 CCD 影像大气订正［J］．中国科学：信息科学，2011(S1)：76-88.
[43] 郭红，顾行发，谢勇，等．基于 ZY-3CCD 相机数据的暗像元大气校正方法分析与评价［J］．光谱学与光谱分析，2014，34(8)：2203-2207.
[44] 谢东海，程天海，吴俣，等．耦合京津冀气溶胶模式的 HJ-1 卫星 CCD 数据大气校正［J］．光谱学与光谱分析，2016，36(5)：1284-1290.
[45] 赵巧华，何金海．基于资源卫星图像对 NDVI 进行大气修正的一种简单方法［J］．大气科学学报，2003，26(2)：236-242.
[46] 康晴，袁银麟，李健军，等．大气同步校正仪的滤光片筛选方法与精度验证实验研究［J］．光学学报，2017，37(3)：219-229.
[47] 胡亚东，胡巧云，孙斌，等．遥感图像双角度偏振大气校正仪［J］．光学精密工程，

2015，23(3)：652-659.

[48] QIE L，LI Z，SUN X，et al. Improving Remote Sensing of Aerosol Optical Depth over Land by Polarimetric Measurements at 1640 nm：Airborne Test in North China [J]. Remote Sensing，2015，7(5)：6240-6256.

[49] 刘广员，邱金桓. 卫星对地遥感应用中的邻近效应研究 [J]. 大气科学，2004，28(2)：311-319.

[50] 温奇，马建文，陈雪，等. 遥感影像邻近效应的实测数据校正(Ⅱ) [J]. 遥感学报，2007，11(2)：159-165.

[51] LIANG S，FANG H，CHEN M. Atmospheric correction of Landsat ETM+ land surface imagery. I. Methods [J]. IEEE Transactions on Geoscience and Remote Sensing，2001，39(11)：2490-2498.

[52] TANRE D，HERMAN M，DESCHAMPS P Y. Influence of the background contribution upon space measurements of ground reflectance [J]. Applied Optics，1981，20(20)：3676.

[53] 李正强，李东辉，李凯涛，等. 扩展多波长偏振测量的太阳—天空辐射计观测网 [J]. 遥感学报，2015，19(3)：495-519.

第6章　遥感影像分类与目标识别

6.1　知识要义

本章重点讲解：遥感影像分类的目的和基本原理；分类前预处理：特征变换和特征选择；遥感影像分类的基本方法：包括监督分类和非监督分类，以及精度评价方法；其他相关分类方法：包括基于机器学习的遥感影像分类和面向对象的遥感影像分类等。本章所涉及的基本概念包括遥感影像分类预处理、遥感影像监督分类和非监督分类和其他分类方法等3个主要方面。

6.1.1　遥感影像分类预处理

遥感影像计算机分类：遥感影像的计算机分类，是模式识别技术在遥感技术领域中的具体运用。遥感影像的计算机分类，就是利用计算机对地物及其环境在遥感影像上的信息进行属性的识别和分类，达到识别图像信息所对应的实际地物，提取所需地物信息的目的。

光谱特征向量：地物点在不同波段图像中的观测量将构成一个多维的随机向量 $\boldsymbol{X}$，称为光谱特征向量。

光谱特征空间(spectrum feature space)：不同波段影像所构成的测度空间。

光谱响应曲线(spectrum response curve)：遥感器像元响应值随波段变化的曲线。

特征变换：是将原有的 m 个测量值集通过某种变换，产生 n 个($n \leqslant m$)新的特征。特征变换的作用表现在两个方面：一方面减少特征之间的相关性，使得用尽可能少的特征来最大限度地包含所有原始数据信息；另一方面使得待分类别之间的差异在变换后的特征中更明显，从而改善分类效果。

特征选择(feature selection)：对原始多波段测量参数，或经过变换重新组合的特征进行选择，找到对识别分类更有效的特征参数的过程。

主分量变换(principal component transformation)：在光谱特征空间中，用原始图像数据协方差矩阵的特征值和特征矢量建立起变换矩阵，对原始图像实施的一种线性变换。

穗帽变换(tasseled cap transformation)：一种能够充分反映植物生长和枯萎的线性特征变换。

6.1.2　遥感影像监督分类和非监督分类

监督分类(supervised classification)：利用已知训练样本，通过计算选择特征参数，建立判别函数的图像分类。

判别函数：各个类别的判别区域确定后，某个特征矢量属于哪个类别可以用一些函数来表示和鉴别，这些函数就称为判别函数。

判别规则：计算某个特征矢量在不同类别判别函数中的值后，确定该矢量属于某类的判断依据。

概率判别函数(probability decision function)：用某特征点落入某类集群的条件概率度量建立起来的判别函数。

贝叶斯判别规则：把某特征矢量 $\boldsymbol{X}$ 落入某集群 w_i 的条件概率 $P(w_i/\boldsymbol{X})$ 当作分类判别函数，把 $\boldsymbol{X}$ 落入某集群的条件概率最大的类判断为 $\boldsymbol{X}$ 的类别，这种判别规则就是贝叶斯判别规则。贝叶斯判别是以错分概率或风险最小为准则的判别规则。

最大似然分类法(maximum likelihood classification)：在两类或多类判决中，根据最大似然比贝叶斯判决准则法，用统计方法建立非线性判别函数集进而进行分类的一种图像分类方法。

距离判别：以地物光谱特征在特征空间中按集群方式分布为前提，是计算未知矢量 $\boldsymbol{X}$ 到有关类别集群之间的距离，并以此实现类别判定的方法。

最小距离分类法(minimum distance classification)：求出未知类别向量到要识别各类别代表向量中心点的距离，将未知类别向量归属于距离最小的类的图像分类方法。

非监督分类(unsupervised classification)：以不同影像地物在特征空间中类别特征的差别为依据，无先验类别标准和训练样本的图像分类。

6.1.3　其他分类方法

面向对象的遥感信息提取：进行信息提取时，处理的最小单元不是像元，而是含有更多语义信息的多个相邻像元组成的影像对象，分类时综合利用影像对象的几何信息、光谱信息及影像对象之间的语义信息、纹理信息和拓扑关系。

专家系统方法：遥感图像解译专家系统用模式识别方法获取地物多种特征，为专家系统解译遥感图像提供证据，同时运用遥感图像解译专家的经验和方法，模拟遥感图像目视解译的具体思维过程，实现遥感图像的智能化理解。

6.2　知识扩展

遥感图像分类主要是根据地面物体电磁波辐射在遥感图像上的特征，判断识别地面物体的属性，进而为目标检测与识别等其他应用提供辅助信息，也可以提供基础地理信息用于地图绘测、抢险救灾、军事侦察等领域[1]。

在过去的几十年里，各方面学者对遥感图像的分类有着诸多研究，提出了许多分类方法[2-4]。比如，根据是否需要选取标记样本可将分类方法分为监督分类和非监督分类[5]；

根据最小分类单元可将分类方法分为基于像元的分类、基于对象的分类和基于混合像元分解的分类[6]；根据表达和学习特征的方式，可将分类方法分为基于人工特征描述的分类、基于机器学习的分类和基于深度学习的分类[1]。此外，不同类型的遥感图像(多光谱遥感图像、高光谱遥感图像、合成孔径雷达图像等)分类方法也不尽相同。以上分类方法并没有严格的区分界线，相互之间互有重叠和借鉴。下面就简单介绍几种较为经典的遥感图像分类方法。

6.2.1 经典监督分类

监督分类又称训练场地法、训练分类法，是以建立统计识别函数为理论基础，依据典型样本训练方法进行分类的技术，即根据已知训练区提供的样本，通过选择特征参数，求出特征参数作为决策规则，建立判别函数以对各类目标进行分类，是模式识别的一种方法。

1. 最大似然法

最大似然法利用遥感数据的统计特征，假设各类的分布函数为等权值的正态分布，按照正态分布规律用最大似然判别规则进行判决，然后通过计算样本归属于各类的归属概率，将训练样本归属到概率最大的一组类别中[7]。

Pushpendra Singh Sisodia 等人[8]使用 LandSat ETM+影像对最大似然方法分类精度进行了测试，分类精度已达到总体精度 93.75%，生产者精度 94%，用户精度 96.09%，总体 κ 精度 90.52%；Jiangtao Peng 等人[9]提出了一个基于最大似然估计的联合稀疏表示模型，可用于多光谱影像的分类。它用一个最大似然估计器取代了传统的二次损失函数，用于测量联合近似误差。该方法能够避免单一使用联合稀疏表示容易受到 HSI 空间邻域的异常值的影响的问题，并提高了联合稀疏表示的鲁棒性；Muhammad Hamza Asad 等人[10]使用最大似然法对草地影像进行分割，并对杂草样本进行手动标记，从而为机器学习方法提供标签样本。

2. 最小距离法

最小距离法利用训练样本数据计算出每一类的均值向量和标准差向量，然后以均值向量作为该类在特征空间中的中心位置，计算输入图像中每个像元到各类中心的距离，到哪一类中心的距离最小，该像元就归入那一类。在这类方法中距离就是一个判别函数[11]。

丁娅萍等人[12]利用最小距离法，使用 RADARSAT-2 雷达遥感数据对两种旱地作物玉米和棉花进行识别，其精度可达到 85%，通过与资源三号光学遥感数据结合，其作物识别精度提高到了 93%。党涛等人[11]利用基于对象的最小距离分类方法，使用 WorldView Ⅱ 影像进行土地覆盖分类研究，目视解译与定量评价均表明：基于对象方法的各项指标更优越，总体精度由 0.85 提高到 0.87，κ 系数由 0.81 提高到 0.84。因此，对于高分辨率遥感影像，基于对象的信息提取方法要优于基于像元的方法，分类结果精度更高。王立国等人[13]提出一种基于最大最小距离的高光谱图像波段选择算法。首先计算波段标准差，选定标准差最大的波段作为初始中心；然后使用最大最小距离算法得到相对距离较远的聚类中心，对波段进行聚类；最后使用 K 中心点算法更新聚类中心。实验仿真结果表明：通过基于最大最小距离算法选择的波段，能够选出同时满足信息量大、相关性小的要求的波段子集，并将获得的波段组合用于高光谱图像分类时，可以得到较好的分类精度。

6.2.2　经典非监督分类

非监督分类是指人们对分类过程不施加任何的先验知识，而仅凭数据遥感影像地物的光谱特征的分布规律，依据图像数据本身的结构(统计特征)和自然点群分布，按照待分样本在多维波谱空间中特征向量的相似程度，由计算机程序自动总结出分类参数。即对自然聚类的特性进行“盲目”的分类。

1. *K*-means

K-means 方法的基本思想是通过迭代移动各基准类别(初始类别)的中心直至取得最好的聚类结果，分类时新的类别中心的确定是根据该类别内所有像元到类别中心的距离平方和之和最小这一原则。

赵京胜等人[14]针对传统的 *K*-means 算法由于随机选取初始簇中心，造成聚类结果不稳定，容易陷入局部最优这个问题，提出了一种优化初始中心的方法，即在高密度区域中以距离最远的两点作为初始的簇中心，然后再找到与这两个初始中心距离和最大的点作为第 3 个初始中心，依此类推，直到找到 k 个初始中心。实验结果证明，改进的 *K*-means 算法，有较好的准确率，能够消除算法对初始中心的依赖，提高了聚类效果；朱烨行等人[15]提出一种新的聚类算法——CARDBK 算法，它是结合 CARD 算法和批 *K*-means(Batch *K*-means)算法而形成的聚类算法。CARDBK 聚类算法与批 *K*-means 算法的不同之处在于，每个点不是只归属于一个簇，而是同时影响多个簇的质心值，一个点影响某一个簇的质心值的程度取决于该点与其他离该点更近的簇的质心之间的距离值。结果表明，该算法具有较好的聚类结果，在不同大小数据集上聚类时具有线性伸缩性且速度较快；任莎莎等人[16]提出了一种基于 GMM 与 *K*-means 的改进聚类方法：首先，在 *K*-means 聚类步骤中集成了合并操作，为基于 GMM 的聚类提供初值，而且大大缩减了 GMM 聚类步骤的迭代次数，提高了输出结果的稳定性，然后利用 EM 方法学习 GMM 完成 ML 分类，将每个像素分配到最终类别中。实验结果表明，与其他几种常见算法相比，该方法有效降低了分类算法的计算复杂度，减少了对计算资源的需求；ZHIYONG LV 等人[17]开发了一种基于 *K*-means 聚类和自适应多数投票(*K*-means AMV)技术集成的新型 LCCD 方法。结果表明，所提出的 *K*-means AMV 方法比几种广泛使用的方法具有更好的检测精度和视觉性能。

2. ISODATA

迭代自组织方法(ISODATA)对原始图像给出一个假定聚类，采用迭代的方法对该假定聚类进行反复调整与修改，随着迭代次数的增加，聚类的正确率逐渐提高[18]。

郭云开等人[19]针对 ISODATA 算法预设参数较多，其聚类中心与最优迭代数目很难预先准确设定，且在聚类时没有将影像自身特点充分考虑，对个体适应度函数重视不够等问题，提出了一种融合增强型的模糊聚类 GA：对聚类原型矩阵进行编码，构造隶属度矩阵，解求个体适应度函数值，在影像特征空间中搜索得到样本全局收敛极值点。通过试验证明，该方法能避开随机初选值的敏感问题，避免聚类过程的随机性，使分类结果与实际情况更为接近。齐永菊等人[20]针对传统模糊聚类的遥感影像分析方法的不足，重点研究基于模糊 ISODATA 聚类的遥感影像分析。

6.2.3 面向对象的影像分类

面向对象是一种基于目标的分类方法，这种方法可以充分利用高分辨率影像的空间信息，综合考虑光谱统计特征、形状、大小、纹理、相邻关系等一系列因素，得到较高精度的信息提取结果[21]。其分类的最小单元是由影像分割得到的同质影像对象，而不再是单个像素。面向对象分类技术的两个主要关键步骤是遥感影像分割和面向对象的分类[22]。

在众多遥感影像分割中，常用于获取影像对象的方法是多尺度分割。多尺度分割是指对影像信息进行尺度变换，然后结合这些信息来发掘影像中的信息，分析处理发掘出来的信息，来获得更好的信息提取结果。在分割算法上主要有基于边界的、基于区域的、基于阈值的、基于超像素的、基于图论的和基于机器学习的等[23]。

面向对象的分类是在影像分割获取对象的基础上，利用不同分类模型对遥感影像典型特征进行分类的过程。常用到的分类模型是模糊函数，由于其需要事先对阈值进行设置，阈值的过大或过小都会造成分类精度的下降，因此人们提出了统计识别的算法进行影像特征分类，常用到的统计识别算法有支持向量机和人工神经网络等[23]。

针对分割尺度和分类阈值的局限性，Wu 等人[24]利用面向对象的 SVM 对道路影像数据进行分类；Chen 等人[25]结合数学形态学利用面向对象的随机森林法对长江三峡水库(TGR)附近滑坡地区的 ZY-3 遥感影像进行分类，获得了较高的分类精度；裴欢等人[26]综合纹理特征采用面向对象的支持向量机法和 K 邻近法进行河北省石家庄的土地利用分类，用于改善基于像元的分类结果；张金盈等人[27]提出了一种结合主动学习和词袋模型的高分二号遥感影像分类方法，采用词袋模型构建影像对象的语义特征向量，充分考虑位于分类边界的不确定性样本分布，迭代选择最优样本用于训练支持向量机，用于分类遥感影像。针对目前应用较广的面向对象的分类方法对空间特征的利用尚不够充分，在特征选择上存在一定的局限性的问题，王协等人[28]提出一种基于多尺度学习与深度卷积神经网络的多尺度神经网络。蒋治浩等人[29]提出一种面向对象结合卷积神经网络的遥感分类方法，利用构建的二维空间和最大面积法确定最佳分割参数，建立一维卷积神经网络结合面向对象的方法对遥感影像进行快速分类。

6.2.4 机器学习影像分类

机器学习是人工智能的一个重要领域，源自统计模型拟合。机器学习采用推理及样本学习等方式从数据中获得相应的理论，尤其适合解决“噪声”模式及大规模数据集等问题。在大样本、多向量及不确定数据分析工作中发挥着日益重要的作用。

1. 支持向量机

支持向量机是一种二分类模型，是定义在特征空间上的间隔最大的线性分类器，属于监督学习。其学习策略就是间隔最大化，可形式化为一个求解凸二次规划的问题，也等价于正则化的合页损失函数的最小化问题[30]。支持向量机有别于传统的机器学习方法，它摆脱了对样本数量的依赖，只需要较小的数据样本就可以开展学习，训练出矢量分类器。但是支持向量机优势显著的同时也有难以规避的问题，比如在求解大规模问题时会面临诸如极慢的学习速度、过大的存储空间需求量等问题[31]。

Chanika Sukawattanavijit 等人[32]提出了一种遗传算法(GA)和支持向量机(SVM)相结合的方法，用于改进土地覆盖分类。SVM 内核参数和特征选择影响分类精度，GA 则用于特征选择和参数优化。结果显示，GA-SVM 算法优于传统的 SVM 算法，可以使用较少的输入特征，达到更高的分类精度；Gulnaz Alimjan 等人[33]通过结合支持向量机(SVM)和 *K*-最近邻(KNN)来进行遥感图像分类，提出了一个距离公式作为考虑向量亮度和方向的度量标准。所提出的组合算法在消除 *K* 参数选择问题和减少繁重学习时间方面优于传统的 KNN。使用 ALOS/PALSAR 和 PSM 图像与 SVM、KNN 和光谱角映射器(SAM)分类进行比较，证明了所提出算法的有效性；贾银江等人[34]选择4种植被指数并结合实地样本数据，采用支持向量机(SVM)分类器对研究区内主要农作物(玉米、水稻和大蒜/白菜)实施分类。针对 SVM 分类器分类精度较低问题，引入自适应变异粒子群算法优化 SVM，克服传统 SVM 参数选择主观性，进而提升分类器分类精度。王艳梅等人[35]通过研究 SVM 道路提取方法，针对 SVM 提取道路信息时存在的问题，提出了 *K*-means 聚类与 SVM 相结合的道路提取方法。实验结果显示，使用 *K*-means 聚类算法对遥感影像进行聚类分析，抓住关键样本，剔除沉冗样本，然后使用 SVM 提取道路信息，可以降低误判率，冗余误差和遗漏误差更低。

2. 决策树

决策树是一种基本的分类和回归方法，用于分类主要是借助每一个叶子节点对应一种属性判定，通过不断的判定导出最终的决策；用于回归则是用均值函数进行多次二分，用子树中数据的均值进行回归。下面主要讨论用于分类的决策树。决策树的生成算法有 ID3、C4.5 和 C5.0 等，属于监督学习。决策树是一种树形结构，其中每个内部节点表示一个属性上的判断，每个分支代表一个判断结果的输出，最后每个叶节点代表一种分类结果。其可解释性好，易可视化。

Chao Yang 等人[36]通过去除混合像素影响来整合像素解混合和决策树以改进土地利用/土地覆盖(LULC)分类，使用三维地形模型将从混合像素分解中获得的丰度和最小噪声分数(MNF)结果添加到决策树多特征中，该模型是使用图像融合数字高程模型(DEM)创建的，选择训练样本(ROI)，并提高 ROI 可分离性。王嘉宁等人[37]针对传统方法主要根据破损图像的权重进行研究，忽略了图像灰度值的影响，导致破损图像识别率低、实时性差的问题，提出基于决策树的路面破损图像快速识别方法。通过分析决策树的路面破损图像快速识别方法，对路面破损图像的识别率进行测试，在此基础上利用路面破损图像的识别次数和识别时间，对路面破损图像识别的实时性进行实验，结果验证了提出的方法具有较高的识别率，并且在对破损图像识别时具有实时性。Jayesh Ganpat Ghatkar 等人[38]开发了一种使用机器学习算法的数据驱动方法来自动检测水华的开始，选择极端梯度提升决策树(XGBoost)模型通过防止过度拟合来提高预测精度，这增加了模型在几个看不见的测试数据上的可扩展性。白莹等人[39]提出了一种基于 CART 决策树算法和面向对象方法的 GF-1 遥感影像分类方法。首先，对数据进行多尺度分割；然后，以分割对象为基本单元，研究光谱特征、几何特征、纹理特征不同组合情况下，基于 CART 决策树分类的结果；最后，利用训练样本建立基于 TTA 的精度检验，并基于混淆矩阵对分类结果进行分析。结果证明，这种方法适用于保护区植被类型分布研究，可有效辅助保护区监测工作。

3. 随机森林

随机森林(RF)是通过集成学习的思想将多棵树集成的一种算法，它的基本单元是决策树，而它的本质属于集成学习(Ensemble Learning)方法。从直观角度来解释，每棵决策树都是一个分类器，那么对于一个输入样本，*N* 棵树会有 *N* 个分类结果。而随机森林集成了所有的分类投票结果，将投票次数最多的类别指定为最终的输出。随机森林具有较好的准确率，能够有效地运行在大数据集上，能够处理具有高维特征的输入样本，而且不需要降维，能够评估各个特征在分类问题上的重要性，在生成过程中，能够获取到内部生成误差的一种无偏估计。

X. M. Zhang 等人[40]利用随机森林分类器在复杂区域中结合空间和时间依赖性的新模式，选择了从 Landsat 5 获得的纹理特征，并使用重要性度量变量来降低数据的维度。除了随机选择变量外，还使用随机抽样来最大程度地降低 RF 中的泛化误差。结果表明，使用该方法对中国武汉城市群进行分类表现良好。Azar Zafari 等人[41]评估了在 SVM 中使用基于 RF 的内核(RFK)与使用传统径向基函数(RBF)内核和标准 RF 分类器相比的利弊。结果表明，在高维和嘈杂的实验中，SVM-RFK 产生的 OA 比 RF 略高，并且在其余实验中提供了具有竞争力的结果。他们还表示，与 SVM-RBF 相比，SVM-RFK 产生了极具竞争力的结果，同时大大减少了与参数化内核相关的时间和计算成本。此外，SVM-RFK 在高维和噪声问题上优于 SVM-RBF。常翔宇等人[42]基于随机森林算法，综合光谱特征、纹理特征和空间变换后的特征实现了对长春市中心区域不透水面信息的提取。相比于传统方法，随机森林算法可以有效地利用样本间的差异并选取最优变量进行分类，其变量重要性可以作为特征筛选的依据，进而实现数据降维并提高分类效率，同时保持很高的精度。王雪娜[43]利用 SPOT6 卫星影像数据和随机森林模型对城市土地利用进行精细化分类研究。首先，利用 Gram-Schmidt 法将 SPOT6 卫星影像的 1.5m 全色数据和 6m 多光谱数据进行融合，然后采用面向对象软件分类方法进行多尺度分割，通过交互式确定最优分割尺度和分割参数，对分割后的影像对象采用随机森林模型进行 10 类地物分类实验，并与传统的最近邻分类方法对比。结果表明，利用随机森林模型分类方法得到了良好的分类结果，可为 SPOT6 卫星影像数据的未来应用提供借鉴和参考。

4. 稀疏表示

高维数据的稀疏表示是近年机器学习和计算机视觉研究领域的热点之一，其基本假设是：自然图像本身为稀疏信号，用一组过完备基将输入信号线性表达出来，可以在展开系数满足一定的稀疏度条件下，获取对原始信号的良好近似，其属于无监督学习。

唐晓晴等人[44]针对传统稀疏表示分类算法由于没有给出全面的图像纹理信息，导致分类准确率不高的问题，在稀疏表示分类模型中引入局部二值模式(LBP)特征，提出一种新的稀疏表示分类方法。该方法使用 LBP 对遥感图像进行特征提取，获得遥感图像的局部纹理特征，根据 LBP 直方图训练结构化字典，建立基于稀疏表示的遥感图像分类模型。Fei Tong 等人[45]受多尺度补丁和超像素优缺点的启发，提出了一种称为多尺度联合区域自适应稀疏表示(MURASR)的新算法。联合区域是补丁和超像素的重叠区域，可以充分利用两者的优点，克服各自的弱点。在几个高光谱图像数据集上的实验表明，所提出的 MURASR 优于多尺度自适应稀疏表示，并且联合区域优于稀疏表示中的补丁。Peng 等人[9]为了提高联合稀疏表示(JSR)的鲁棒性，提出了一种基于最大似然估计(MLE)的JSR(MLEJSR)模型。该模型将传统的二次损失函数替换为类似MLE的估计器，用于测量联合逼近误差。理论和实验结果都证明了提出的MLEJSR方法的有效性，尤其是在大噪声的情况下。任会峰等人[46]针对遥感图像样本较少、特征维数高、特征对分类器贡献差异等问题，提出一种多角度、多尺度特征增益的多级稀疏表示遥感图像分类方法。

6.2.5　深度学习影像分类

深度学习最早由多伦多大学教授Hinton[47]提出，基本模型是深层的人工神经网络。深度学习是特殊的机器学习算法，相较于传统机器学习，深度学习不须预先确定训练特征，其特征学习能力强，拟合、模型预测精度高。近年来，深度学习发展迅速，在机器算法中脱颖而出，在遥感科学领域内已取得可观的进步和成果，尤其是在分类与识别中的特征选择和提取方面。

深度学习将复杂抽象的问题分解成简单、抽象程度低的模块任务，即层层复杂工作分解为小区域任务，特别适合对大数据的处理。在遥感领域涉及的经典的模型结构主要包括三种：深度信念网络(Deep Belief Networks，DBN)、自动编码器(Auto Encoder，AE)[48]和卷积神经网络(Convolutional Neural Networks，CCN)[48-50]。根据学习方法的差异，可以将深度信念网络和自动编码器算法归属于非监督分类方法，而卷积神经网络归属于监督分类方法[51]。

1. 深度信念网络(DBN)

深度信念网络算法是由多组具有良好无监督学习能力的受限玻尔兹曼机(Restricted Boltzmann Machine，RBM)堆叠而成的概率生成模型。DBN模型从底层RBM逐层向上运算，直至得到输出层[51](图6.1)。DBN的构建主要包括预训练和微调两个阶段，预训练时采用逐层训练的方式对各层中的RBM进行单独训练，固定和保存层之间的权重和偏差，用于进一步分析。在微调阶段，DBN模型的权重和偏差将通过使用标记的输入数据的反向传播算法进行更新[52]。

Mnih等人[54]将DBN模型应用于机载遥感影像中的道路检测，证实了DBN模型能够很好地提取出影像的特征并取得很好的分类效果。Jiaojiao Li等人[55]提出了一种基于最优DBN和新型纹理特征增强(TFE)的新型高光谱分类框架。通过波段分组、样本波段选择和引导滤波，高光谱数据的纹理特征得到了改善。在TFE之后，最优DBN被用于高光谱重建数据的特征提取和分类。Atif Mughees[56]为了改善特征提取时数据降维方法引起的信息损失问题，提出了一个用于光谱-空间HSI分类的光谱自适应分割DBN(SAS-DBN)，它通过将原始光谱带变为多个相关光谱带的组合，并通过使用局部DBN分别处理每组，进而提取深度抽象的特征。该方法减少了计算的复杂性，并导致更好的特征提取，提高了分类的准确性。Chen Chen等人[57]对DBN模型微调过程进行了改善，提出基于共轭梯度(CG)更新算法的DBN模型，并介绍其在高光谱分类中的应用。结果表明，采用基于CG的微调方法，能够避免梯度下降算法的“之字形”问题，并加速DBN收敛。Guanyuan Chen等人[58]对DBN网络在遥感图像分类中的迭代次数、隐藏层数和隐藏层节点数进行了参数敏感性实验，并得到了一套最优的参数设置方案。此外，DBN算法通过改进的Dropout策

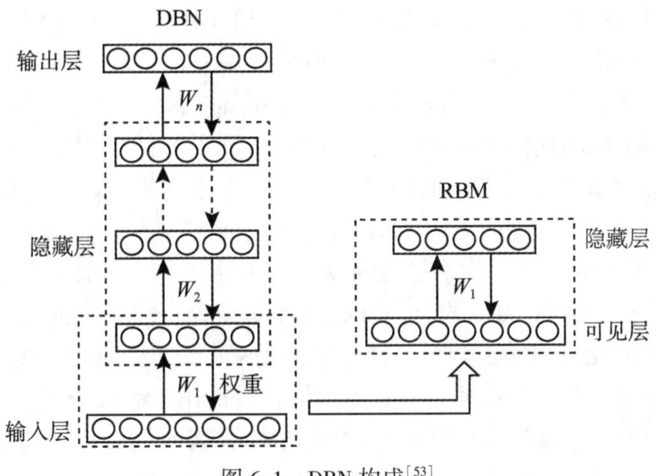

图 6.1 DBN 构成[53]

略得到了增强，并成功应用于建筑物边缘信息的提取中。

2. 自动编码器(AE)

AE 在遥感影像中的应用还在探索中，其结构包括输入层、隐藏层、输出层三层。在研究应用中采用的多是堆栈式自动编码器(SAE)对遥感影像识别分析。SAE 是由若干稀疏自编码器结构单元组成的深度神经网，SAE 是典型的深层神经网络，被广泛用于特征学习和表示，通过贪婪学习逐层确定参数，再从顶层反向传播来调整整个网络的参数(图 6.2)。网络的最顶层没有标签信息，则学习过程是无监督的学习过程，如果将样本的标签信息添加到最顶层，以反向调整网络范围的参数，则学习过程将成为监督学习过程[52]。

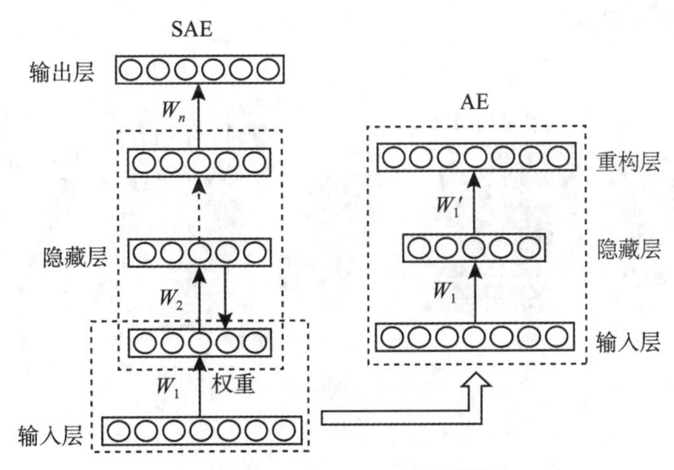

图 6.2 SAE 和 AE 的构成[54]

Peng Liang 等人[59]提出一种基于 SAE 的新型遥感分类方法。首先，由 SAE 建立深度网络模型。然后，在有噪声输入的情况下，采用无监督的 Greedy 分层训练算法，依次训练每一层以获得更强的表达能力，通过反向传播(BP)神经网络在监督学习中获得特征，并通过误差反向传播优化整个网络。最后，使用高分一号卫星(GF-1)遥感数据进行评估，总精度和 κ 系数分别达到 95.7%和 0.955。Cong Wang 等人[60]提出了一个新的无监督的 SAE 特征学习模型，以描述图像中每个像素的空间-光谱特征的深度层次结构，并利用提取的特征开发了一个基于低秩表示的稳健分类器。该分类器既利用了标记样本提供的监督，又利用了未标记样本之间的无监督相关性，通过对高光谱图像分类的广泛实验证明了框架的有效性。Subir Paul 等人[61]为了改善基于 SAE 方法存在的计算复杂性和计算时间的问题，提出了基于相互信息(MI)的分段堆叠自动编码器(S-SAE)方法。该方法能够基于非参数依赖测度(MI)的光谱分割方法，能够解决 HS 波段的线性和非线性波段间相关性问题，进而可根据分割后的光谱特征，建立空间信息特征用于后续分类。Xiaofei Mi 等人[62]提出多尺度堆叠的去噪自编码器(SDAE)方法用于建成区的提取。该模型可以提取不同尺度的建成区特征，并从多个尺度上识别土地物体的类型。该方法有效地提高了对于建成区的识别率，避免了岩石、裸露的土地和其他具有类似光谱特征地物所引入的干扰。

3. 卷积神经网络(CNN)

经典的机器学习方法人工神经网络(ANN)分类方法模拟人脑神经系统结构和功能，不需要有关统计分布的先验知识和预先定义各数据源的权值(图 6.3)。CNN 将 ANN 和深度学习相结合，CNN 本质上是一个多层感知机，但是由于它的局部连接、权重共享以及空间或时间上的次采样特性使得卷积神经网络在处理二维图形上具有一定程度上的平移、缩放和扭曲不变性[52]。典型的 CNN 结构由输入层、卷积层、池化层、全连接层构成，每一层有多个特征图，每个特征图通过一种卷积滤波器提取输入的一种特征。CCN 基于改进梯度反向传播算法来训练网络中的权重，实现了深度学习的多层过滤器网络结构以及过滤器和分类器结合的全局训练算法，降低了网络模型的复杂度，减少了权值的数量，在影像处理领域的试验效果良好。

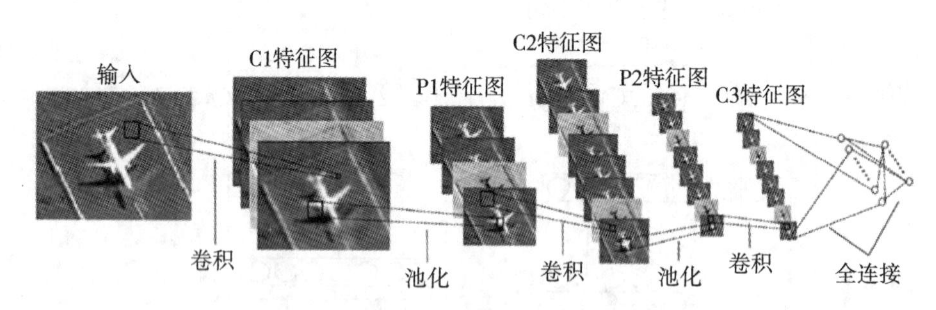

图 6.3　卷积神经网络的一个例子[53]

Masoud Mahdianpari 等人[63]评估了七个主流的 CNN 模型，即 DenseNet121、InceptionV3、VGG16、VGG19、Xception、ResNet50 和 InceptionResNetV2，用于加拿大湿地制图的能力。结果显示 InceptionResNetV2、ResNet50 和 Xception 排名前三，分类准确率分别达到 96.17%、94.81% 和 93.57%，优于 SVM 的 74.89% 和随机森林的 76.08%。

Shunping Ji 等人[64]提出一种新的基于三维(3D)卷积神经网络的方法，实现从时空遥感图像中自动对作物进行分类。首先，根据多光谱多时相遥感数据的结构设计 3D 核。其次，具有微调参数的 3D CNN 框架旨在训练 3D 作物样本和学习时空判别表示，同时保留完整的作物生长周期。研究认为 3D CNN 特别适合表征作物生长的动态，并且优于其他主流方法。Hong Huang 等人[65]针对高空间分辨率影像分类的难题，提出了一种基于 CaffeNet 的方法来有效探索预训练 CNN 的判别能力。他们开发了一种新的改进的视图词袋编码方法来表示来自每个卷积层的判别信息，并采用加权串联来组合不同的特征进行分类。在 UC-Merced 数据集和航空图像数据集(AID)上的实验表明，总体准确率可以分别达到 98.44%和 94.91%。Lili Zhang 等人[66]提出了一个基于卷积神经网络和边缘检测算法的建筑提取框架。基于 Mask R-CNN 在图像分割领域的突出成就对其进行了改进，然后将其应用于遥感图像建筑物提取。算法由三部分组成，首先通过 CNN 进行粗略定位和像素级分类，其次采用 Sobel 边缘检测算法对建筑物边缘进行准确分割，最后通过融合算法提取建筑物。通过高分二号实验检测，所提出的方法的 IOU 的平均值为 88.7%，κ 的平均值为 87.8%，精度上优于经典方法。Haojie Ma 等人[67]改进了 Inception V3 网络，使其更容易处理大型遥感图像。通过使用 CNN，解决和避免了面向对象的方法存在的图像分割不理想和特征选择困难等问题。该方法对玉树地震后 0.5m 分辨率航空图像中受损建筑群的分类进行了测试。测试准确率为 90.07%，Kappa 系数为 0.81，与通过人工特征提取构建的传统多特征机器学习分类器相比，准确率提高了 18%。Jianming Zhang 等人[68]探讨如何在不增加推理阶段模块(计算开销)的基础上，提高分类精度，设计了三种策略：第一是提出了一个用多尺寸图像训练的网络训练策略；第二是设计一个三倍损失分支，引入更多监督信息；第三是引入 dropout 以避免过度拟合。Jie Wang 等人[69]提出一种称为对象尺度自适应卷积神经网络(OSA-CNN)的新方法，结合了面向对象图像分析方法和 CNN，用于对高分辨率影像的分类。首先通过图像分割得到沿着图像主轴的图像块，然后通过多尺度卷积特征的加权融合，增强有用特征并抑制无用特征，最后对象图元通过对图像块的多数投票进行分类。这些改进提高了图像分类精度[22]。

◎ 参考文献

[1] 张裕，杨海涛，袁春慧．遥感图像分类方法综述［J］. 兵器装备工程学报，2018，39(8)：108-112.

[2] 王一达，沈熙玲，谢炯．遥感图像分类方法综述［J］. 遥感信息，2006，2006(5)：67-71.

[3] 付森．遥感图像分类技术的发展现状［J］. 科技风，2010(8)：256.

[4] 马莉．遥感图像分类方法综述［J］. 城市地理，2016(3X)：134.

[5] 李石华，王金亮，毕艳，等．遥感图像分类方法研究综述［J］. 国土资源遥感，2005，2(2)：1-6.

[6] 杜凤兰，田庆久，夏学齐．遥感图像分类方法评析与展望［J］. 遥感技术与应用，2004，19(6)：521-525.

[7] 樊利恒，吕俊伟，于振涛，等．基于改进最大似然方法的多光谱遥感图像分类方法

[J]. 电光与控制, 2014, 21(10): 52-56.

[8] SISODIA P S, TIWARI V, KUMAR A. Analysis of Supervised Maximum Likelihood Classification for remote sensing image [C]. International Conference on Recent Advances and Innovations in Engineering (ICRAIE-2014), 2014.

[9] PENG J, LI L, TANG Y Y. Maximum Likelihood Estimation-Based Joint Sparse Representation for the Classification of Hyperspectral Remote Sensing Images [J]. IEEE Transactions on Neural Networks and Learning Systems, 2019, 30(6): 1790-1802.

[10] ASAD M H, BAIS A. Weed detection in canola fields using maximum likelihood classification and deep convolutional neural network [J]. Information Processing in Agriculture, 2020, 7(4): 535-545.

[11] 党涛, 李亚妮, 罗军凯, 等. 基于最小距离法的面向对象遥感影像分类 [J]. 测绘与空间地理信息, 2017, 40(10): 163-165.

[12] 丁娅萍, 陈仲新. 基于最小距离法的 RADARSAT-2 遥感数据旱地作物识别 [J]. 中国农业资源与区划, 2014, 35(6): 79-84.

[13] 王立国, 赵亮, 石瑶. 基于最大最小距离的高光谱遥感图像波段选择 [J]. 智能系统学报, 2018, 13(1): 131-137.

[14] 赵京胜, 韩凌霄, 孙宇航. 一种优化初始中心的改进 K-means 算法 [J]. 青岛理工大学学报, 2015, 36(6): 99-102.

[15] 朱烨行, 李艳玲, 崔梦天, 等. 一种改进 K-means 算法的聚类算法 CARDBK [J]. 计算机科学, 2015, 42(3): 201-205.

[16] 任莎莎, 郎文辉. 基于 K-GMM 算法的 SAR 海冰图像分类 [J]. 地理与地理信息科学, 2018, 34(5): 42-48.

[17] LV Z, LIU T, SHI C, et al. Novel Land Cover Change Detection Method Based on k-Means Clustering and Adaptive Majority Voting Using Bitemporal Remote Sensing Images [J]. IEEE Access, 2019, 7: 34425-34437.

[18] 谢熠康, 王山东, 徐洋洋. 监督非监督分类器比较研究 [J]. 地理空间信息, 2020, 18(8): 63-68.

[19] 郭云开, 曾繁. 融合增强型模糊聚类遗传算法与 ISODATA 算法的遥感影像分类 [J]. 测绘通报, 2015(12): 23-26.

[20] 齐永菊, 裴亮, 张宗科, 等. 一种模糊聚类的遥感影像分析方法研究 [J]. 测绘科学, 2017, 42(7): 139-146.

[21] 胡杰, 张莹, 谢仕义. 国产遥感影像分类技术应用研究进展综述 [J]. 计算机工程与应用, 2021, 57(3): 1-13.

[22] 陈果. 面向对象的高分辨率遥感影像主要地物信息提取分类研究 [D]. 西安: 西安科技大学, 2020.

[23] 胡金梅. 面向对象的高分辨率遥感影像分类算法研究 [D]. 合肥: 合肥工业大学, 2020.

[24] WU Q, ZHONG R, ZHAO W, et al. A comparison of pixel-based decision tree and

object-based Support Vector Machine methods for land-cover classification based on aerial images and airborne lidar data [J]. International Journal of Remote Sensing, 2017, 38 (23): 7176-7195.

[25] CHEN T, TRINDER J, NIU R. Object-Oriented Landslide Mapping Using ZY-3 Satellite Imagery, Random Forest and Mathematical Morphology, for the Three-Gorges Reservoir, China [J]. Remote Sensing, 2017, 9(4): 333.

[26] 裴欢，孙天娇，王晓妍. 基于 Landsat 8 OLI 影像纹理特征的面向对象土地利用/覆盖分类 [J]. 农业工程学报，2018，34(2): 248-255.

[27] 张金盈，姚光虎，林琳，等. 结合主动学习和词袋模型的高分二号遥感影像自动化分类 [J]. 测绘通报，2019(2): 103-107.

[28] 王协，章孝灿，苏程. 基于多尺度学习与深度卷积神经网络的遥感图像土地利用分类 [J]. 浙江大学学报(理学版)，2020，47(6): 715-723.

[29] 蒋治浩，林辉，张怀清，等. 面向对象结合卷积神经网络的 GF-1 影像遥感分类 [J]. 中南林业科技大学学报，2021，41(8): 45-67.

[30] 张雁. 基于机器学习的遥感图像分类研究 [D]. 北京：北京林业大学，2015.

[31] 朱莎. 基于机器学习的遥感图像分类研究 [D]. 南昌：江西理工大学，2017.

[32] SUKAWATTANAVIJIT C, CHEN J, ZHANG H. GA-SVM Algorithm for Improving Land-Cover Classification Using SAR and Optical Remote Sensing Data [J]. IEEE Geoscience and Remote Sensing Letters, 2017, 14(3): 284-288.

[33] ALIMJAN G, SUN T, LIANG Y, et al. A New Technique for Remote Sensing Image Classification Based on Combinatorial Algorithm of SVM and KNN [J]. International Journal of Pattern Recognition and Artificial Intelligence, 2018, 32(7): 1859012.

[34] 贾银江，姜涛，苏中滨，等. 基于改进 SVM 算法的典型作物分类方法研究 [J]. 东北农业大学学报，2020，51(7): 77-85.

[35] 王艳梅，李金雨，冯海霞. 改进支持向量机的遥感影像道路提取技术研究 [J]. 浙江水利水电学院学报，2021，33(3): 74-86.

[36] YANG C, WU G, DING K, et al. Improving Land Use/Land Cover Classification by Integrating Pixel Unmixing and Decision Tree Methods [J]. Remote Sensing, 2017, 9 (12): 1222.

[37] 王嘉宁，苏翀. 基于决策树的路面破损图像快速识别仿真 [J]. 计算机仿真，2019，36(2): 427-438.

[38] GHATKAR J G, SINGH R K, SHANMUGAM P. Classification of algal bloom species from remote sensing data using an extreme gradient boosted decision tree model [J]. International Journal of Remote Sensing, 2019, 40(24): 9412-9438.

[39] 白莹，胡淑萍. 基于 CART 决策树的自然保护区植被类型分布研究 [J]. 北京林业大学学报，2020(6): 113-122.

[40] ZHANG X M, HE G J, ZHANG Z M, et al. Spectral-spatial multi-feature classification of remote sensing big data based on a random forest classifier for land cover mapping [J].

Cluster Computing, 2017, 20(3): 2311-2321.
[41] ZAFARI A, ZURITA-MILLA R, IZQUIERDO-VERDIGUIER E. Evaluating the Performance of a Random Forest Kernel for Land Cover Classification[J]. Remote Sensing, 2019, 11(12): 1489.
[42] 常翔宇，柯长青．基于随机森林算法的城市不透水面信息提取——以长春市为例[J]. 测绘通报，2020，20(1)：13-18.
[43] 王雪娜．基于SPOT6卫星影像和随机森林模型的土地利用精细分类研究[J]. 科技创新与应用，2021，11(17)：19-21.
[44] 唐晓晴，刘亚洲，陈骏龙．基于稀疏表示的遥感图像分类方法改进[J]. 计算机工程，2016，42(3)：254-258.
[45] TONG F, TONG H, JIANG J, et al. Multiscale Union Regions Adaptive Sparse Representation for Hyperspectral Image Classification [J]. Remote Sensing, 2017, 9(9): 872.
[46] 任会峰，朱洪前，唐玥，等．基于多级特征稀疏表示的遥感图像分类[J]. 重庆理工大学学报(自然科学版)，2021，35(7)：131-138.
[47] HINTON G E, OSINDERO S, TEH Y-W. A Fast Learning Algorithm for Deep Belief Nets [J]. Neural Computation, 2006, 18(7): 1527-1554.
[48] HINTON G E, SALAKHUTDINOV R R. Reducing the Dimensionality of Data with Neural Networks [J]. Science, 2006, 313(5786): 504-507.
[49] KRIZHEVSKY A, SUTSKEVER I, HINTON G E. ImageNet classification with deep convolutional neural networks [J]. Communications of the ACM, 2017, 60(6): 84-90.
[50] LECUN Y, BOTTOU L, BENGIO Y, et al. Gradient-based learning applied to document recognition [J]. Proceedings of the IEEE, 1998, 86(11): 2278-2324.
[51] 杨瑾文，赖文奎．深度学习算法在遥感影像分类识别中的应用现状及其发展趋势[J]. 测绘与空间地理信息，2020，43(4)：114-120.
[52] 付伟锋，邹维宝．深度学习在遥感影像分类中的研究进展[J]. 计算机应用研究，2018，35(12)：3521-3525.
[53] LI Y, ZHANG H, XUE X, et al. Deep learning for remote sensing image classification: A survey [J]. WIREs Data Mining and Knowledge Discovery, 2018, 8(6).
[54] MNIH V, HINTON G E. Learning to Detect Roads in High-Resolution Aerial Images [Z]. Computer Vision-ECCV 2010. Springer Berlin Heidelberg. 2010: 210-223. 10.1007/978-3-642-15567-3_16.
[55] LI J, XI B, LI Y, et al. Hyperspectral Classification Based on Texture Feature Enhancement and Deep Belief Networks [J]. Remote Sensing, 2018, 10(3): 396.
[56] LI C, WANG Y, ZHANG X, et al. Deep Belief Network for Spectral-Spatial Classification of Hyperspectral Remote Sensor Data [J]. Sensors (Basel), 2019, 19(1): 204.
[57] CHEN C, MA Y, REN G. Hyperspectral Classification Using Deep Belief Networks Based

on Conjugate Gradient Update and Pixel-Centric Spectral Block Features [J]. IEEE Journal of Selected Topics in Applied Earth Observations and Remote Sensing, 2020, 13: 4060-4069.

[58] CHEN G, ZHANG Y, CAI Z, et al. The building recognition and analysis of remote sensing image based on depth belief network [J]. Cognitive Systems Research, 2021, 68: 53-61.

[59] LIANG P, SHI W, ZHANG X. Remote Sensing Image Classification Based on Stacked Denoising Autoencoder [J]. Remote Sensing, 2017, 10(2): 16.

[60] WANG C, ZHANG L, WEI W, et al. When Low Rank Representation Based Hyperspectral Imagery Classification Meets Segmented Stacked Denoising Auto-Encoder Based Spatial-Spectral Feature [J]. Remote Sensing, 2018, 10(2): 284.

[61] PAUL S, NAGESH KUMAR D. Spectral-spatial classification of hyperspectral data with mutual information based segmented stacked autoencoder approach [J]. ISPRS Journal of Photogrammetry and Remote Sensing, 2018, 138: 265-280.

[62] MI X, CAO W, YANG J, et al. Urban built-up areas extraction by the multiscale stacked denoising autoencoder technique [J]. Journal of Applied Remote Sensing, 2020, 14(3): 1.

[63] MAHDIANPARI M, SALEHI B, REZAEE M, et al. Very Deep Convolutional Neural Networks for Complex Land Cover Mapping Using Multispectral Remote Sensing Imagery [J]. Remote Sensing, 2018, 10(7): 1119.

[64] JI S, ZHANG C, XU A, et al. 3D Convolutional Neural Networks for Crop Classification with Multi-Temporal Remote Sensing Images [J]. Remote Sensing, 2018, 10(2): 75.

[65] HUANG H, XU K. Combing Triple-Part Features of Convolutional Neural Networks for Scene Classification in Remote Sensing [J]. Remote Sensing, 2019, 11(14): 1687.

[66] ZHANG L, WU J, FAN Y, et al. An Efficient Building Extraction Method from High Spatial Resolution Remote Sensing Images Based on Improved Mask R-CNN [J]. Sensors (Basel), 2020, 20(5): 1465.

[67] MA H, LIU Y, REN Y, et al. Improved CNN Classification Method for Groups of Buildings Damaged by Earthquake, Based on High Resolution Remote Sensing Images [J]. Remote Sensing, 2020, 12(2): 260.

[68] ZHANG J, LU C, WANG J, et al. Training Convolutional Neural Networks withMulti-Size Images and Triplet Loss for RemoteSensing Scene Classification [J]. Sensors (Basel), 2020, 20(4): 1188.

[69] WANG J, ZHENG Y, WANG M, et al. Object-Scale Adaptive Convolutional Neural Networks for High-Spatial Resolution Remote Sensing Image Classification [J]. IEEE Journal of Selected Topics in Applied Earth Observations and Remote Sensing, 2021, 14: 283-299.

下篇　数据处理应用实践

第 7 章　数据预处理

第 7 章至 12 章将针对遥感技术应用的实践流程进行介绍，以典型遥感技术农业应用案例为线索。其中第 7 章为数据预处理，主要包括正射校正、建立空间参考、影像裁剪、完善元数据、辐射校正和大气校正等环节。

此案例数据预处理包括 GF1 和 GF6 两种数据，数据的格式为 WFV 格式。处理数据用到的软件平台是 ESRI 公司的 ENVI5.3 及以上版本，同时用到了关于国产卫星元数据加载的支持插件。通过扩展工具可以自动识别定标参数、太阳辐射度，获取 RPC 参数等。

关于 ENVI 软件生成文件的说明：ENVI 处理后的所有影像均为 ENVI 格式的数据，后缀为(.dat)或者不带后缀的二进制文件，如图 7.1 所示。其中 .enp 为生成的金字塔文件，便于影像的快速读取；.hdr 为影像头文件，记录影像坐标系和其他元数据等信息。

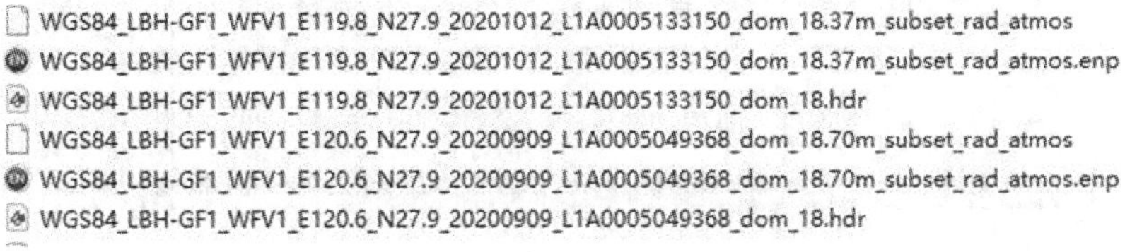

WGS84_LBH-GF1_WFV1_E119.8_N27.9_20201012_L1A0005133150_dom_18.37m_subset_rad_atmos
WGS84_LBH-GF1_WFV1_E119.8_N27.9_20201012_L1A0005133150_dom_18.37m_subset_rad_atmos.enp
WGS84_LBH-GF1_WFV1_E119.8_N27.9_20201012_L1A0005133150_dom_18.hdr
WGS84_LBH-GF1_WFV1_E120.6_N27.9_20200909_L1A0005049368_dom_18.70m_subset_rad_atmos
WGS84_LBH-GF1_WFV1_E120.6_N27.9_20200909_L1A0005049368_dom_18.70m_subset_rad_atmos.enp
WGS84_LBH-GF1_WFV1_E120.6_N27.9_20200909_L1A0005049368_dom_18.hdr

图 7.1　ENVI 软件处理的数据格式

7.1　正射校正

(1)将原始影像解压，在 ENVI5.3 中利用中国国产卫星支持工具打开 GF-1/GF-6 影像的 XML 文件，如图 7.2 所示；

(2)在菜单栏右边 toolbox 中搜索 rpc，选择 RPC orthorectification workflow，双击打开，如图 7.3 所示；

(3)选择 DEM file 后的 browse，点击打开文件图标，如图 7.4 所示；

(4)找到试验区的 30m DEM 文件，打开，并点击“OK”按钮，如图 7.5 所示；

(5)点击“next”按钮，在 RPC orthorectification 界面，选择 advanced，修改输出像素大小为 16m，选择投影坐标为 WGS1984，将重采样方式改为 cubic convolution，如图 7.6 所示；

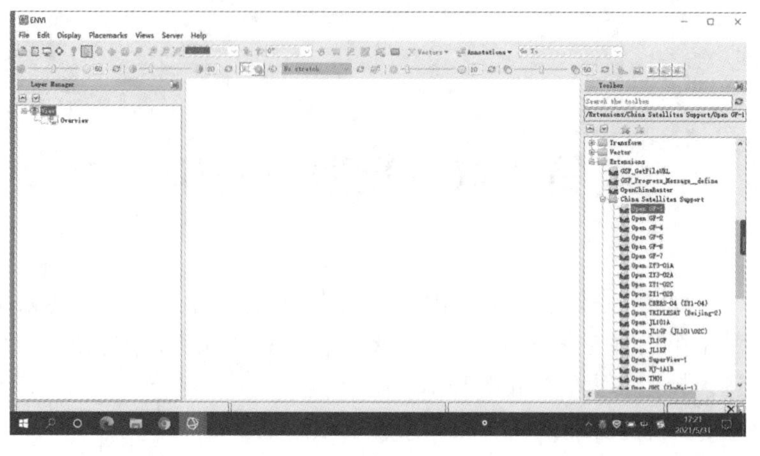

(a)

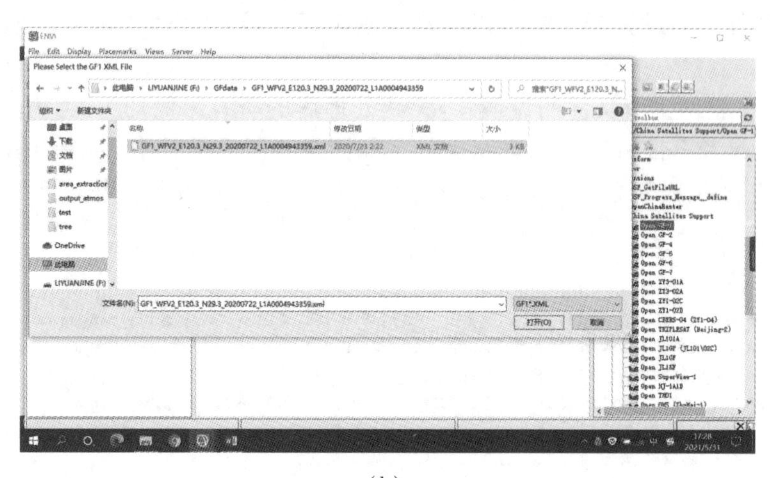

(b)

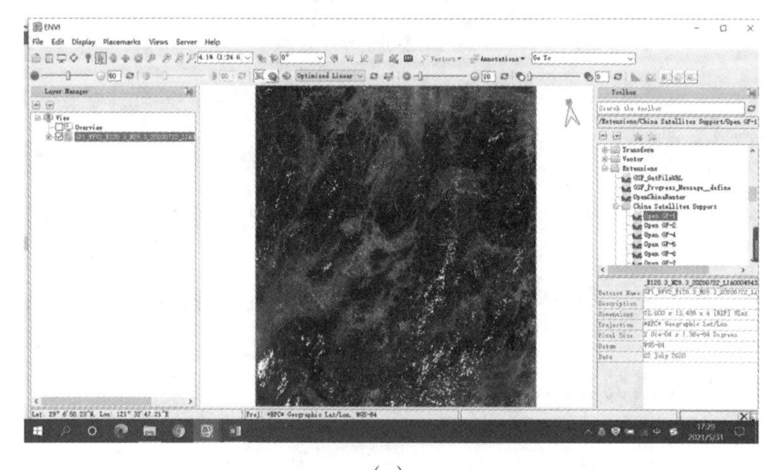

(c)

图7.2　打开GF1/GF6影像

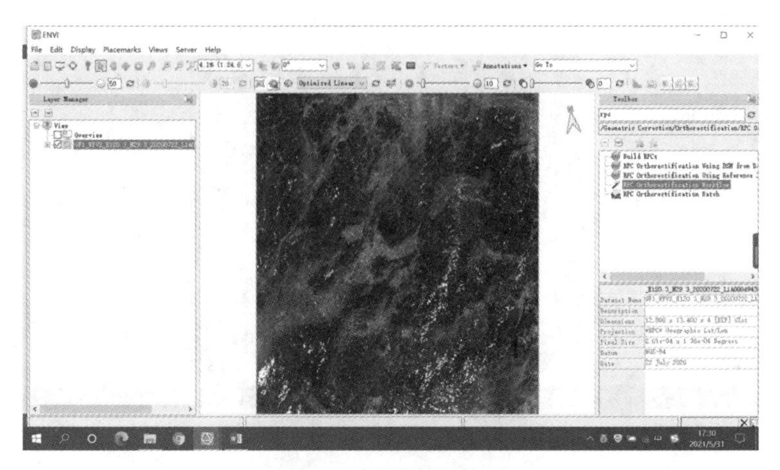

图 7.3 图像正射校正

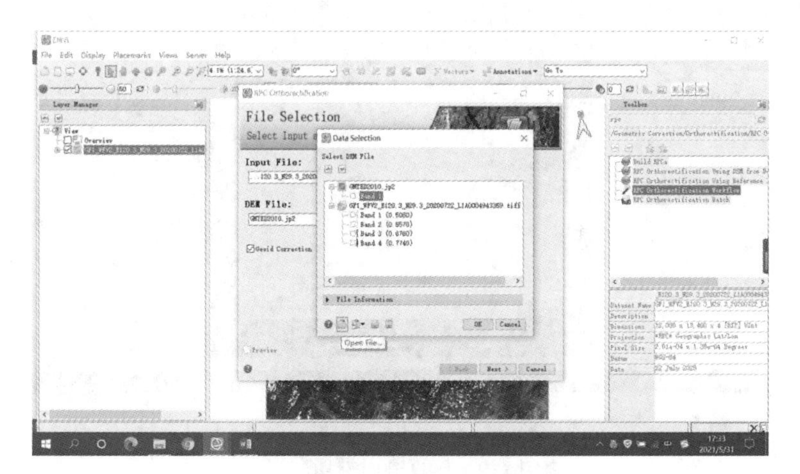

图 7.4 浏览 DEM 文件数据

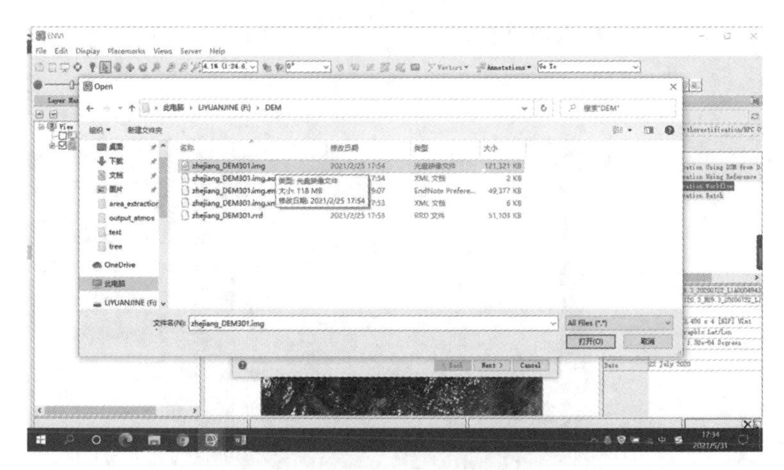

图 7.5 导入 DEM 文件数据

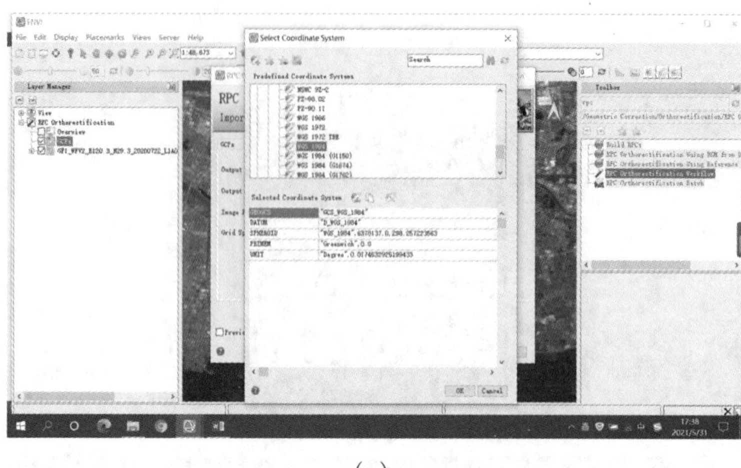

(a)

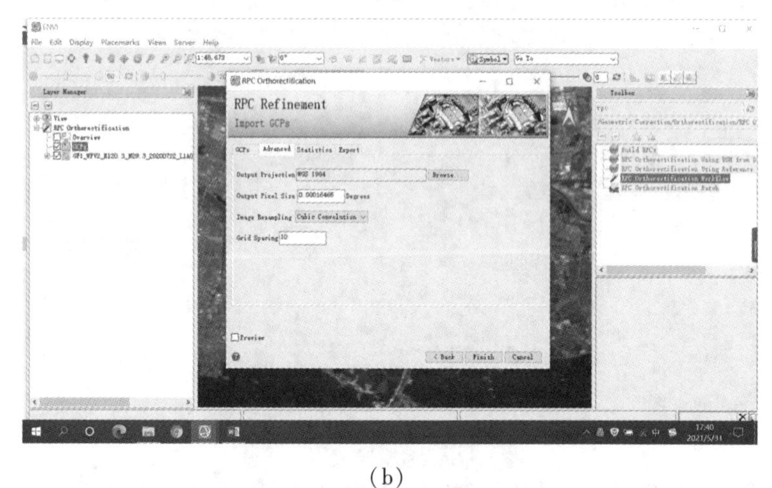

(b)

图 7.6　设置输出数据参数

(6)在 Export 界面，设置输出文件类型和文件名，点击“Finish”，如图 7.7 所示；

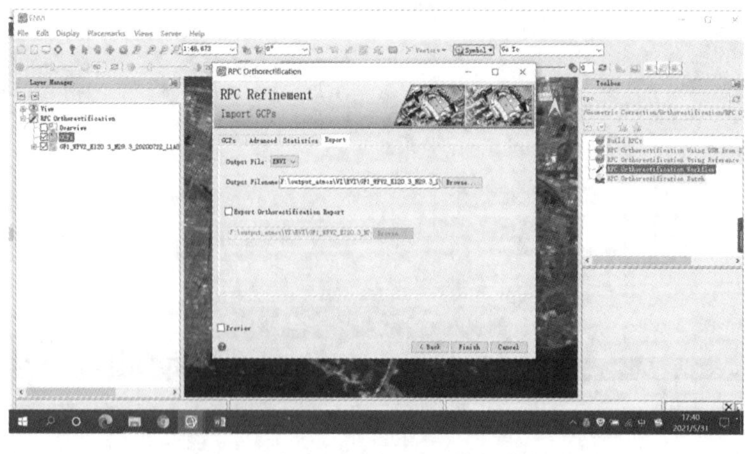

(a)

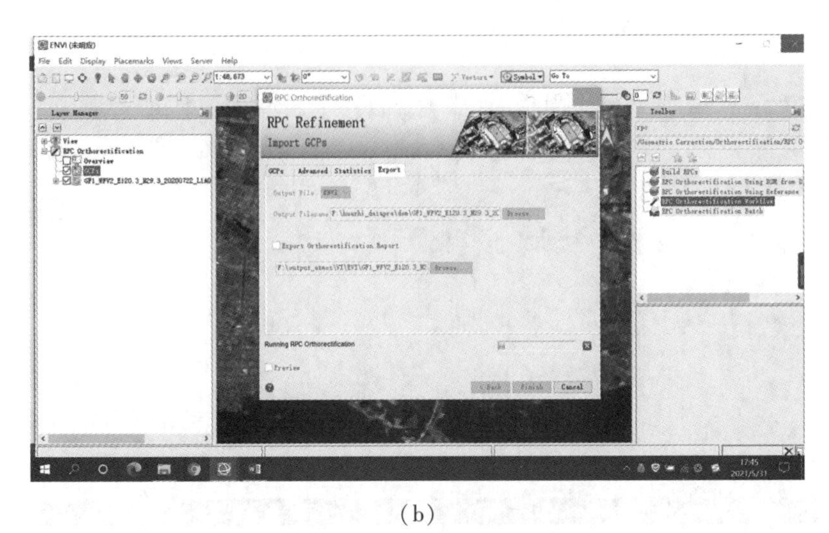

(b)
图 7.7　设置输出文件类型及名称

(7) 如果 DEM 范围小于影像范围，校正后将自动按照 DEM 范围进行裁切，到此正射校正完成，如图 7.8 所示。

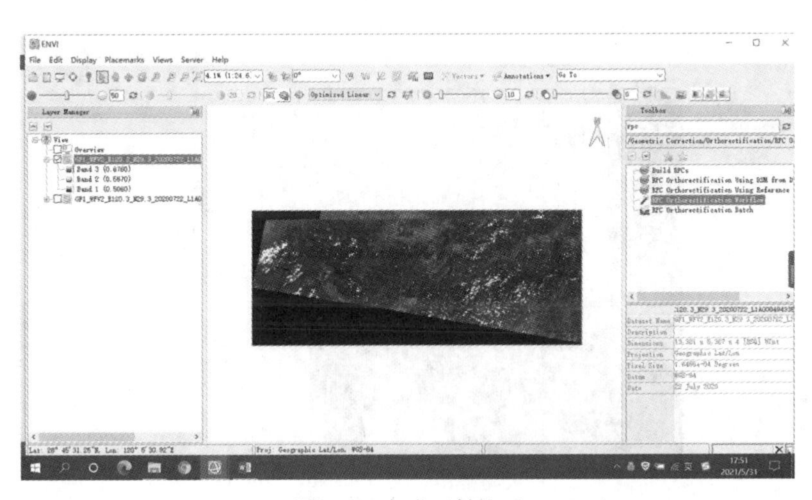

图 7.8　完成正射校正

7.2　建立空间参考

部分软件版本会出现正射校正后原始数据丢失的情况，需要手动添加，可以打开校正后的影像、检查元数据，如图 7.9 所示为未丢失的元数据的影像；双击影像名即可查看 metadata。如果出现元数据丢失的情况，可按照如下步骤进行补充。

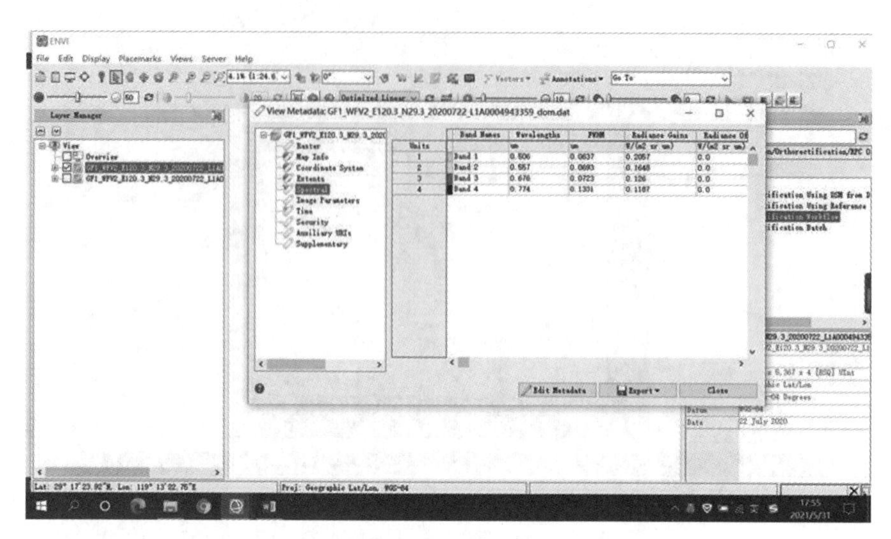

图 7.9　查看 metadata

打开经过正射纠正的影像，双击影像名找到 map info 选项，点击“edit metadata”，如图 7.10 所示；

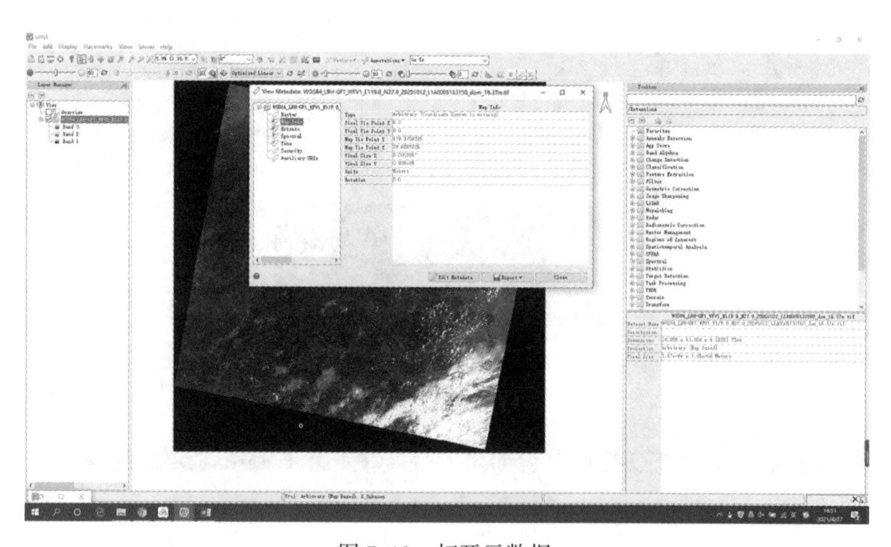

图 7.10　打开元数据

将 map info 中的数据（图 7.11（a））添加到元数据中的红色框内，并在 Coordinate System [...] 中点击…，选择 geographic coordinate systems→world→WGS_1984，点击“OK”按钮即可（图 7.11（b））；

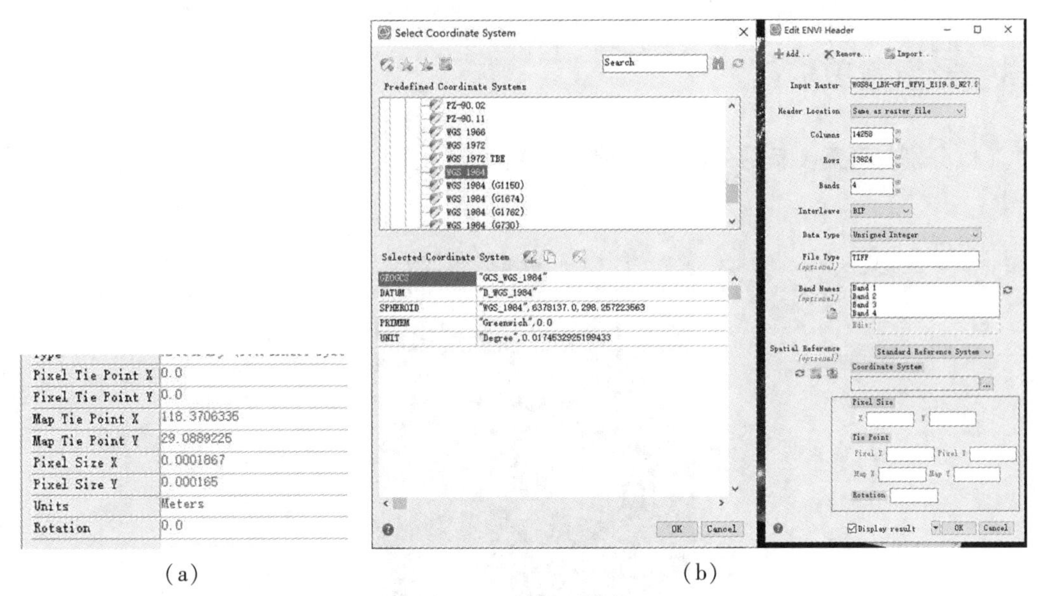

(a)　　　　　　　　　　　　　　(b)

图 7.11　编辑元数据

设置情况如图 7.12 所示，点击“OK”按钮完成空间参考信息录入。

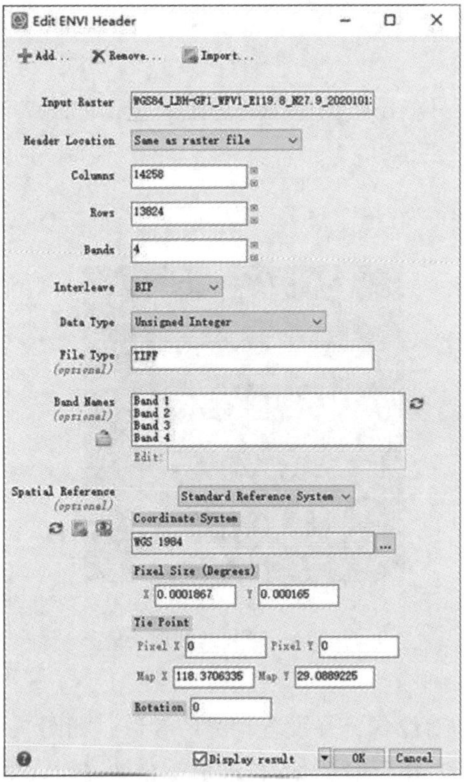

图 7.12　编辑后的元数据

7.3　影像裁剪

(1)分别打开需要裁剪的高分影像和试验区 shp 文件，如图 7.13 所示；

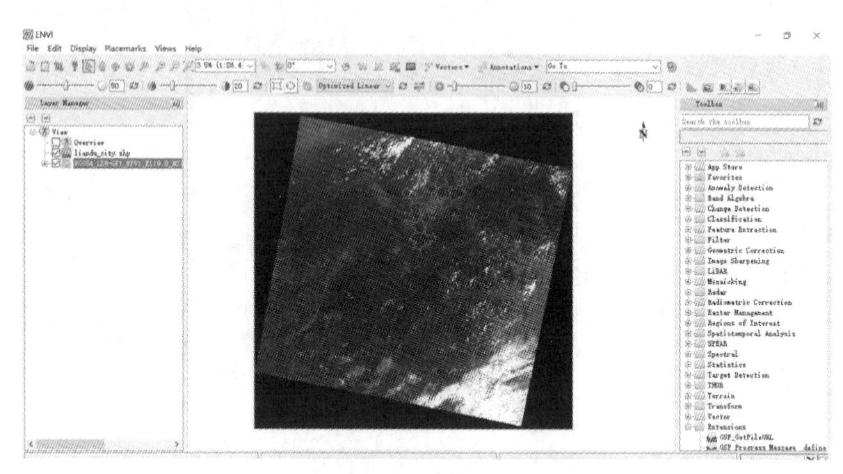

图 7.13　打开 shp 文件

(2)在右侧工具栏中搜索 Subset Data from Shapefile Batch(这是扩展工具，需自行添加)；

(3)打开 ENVI 扩展工具：栅格图像批处理工具包，如图 7.14 所示；

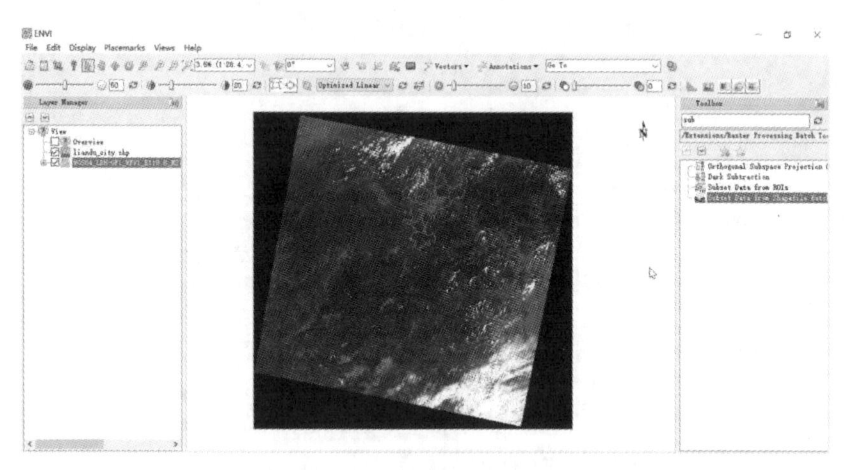

图 7.14　打开批处理工具

(4)选择需要裁剪的所有影像，并设置相关的参数，如图 7.15 所示；

(5)设置完毕后，点击“OK”按钮，等待影像批裁剪完成，如图 7.16 所示。

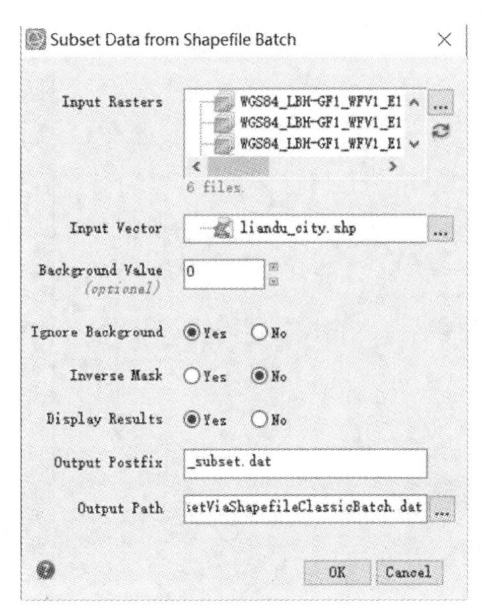

图 7.15　设置输出参数

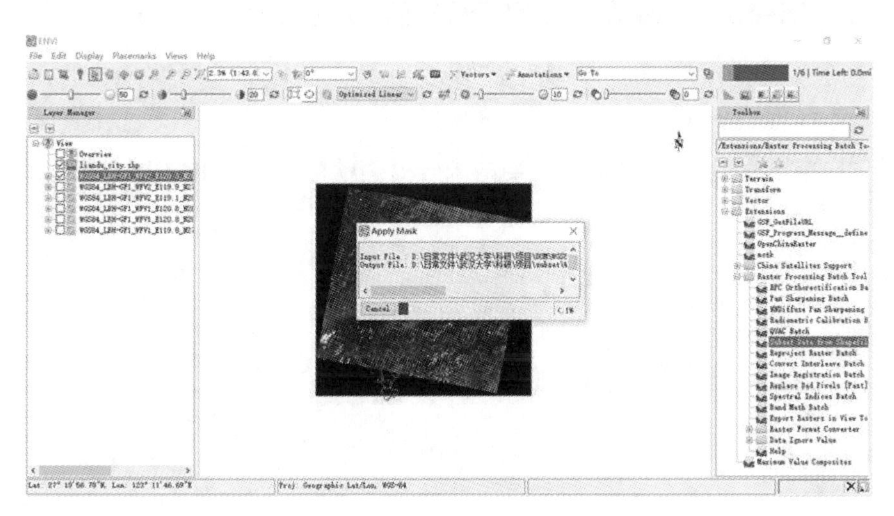

图 7.16　完成影像裁剪

7.4　完善元数据

(1)加载经过正射校正的 tif 影像，并通过中国国产卫星支持工具中的 GF-1 加载未经任何处理的同一时期的 .xml 文件；

(2)双击经过正射校正的影像名进入属性栏，点击“edit Metedata”编辑元数据，如图 7.17 所示；

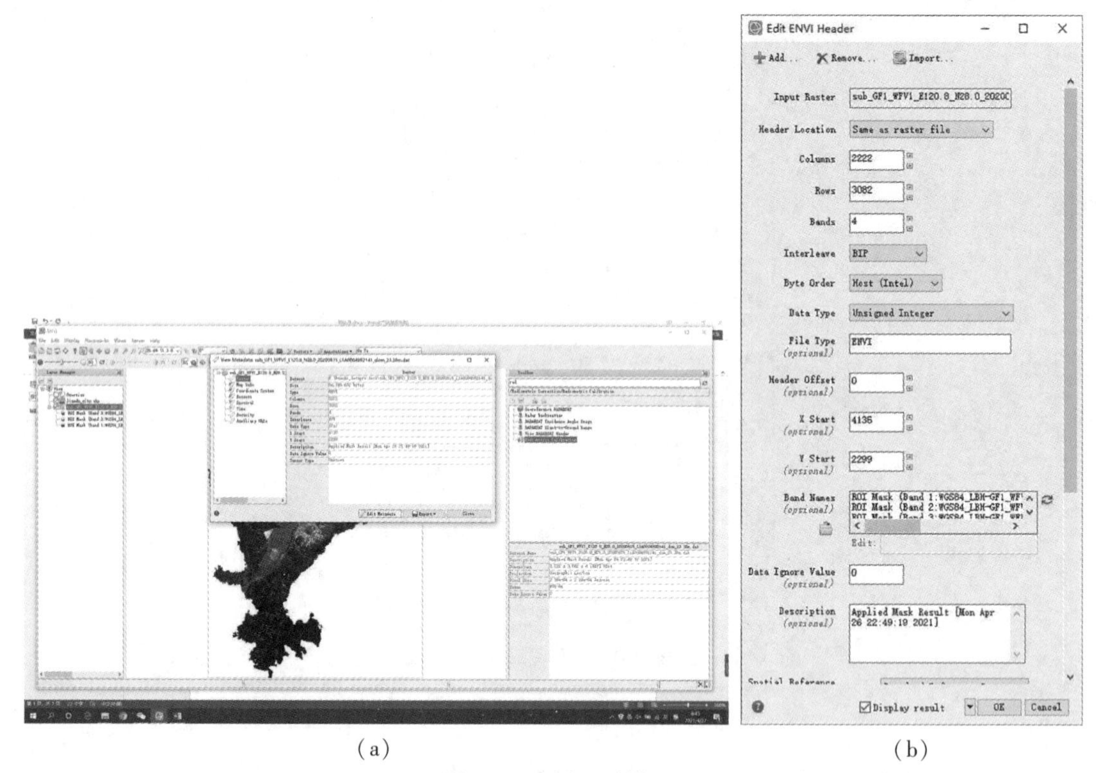

(a)　　　　　　　　　　　　　　　(b)

图 7.17　编辑元数据

(3)点击 Import... ，选择同一时期的未经处理的影像，点击“OK”按钮获取其元数据，如图 7.18 所示；

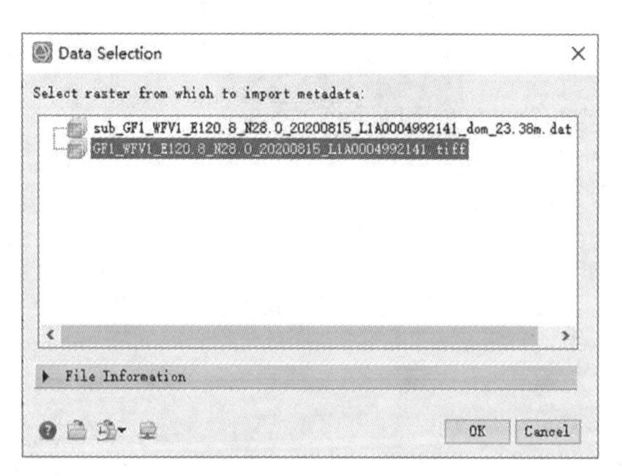

图 7.18　获取元数据

(4)选择图 7.19 所示的 13 个参数，点击“OK”按钮；

(5)得到具有完整元数据的经过正射校正的、并可用于后续辐射校正和大气校正的文件，如图 7.20 所示。

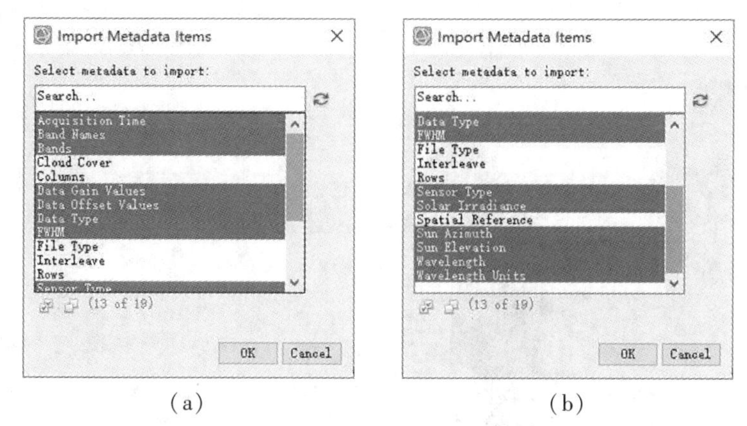

(a) (b)

图 7.19 选择参数

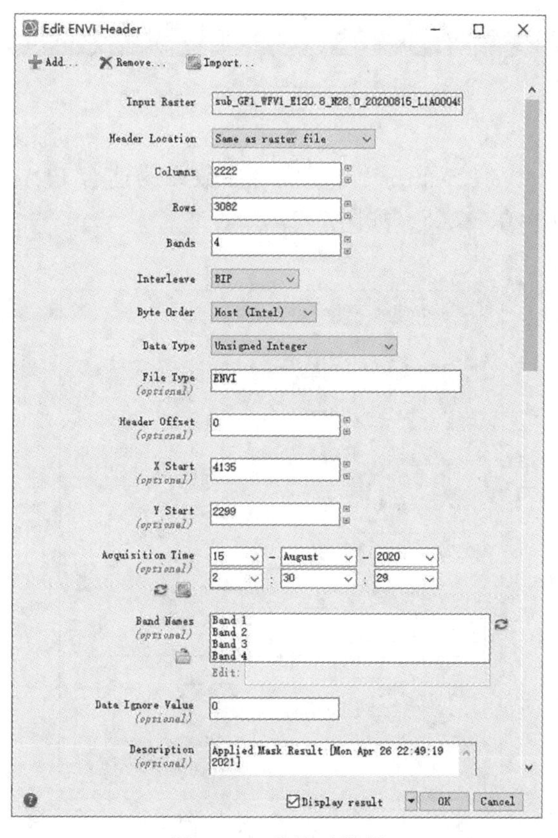

图 7.20 完善元数据

7.5 辐射校正

(1)在 ENVI 工具栏中找到 radiometric calibration，点击选择具有元数据的正射校正影像，如图 7.21 所示；

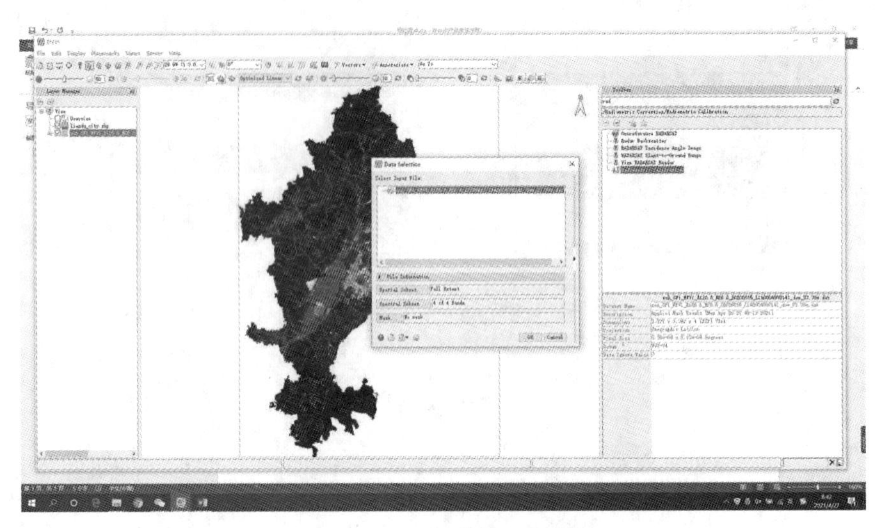

图 7.21　选择待校正影像

(2)点击“Apply FLAASH Settings”，直接将参数设为适合 FLAASH 大气校正的模式，设置输出文件名，点击“OK”按钮，如图 7.22 所示。

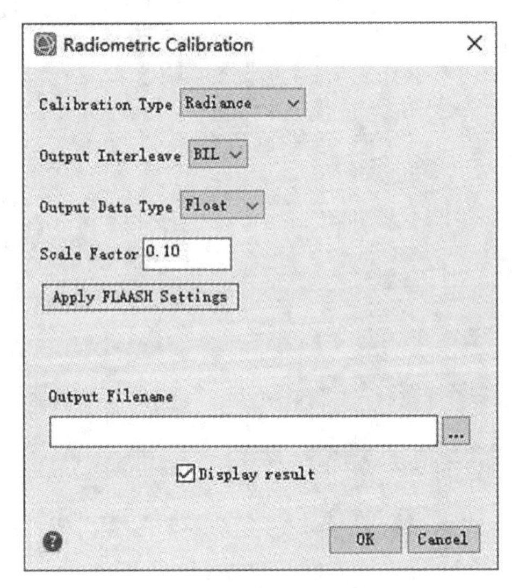

图 7.22　设置大气校正参数

7.6　大气校正

(1)首先利用 Flaash Setting Guide 插件获取影像可用的大气校正参数，包括平均高程(Ground Elevation)、大气模式(Atmospheric Model)、气溶胶以及水汽的反演参数。首先在“Input Radiance Raster”中输入待处理影像，由于本次实验区域在陆地，所以 Maritime

Raster 选择“No”，如图 7.23 所示；

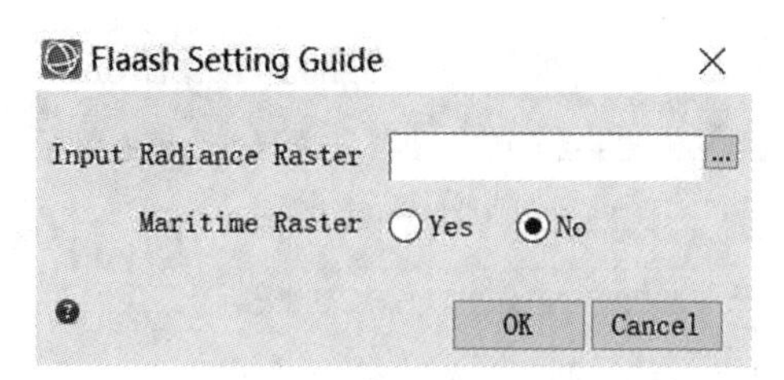

图 7.23　Flaash Setting Guide 参数面板

(2)随即可以得到影像所需的大气校正参数，如图 7.24 所示；

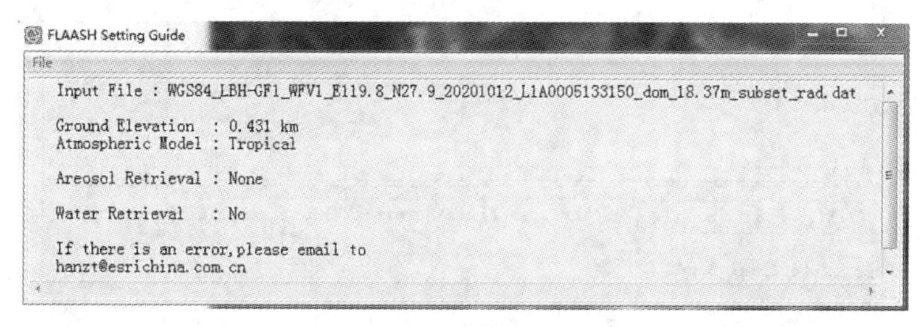

图 7.24　参数获取结果

(3)打开 ENVI 的 Flaash 大气校正模块，输入影像以及输出文件路径，根据 Flaash Setting Guide 得到的几个结果修改相应输入参数，由于本次实验不需要气溶胶反演，所以 Aerosol Retrieval 处选择“None”，如图 7.25 所示；

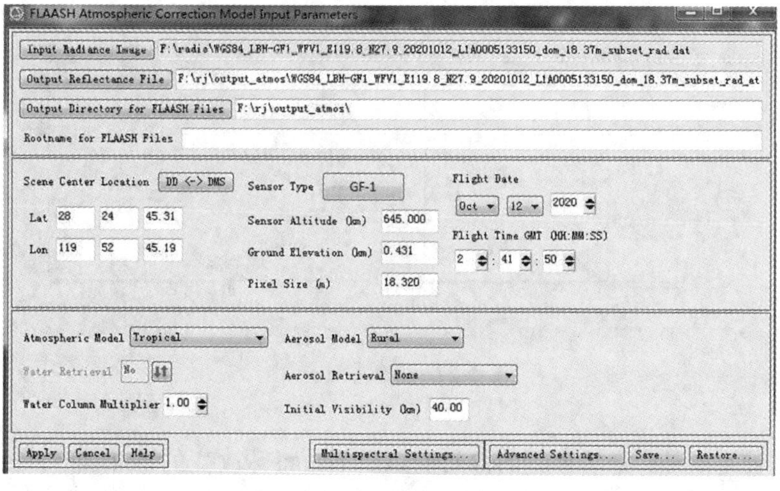

图 7.25　设置校正参数

(4)打开 Multispectral Settings，打开 Filter Function File 检查输入的光谱响应函数是否正确，并输入正确的传感器光谱响应函数，如图 7.26 所示；

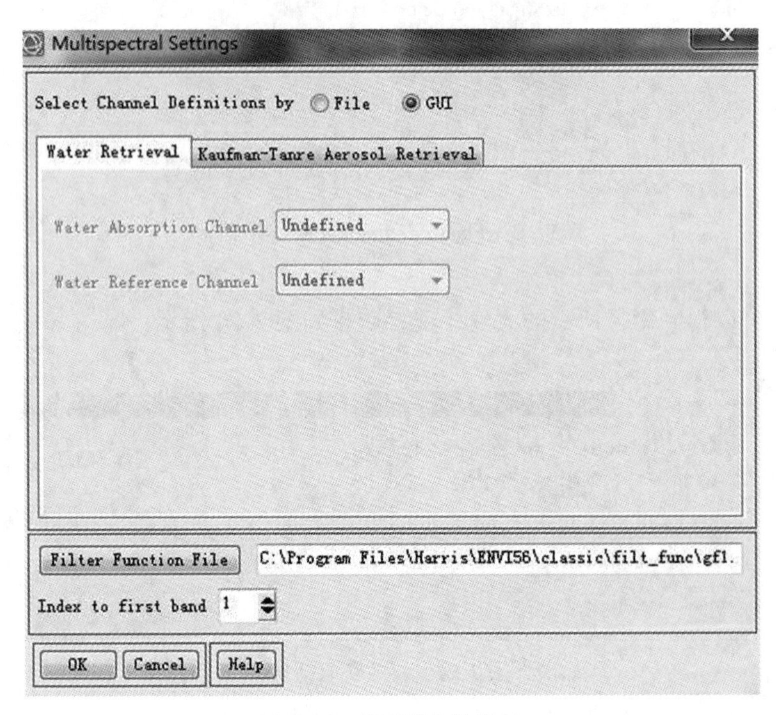

图 7.26 多光谱参数设置

(5)利用 Flaash 大气校正得到地面反射率影像之后，通过观察光谱曲线检查大气校正结果，如图 7.27 所示；

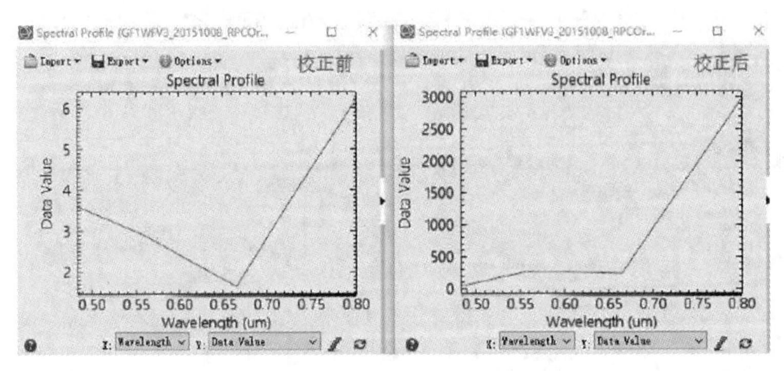

图 7.27 大气校正结果

(6)值得注意的是，最后得到的像元值如果不做特殊改变的话相当于反射率的 10000 倍，对 GF-6 做大气校正，在输入好参数之后，需要首先通过 save 保存，用 txt 打开做如下修改，如图 7.28 所示：

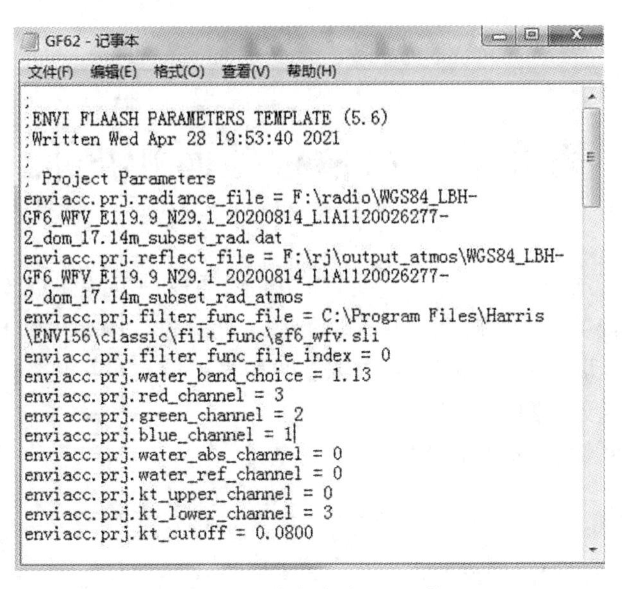
GF62 - 记事本

文件(F) 编辑(E) 格式(O) 查看(V) 帮助(H)

```
;
;ENVI FLAASH PARAMETERS TEMPLATE (5.6)
;Written Wed Apr 28 19:53:40 2021
;
; Project Parameters
enviacc.prj.radiance_file = F:\radio\WGS84_LBH-
GF6_WFV_E119.9_N29.1_20200814_L1A1120026277-
2_dom_17.14m_subset_rad.dat
enviacc.prj.reflect_file = F:\rj\output_atmos\WGS84_LBH-
GF6_WFV_E119.9_N29.1_20200814_L1A1120026277-
2_dom_17.14m_subset_rad_atmos
enviacc.prj.filter_func_file = C:\Program Files\Harris
\ENVI56\classic\filt_func\gf6_wfv.sli
enviacc.prj.filter_func_file_index = 0
enviacc.prj.water_band_choice = 1.13
enviacc.prj.red_channel = 3
enviacc.prj.green_channel = 2
enviacc.prj.blue_channel = 1
enviacc.prj.water_abs_channel = 0
enviacc.prj.water_ref_channel = 0
enviacc.prj.kt_upper_channel = 0
enviacc.prj.kt_lower_channel = 3
enviacc.prj.kt_cutoff = 0.0800
```

图 7.28 参数保存 txt 文件

(7)将红、绿、蓝三通道的值改为 3，2，1，然后重载到 FLAASH 中继续运行才能得到正确的大气校正结果。

第 8 章　水稻种植面积提取

本章在前面数据预处理的基础上，进一步进行水稻种植面积提取。经过数据预处理，我们得到了试验区裁剪后各个时期的反射率影像，处理过程中会用到 band math 工具。案例中水稻种植面积提取的基本思路，是根据多时相植被指数和反射率，用决策树方法进行地物类型判决并生成分类图。

先通过 ENVI 计算各个时期的 EVI 指数：

$$EVI=2.5\times\frac{NIR-R}{NIR+6\times R-7.5\times B+1}$$

式中，NIR、R、B 分别代表影像的近红外、红色和蓝色波段反射率，处理步骤如下：

(1)用 ENVI 打开经过大气校正的影像，在右边工具栏搜索 Band Math，选择并双击打开，如图 8.1 所示；

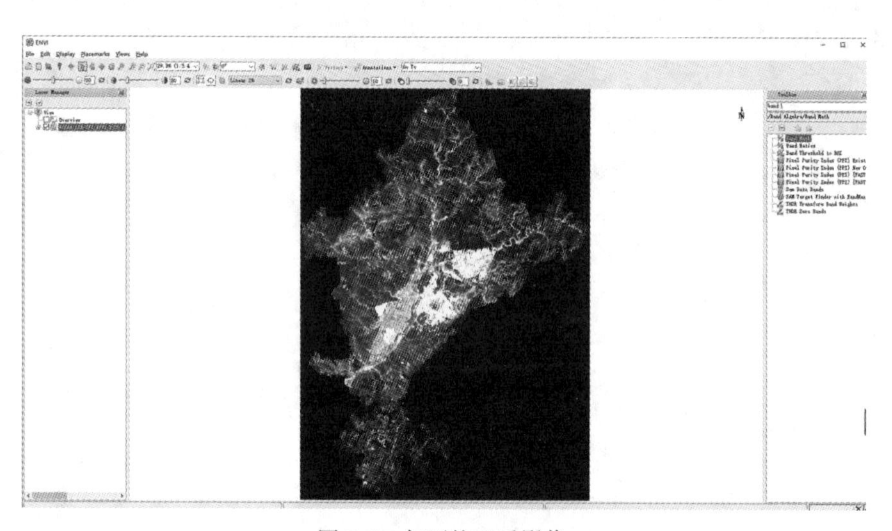

图 8.1　打开校正后影像

(2)在 enter an expression 中输入公式：

2.5 * (float(b1)-float(b2))/10000/(float(b1)/10000+6 * float(b2)/10000-7.5 * float(b3)/10000+1)

式中，b1、b2、b3 分别代表影像的近红外、红色和蓝色波段反射率值(10000 倍)，点击"add to list"，然后再点击"OK"按钮，如图 8.2 所示；

(3)选择 b1、b2、b3 对应的波段，并选择存储位置，点击"OK"按钮即可得到对应的

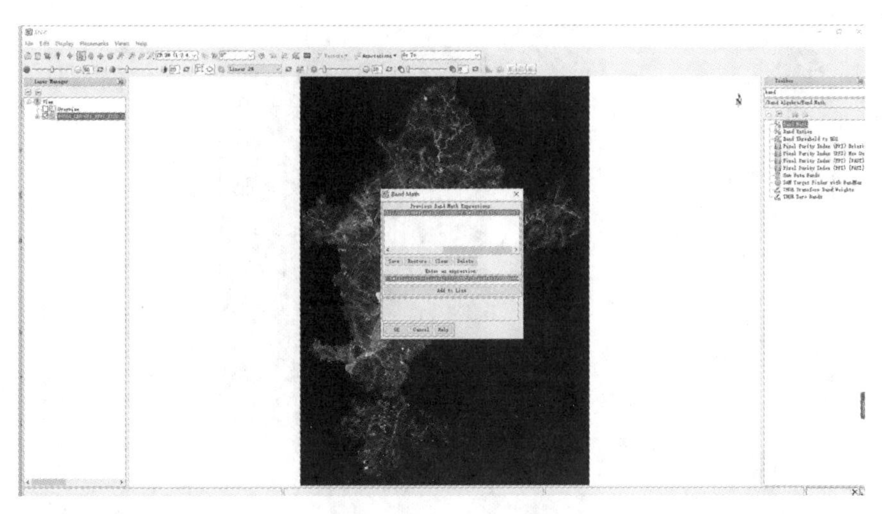

图 8.2　band math 面板

EVI 影像，其他时期影像做同样处理得到所有时期的 EVI 影像，如图 8.3 所示；

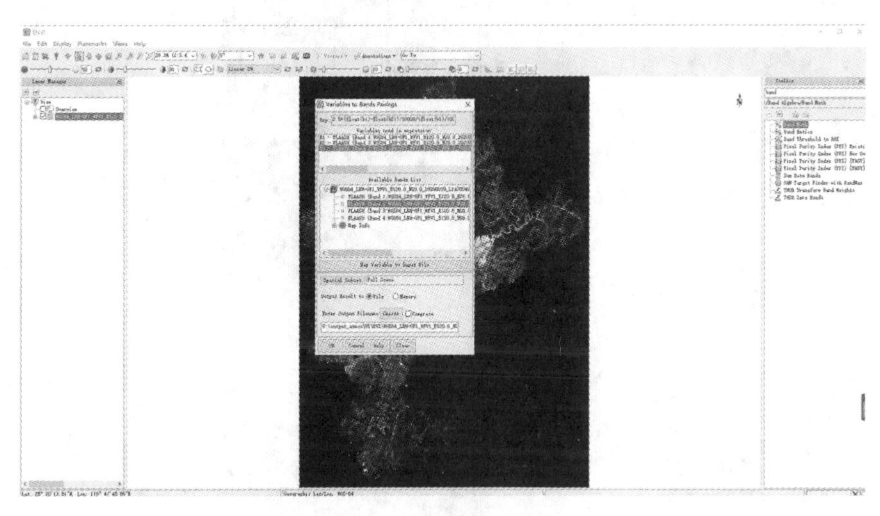

图 8.3　输出 EVI 影像

(4)在 toolbox 中输入 NDVI，点击“NDVI”，如图 8.4 所示；

(5)选择 0815 时期的反射率影像，点击“OK”按钮，然后设置红色和近红外波段，分别为 3 和 4，选择文件路径，点击“OK”按钮即可得到 0815 时期的 NDVI 影像，如图 8.5 所示；

(6)打开 0722、0815、0907、1012、1031 时期的 EVI 影像，并打开 0815 时期的 NDVI 影像和试验区根据 DEM 得到的坡度图，在 toolbox 中搜索 tree，选择“new decision tree”，双击打开，如图 8.6 所示；

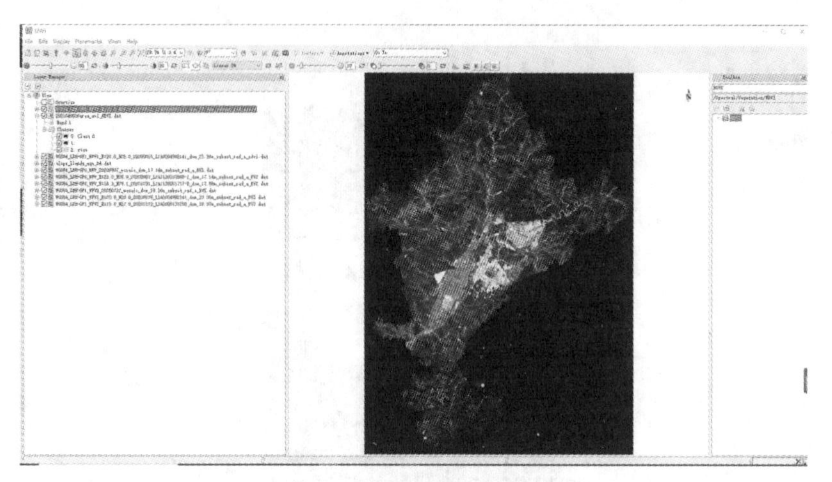

图 8.4　输出 NDVI 影像

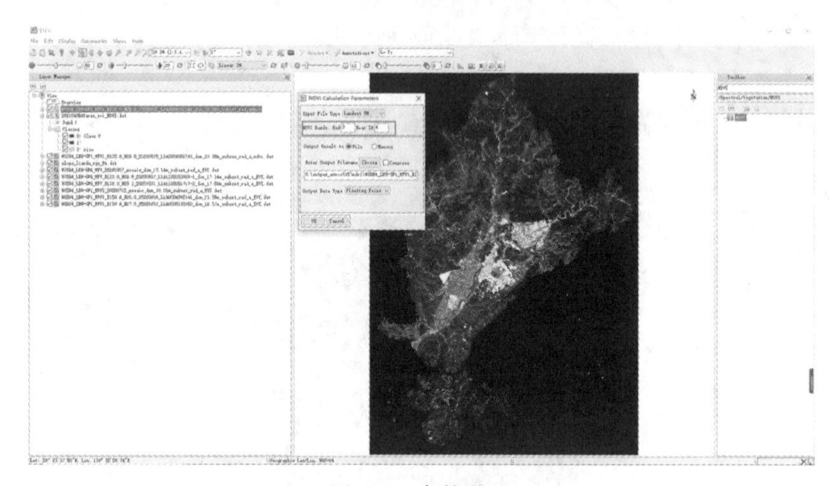

图 8.5　参数设置

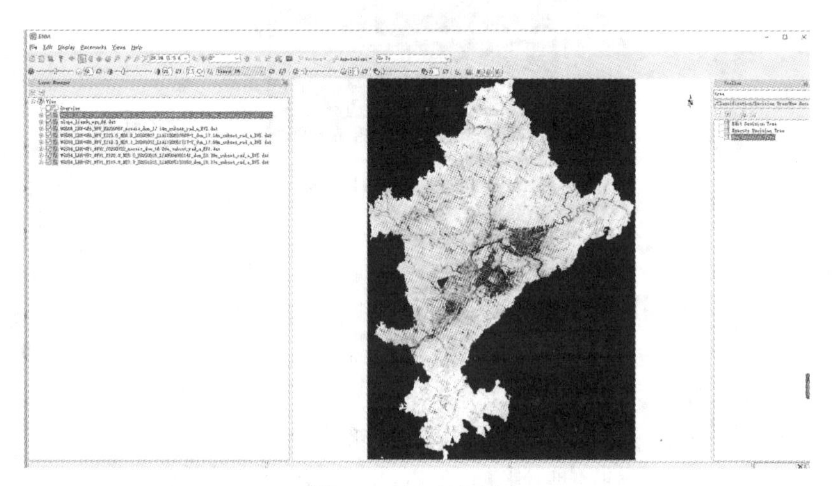

图 8.6　打开坡度图

(7)决策树按照图8.7设置：

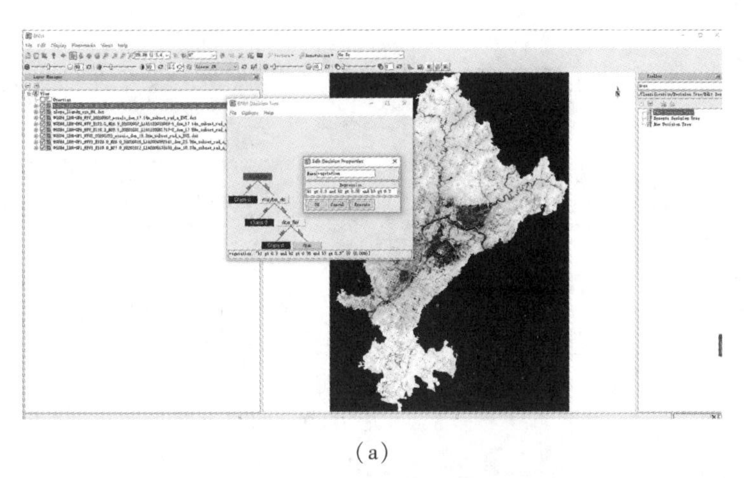

(a)

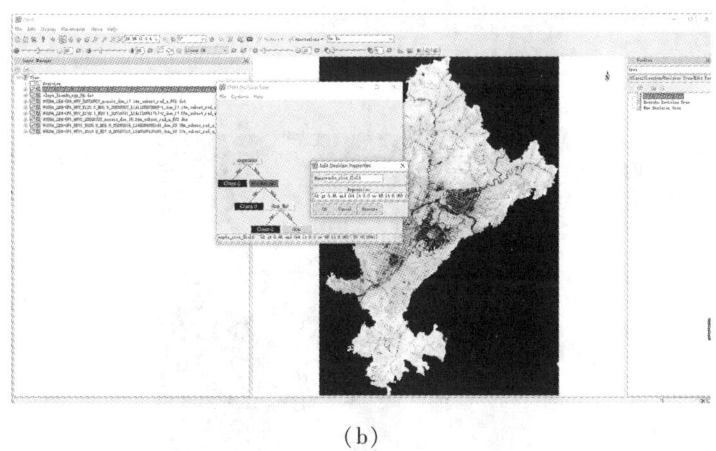

(b)

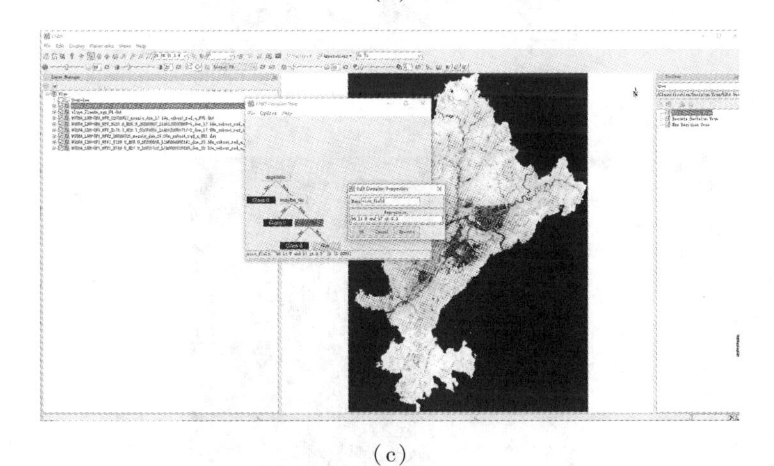

(c)

图8.7　设置决策树

其中对应关系如图8.8所示：

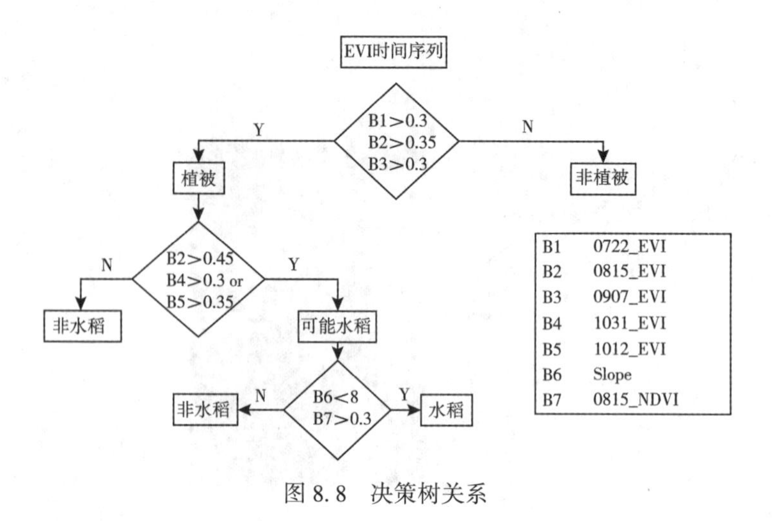

图 8.8　决策树关系

(8)所有对应关系设置完成后，点击 options→Execute，即可得到分类图，如图 8.9 所示。

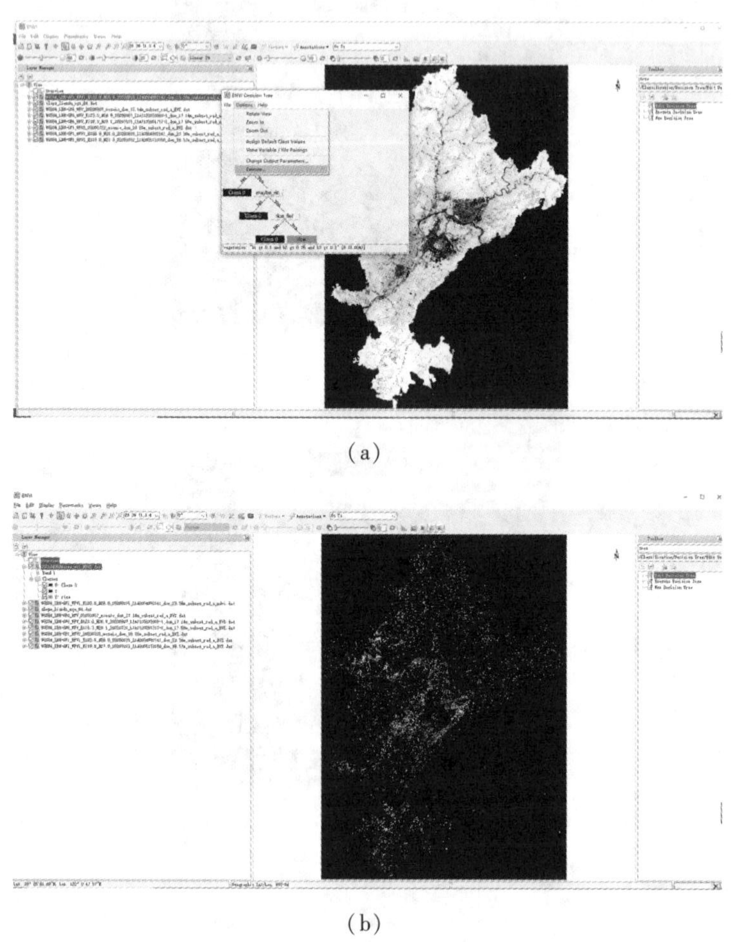

(a)

(b)

图 8.9　决策树分类图

第 9 章　水稻长势监测

水稻长势监测是在遥感影像分类的基础上，进一步针对水稻种植区的典型参数进行提取。主要包括地上生物量、叶面积指数、植被覆盖度和叶绿素等遥感产品的生成。

9.1　地上生物量(AGB)

(1)打开预处理完成后的影像，如图 9.1 所示；

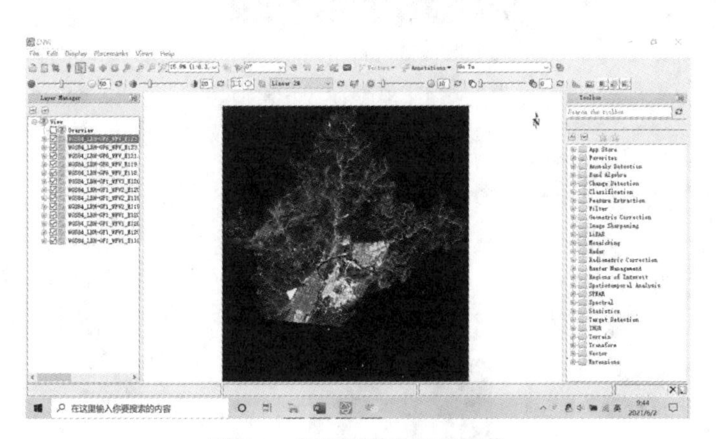

图 9.1　打开预处理后的影像

(2)在右边工具栏中搜索 Band Math Batch 工具，双击打开，如图 9.2 所示；

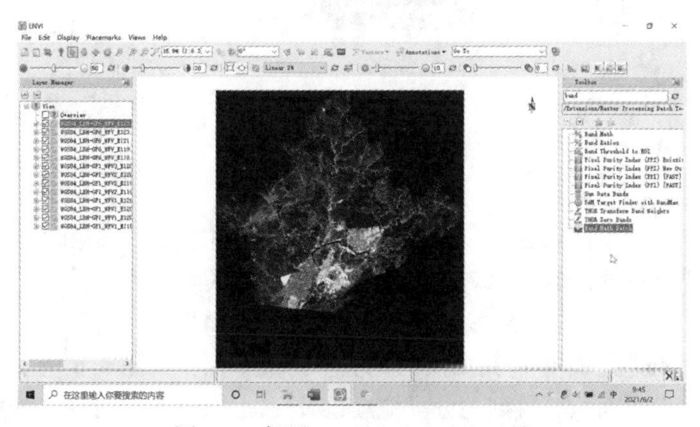

图 9.2　打开 Band Math Batch 工具

(3)选择所有经过预处理后的影像，输入 OSAVI 植被指数计算公式：

$$OSAVI = (b4-b3)/(b4+b3+0.16)$$

并选择合适的存储位置，即可得到 OSAVI 植被指数影像，如图 9.3 所示；

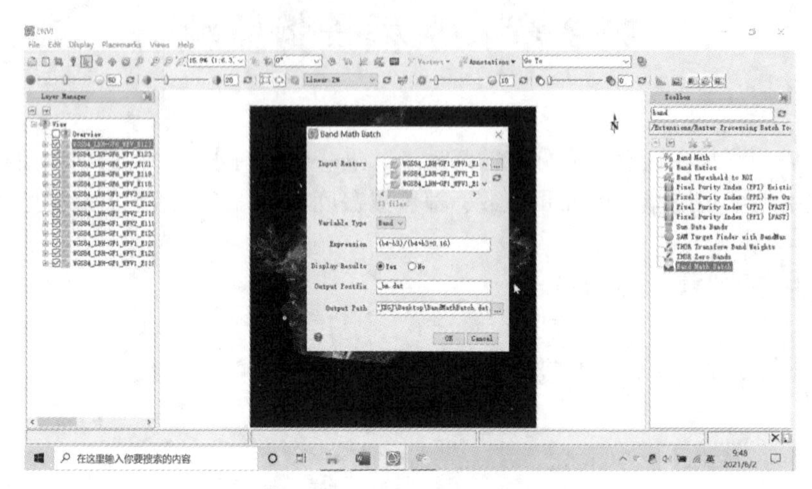

图 9.3　生成 OSAVI 影像

(4)打开 OSAVI 植被指数影像，如图 9.4 所示；

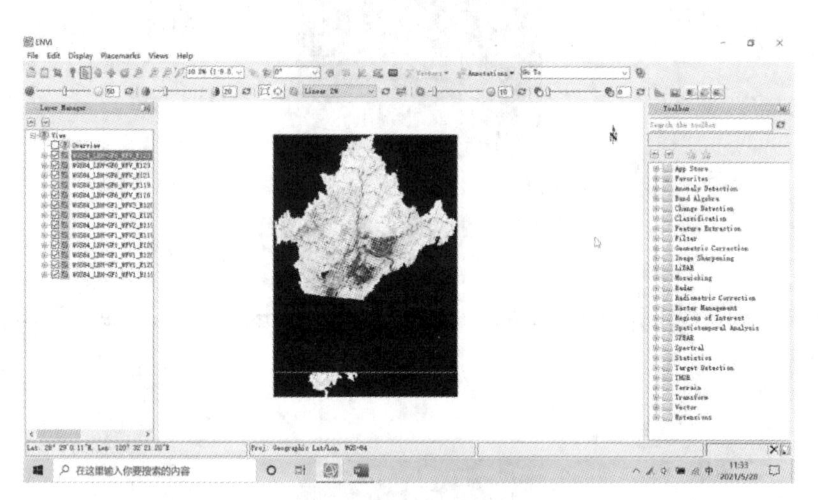

图 9.4　OSAVI 影像

(5)在右边工具栏中搜索 Band Math Batch 工具，双击打开，如图 9.5 所示；

(6)选择需要进行反演的 OSAVI 植被指数影像，输入经验模型：

$$AGB = 26.107 * (b1^{2.8114})$$

并选择合适的存储位置，即可得到反演的地上生物量影像，如图 9.6 所示；

(7)打开提取水稻面积后得到的分类掩膜以及反演出的 AGB 影像，如图 9.7 所示；

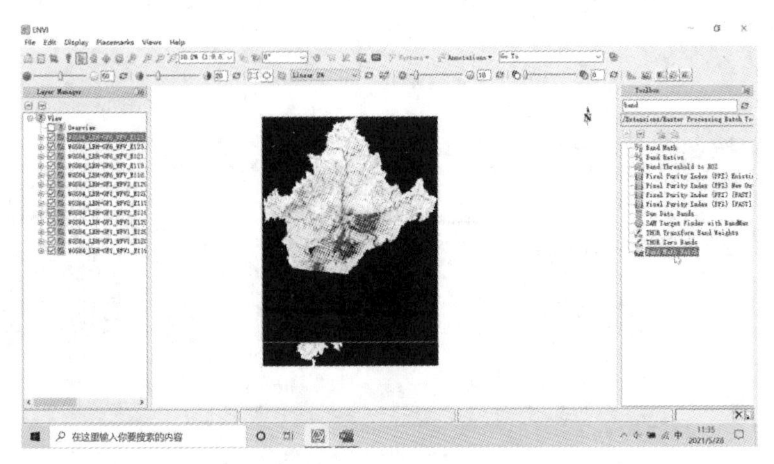

图 9.5 Band Math Batch 工具

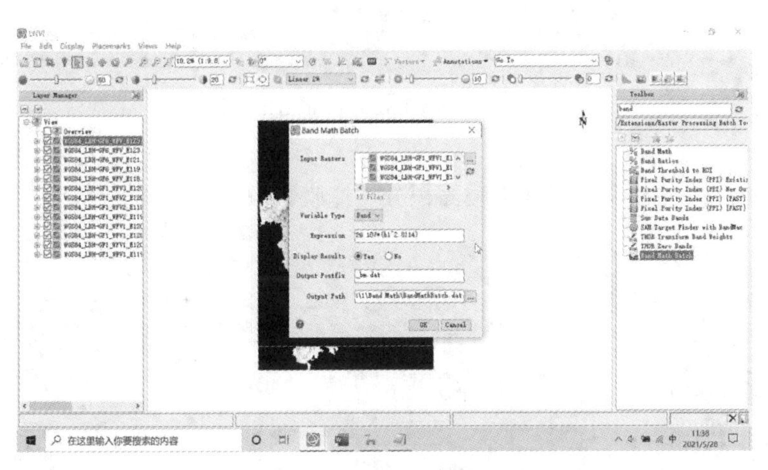

图 9.6 AGB 影像

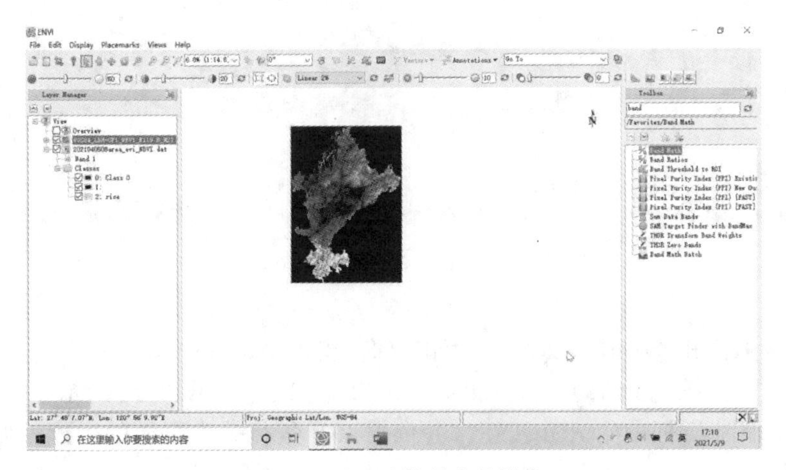

图 9.7 地上生物量产品影像

(8)在右边工具栏中搜索 Band Threshold to ROI 工具，双击打开并选择反演出的 AGB 影像，如图 9.8 所示；

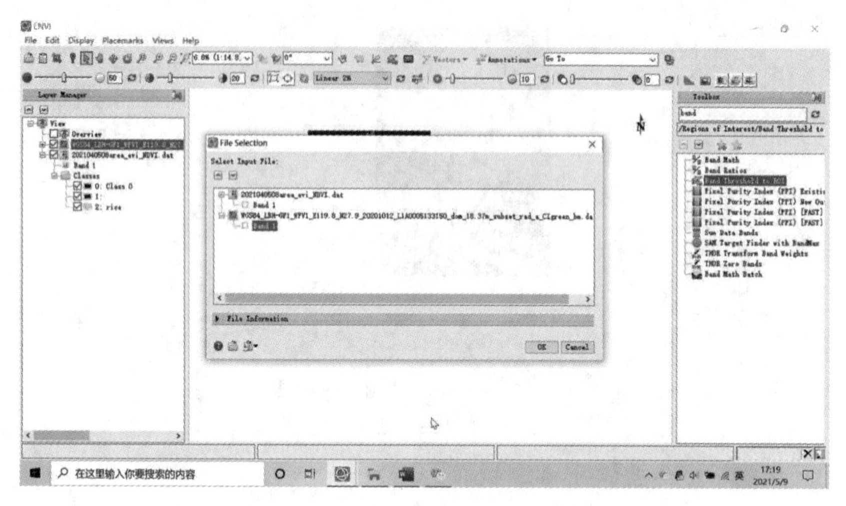

图 9.8　Band Threshold to ROI 工具

(9)点击红色框的按钮，选择水稻面积分类掩膜影像，如图 9.9 所示；

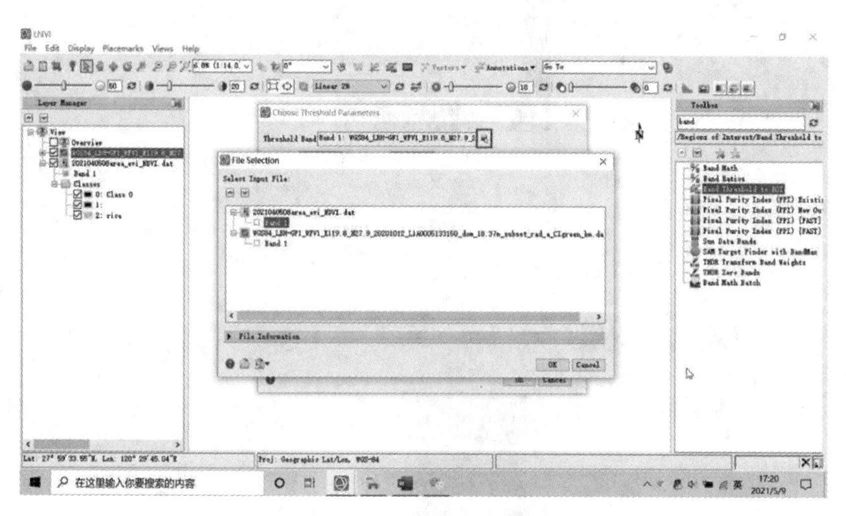

图 9.9　Choose Threshold Parameters 面板

(10)将最大值和最小值都改为 2，点击“OK”按钮，如图 9.10 所示；

(11)此时会生成一个新的 ROI，加载到 AGB 影像上，如图 9.11 所示；

(12)点击图中方框中的 ROI 按钮，并依据 ROI 进行分类影像的生成，如图 9.12 所示；

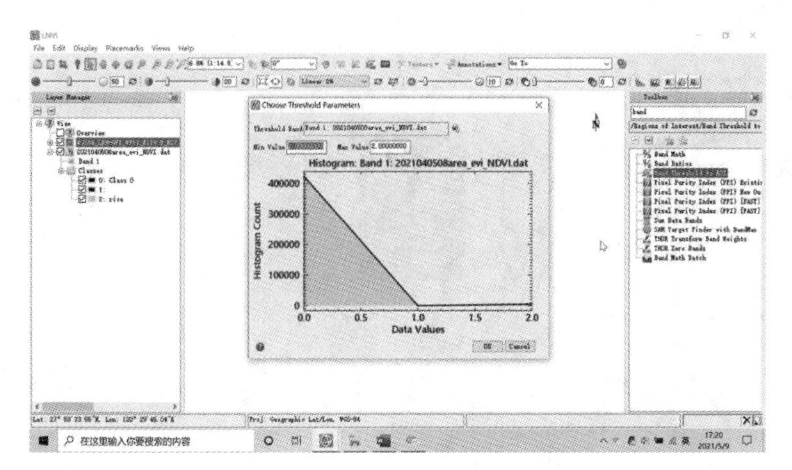

图 9.10　设置阈值

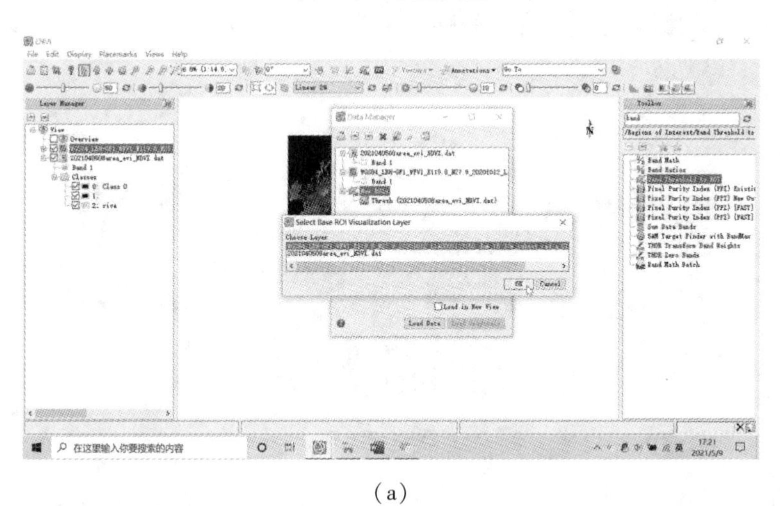

(a)

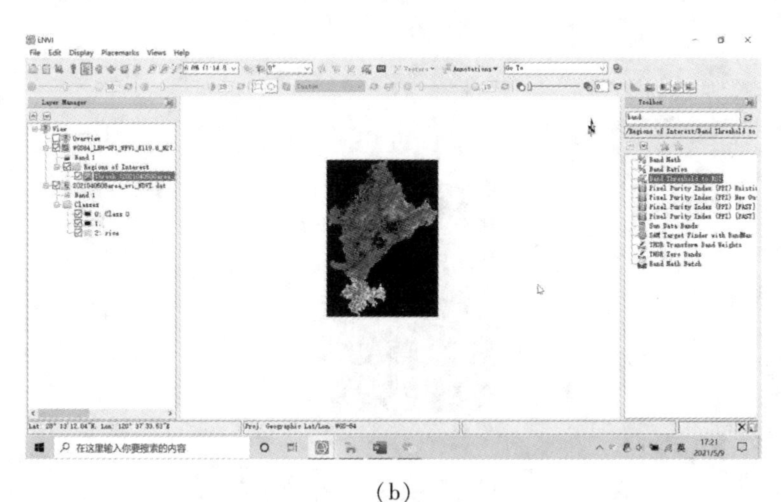

(b)

图 9.11　ROI 显示

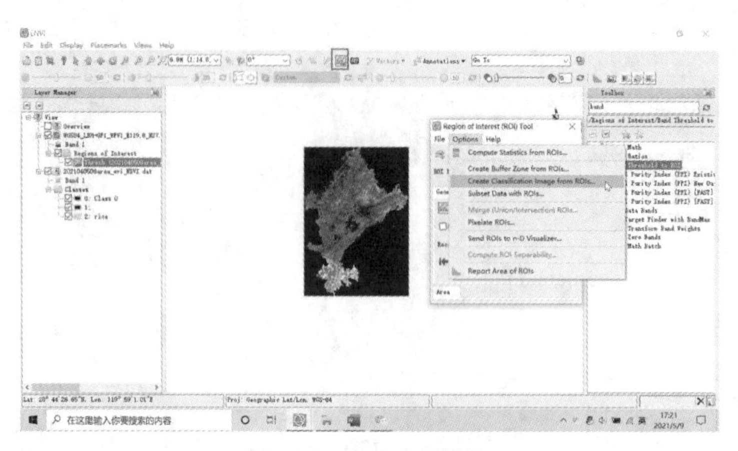

图 9.12　生成分类影像

(13)选择相应的影像并选择合适的存储位置，点击“OK”按钮，试验区水稻二值图生成成功，如图 9.13 所示；

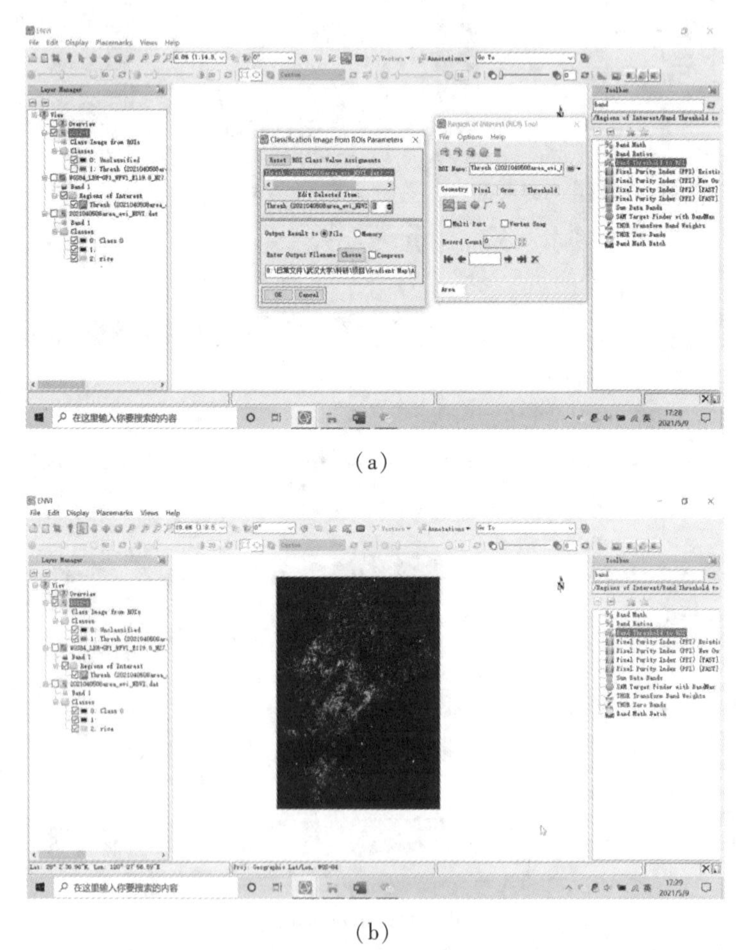

(a)

(b)

图 9.13　水稻二值图影像

(14)在右边的工具栏中搜寻 Band Math 工具，并输入公式 b1 * b2，如图 9.14 所示；

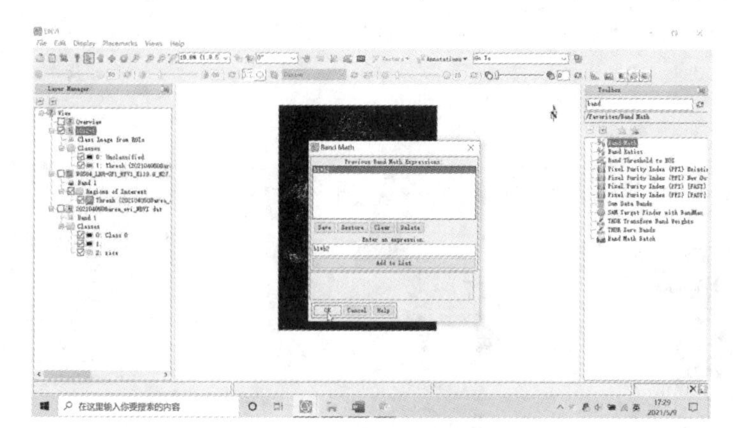

图 9.14　Band Math 面板

(15)选择刚生成的二值图以及前面反演出的 AGB 影像，选择合适的存储位置，即可得到试验区水稻 AGB 影像，如图 9.15 所示；

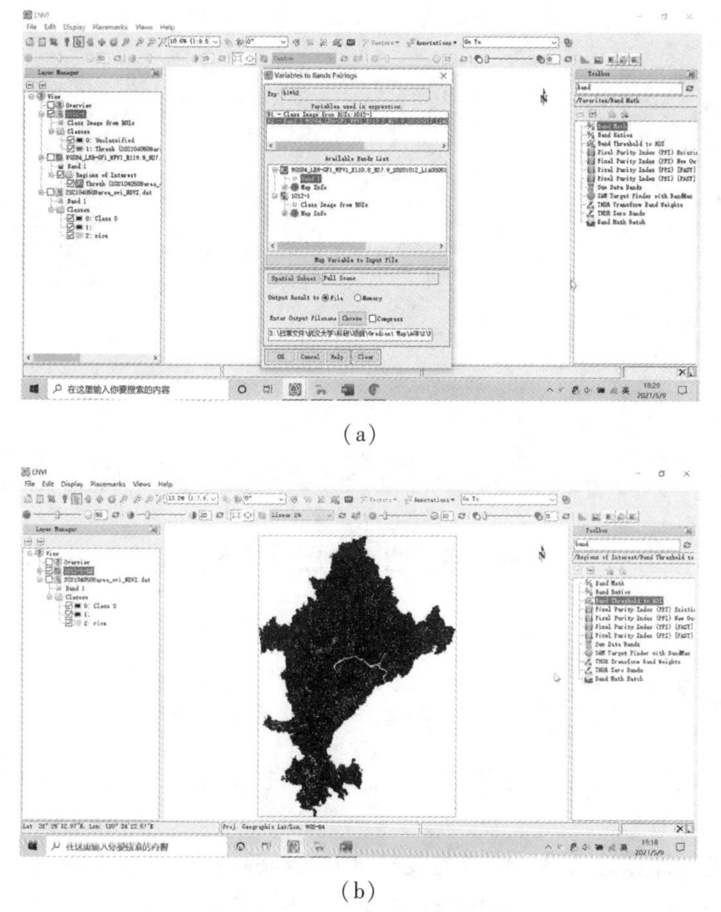

(a)

(b)

图 9.15　水稻 AGB 影像

(16)在右边的工具栏中搜寻 Band Math Batch 工具，选择刚生成的试验区水稻 AGB 影像，输入公式 float(b1) * b1/b1，选择存储位置，生成地上生物量产品影像，如图 9.16 所示。

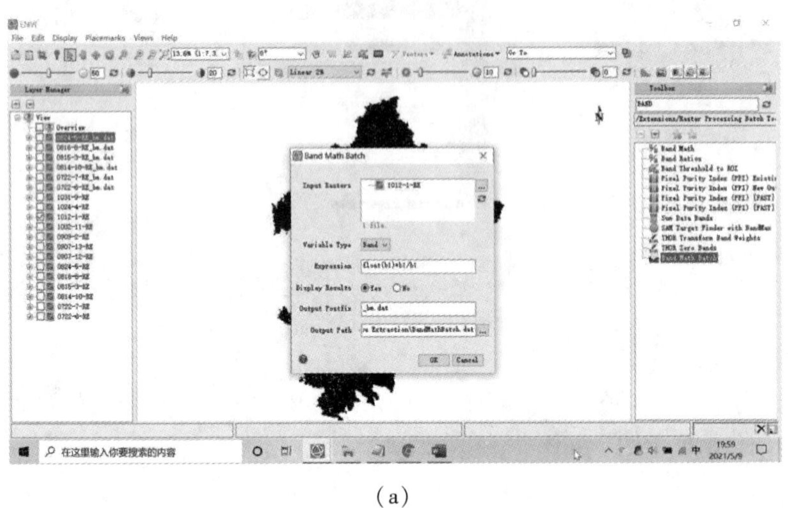

(a)

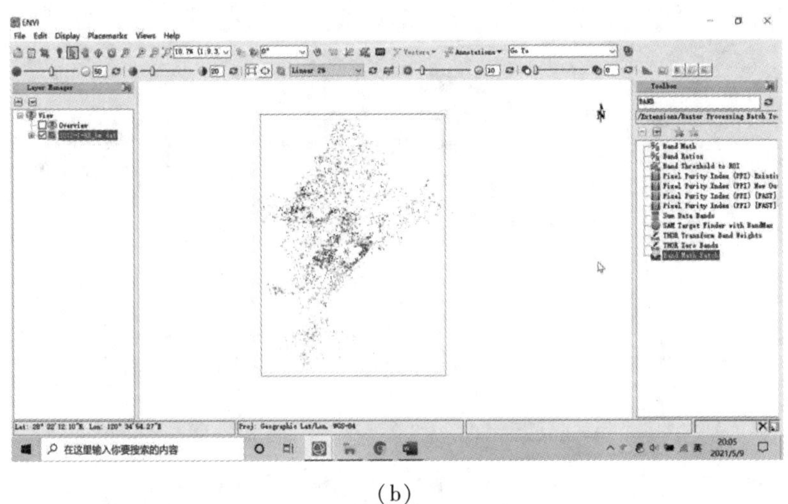

(b)

图 9.16　地上生物量产品影像

9.2　叶面积指数(LAI)

(1)打开大气校正后的试验区影像，在右边工具栏中搜索 Band Math 工具，双击打开，如图 9.17 所示；

选择需要进行计算的试验区影像的波段，输入经验模型：

$$NDVI=(b1-b2)/(b1+b2)$$

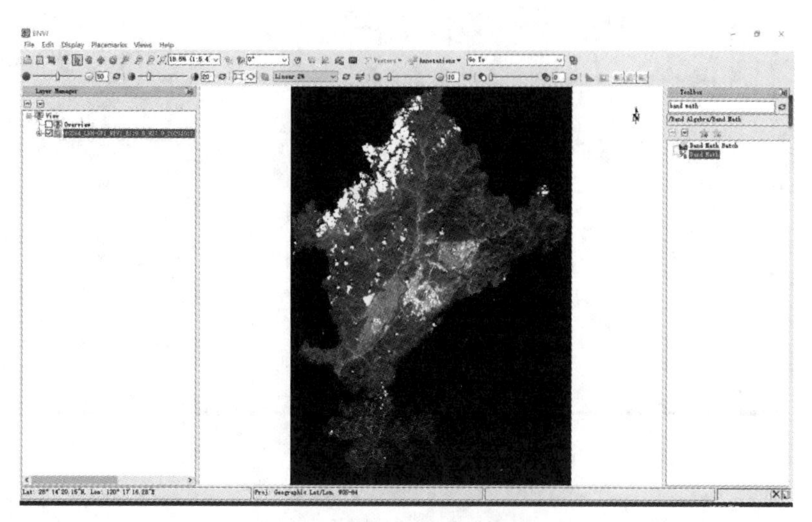

图 9.17　Band Math 工具

其中，b1 为近红外波段，b2 为红波段，选择合适的存储位置，即可得到 NDVI 影像，如图 9.18 所示；

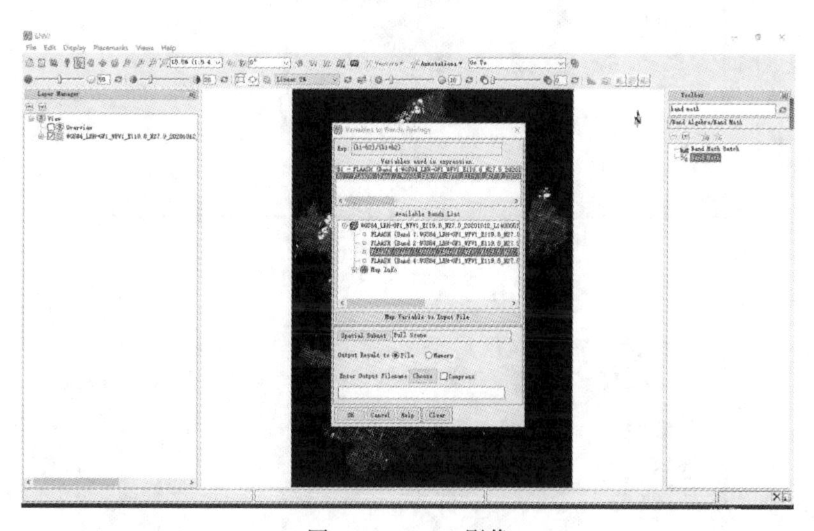

图 9.18　NDVI 影像

(2)打开 NDVI 植被指数影像，如图 9.19 所示；

(3)在右边工具栏中搜索 Band Math 工具，双击打开，如图 9.20 所示；

(4)选择需要进行反演的 NDVI 植被指数影像，输入经验模型：

$$LAI = 2.73 * b1 - 0.25$$

并选择合适的存储位置，即可得到反演的叶面积指数影像，如图 9.21 所示；

(5)打开提取水稻面积后得到的分类掩膜以及反演出的 LAI 影像，如图 9.22 所示；

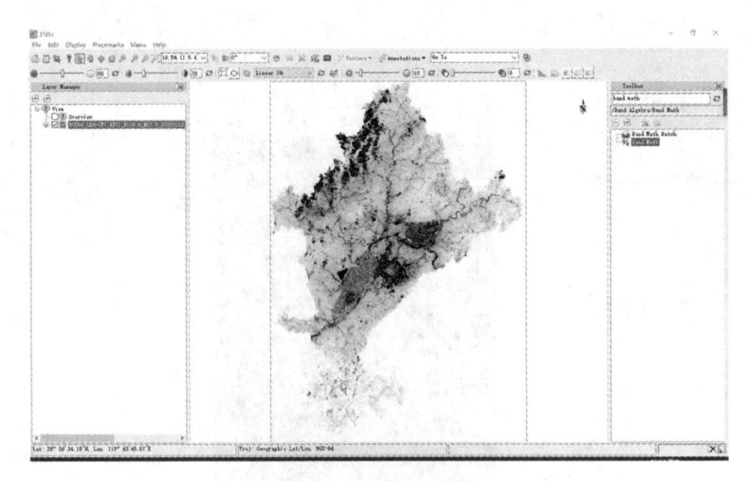

图 9.19　NDVI 影像

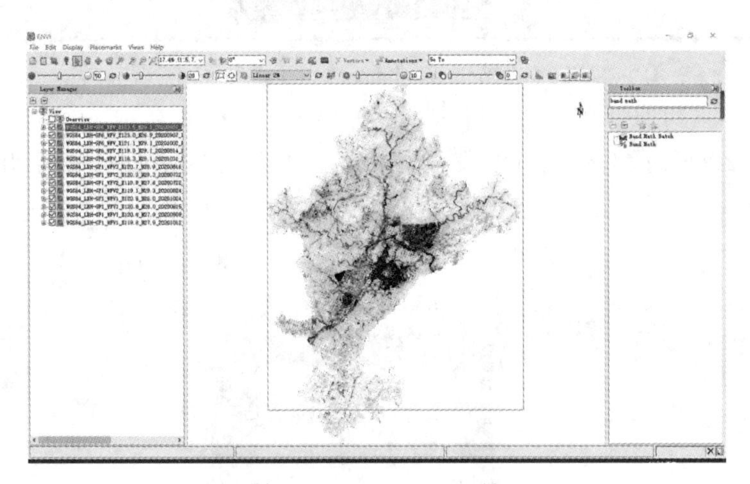

图 9.20　Band Math 工具

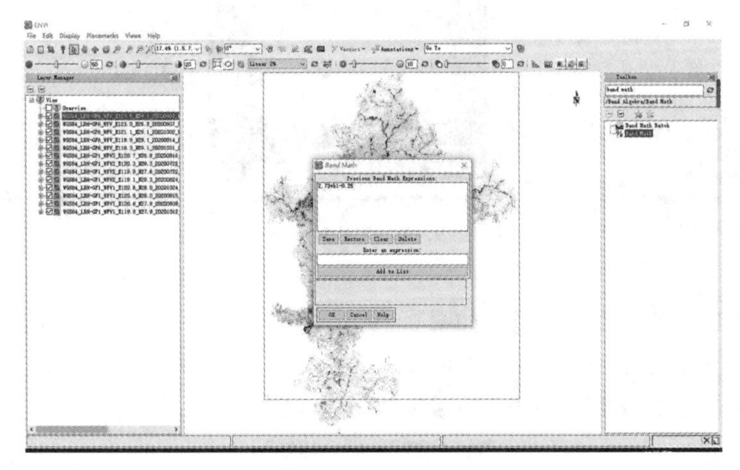

图 9.21　叶面积指数影像

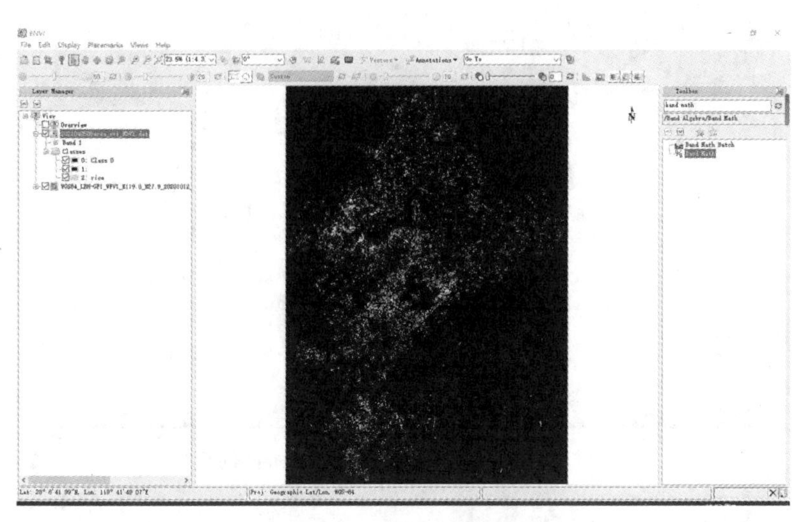

图 9.22　水稻 LAI 影像

(6)在右边工具栏中搜索 Band Threshold to ROI 工具，双击打开并选择反演出的 LAI 影像，如图 9.23 所示；

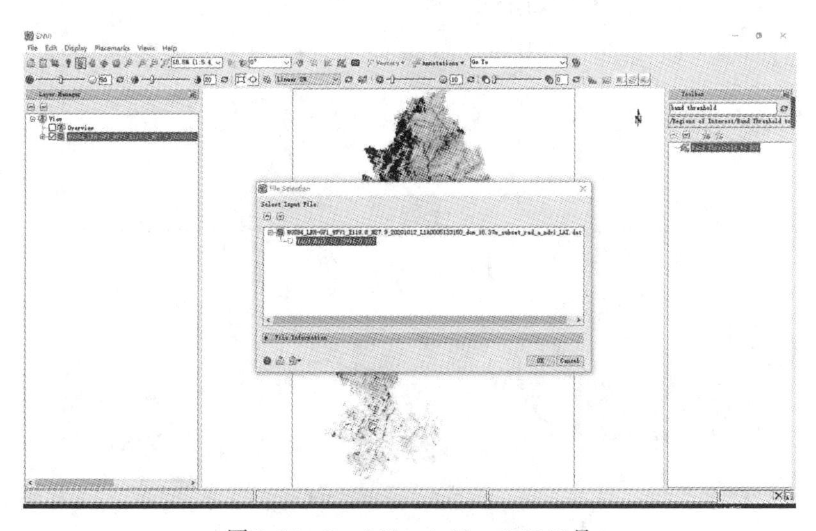

图 9.23　Band Threshold to ROI 工具

(7)点击红色框的按钮，选择水稻面积分类掩膜影像，如图 9.24 所示；

(8)将最大值和最小值都改为 2，点击“OK”按钮，如图 9.25 所示；

(9)此时会生成一个新 ROI，加载到 LAI 影像，如图 9.26 所示；

(10)点击 ROI 按钮，并依据 ROI 进行分类影像的生成，如图 9.27 所示；

(11)选择相应的影像并进行存储，二值图生成成功，如图 9.28 所示；

(12)在右边的工具栏中搜寻 Band Math 工具，输入公式 b1 * b2，如图 9.29 所示；

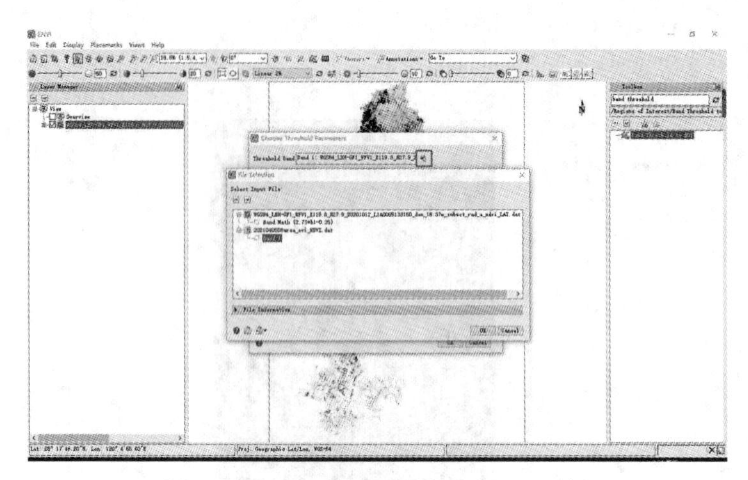

图9.24　Choose Threshold Parameters 面板

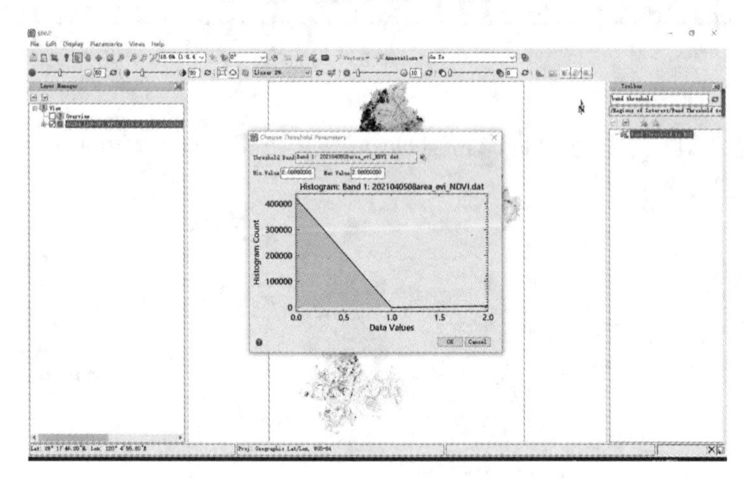

图9.25　设置阈值

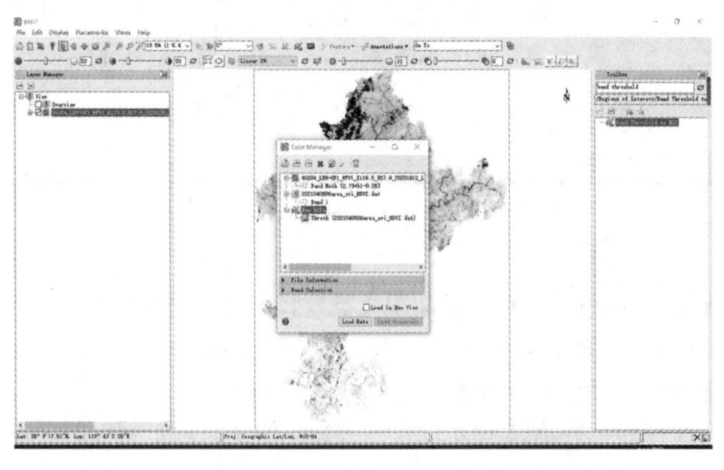

(a)

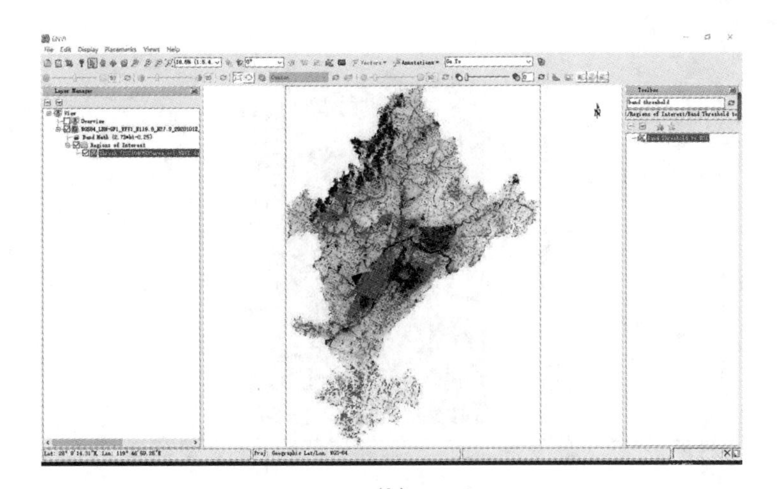

(b)

图 9.26 ROI 显示

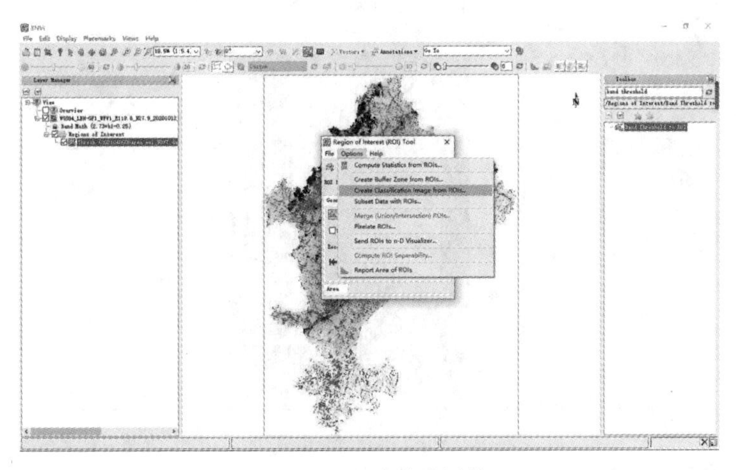

图 9.27 生成分类图像

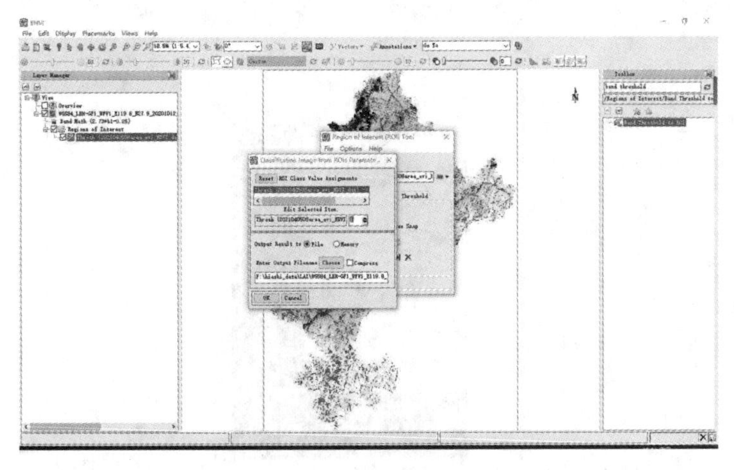

(a)

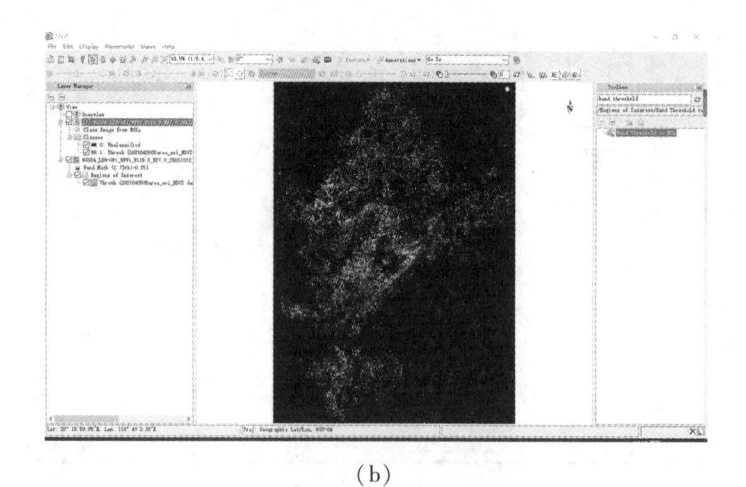

(b)

图 9.28　水稻二值图

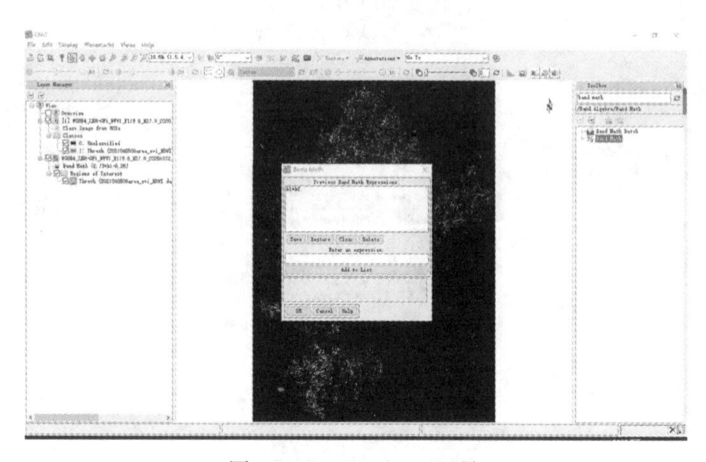

图 9.29　Band Math 工具

(13)选择二值图以及 LAI 影像进行存储，得到水稻 LAI 影像，如图 9.30 所示；

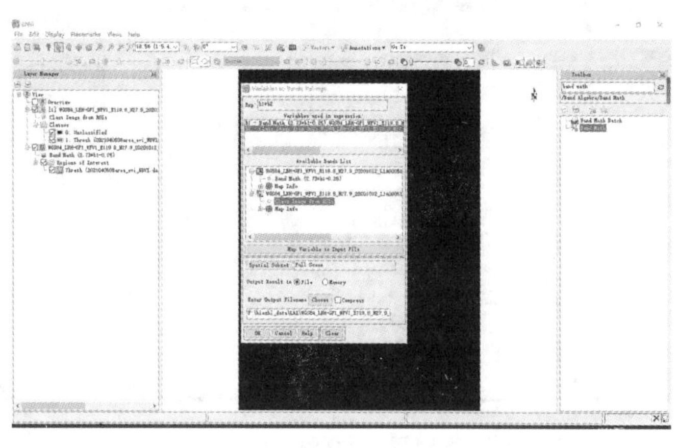

(a)

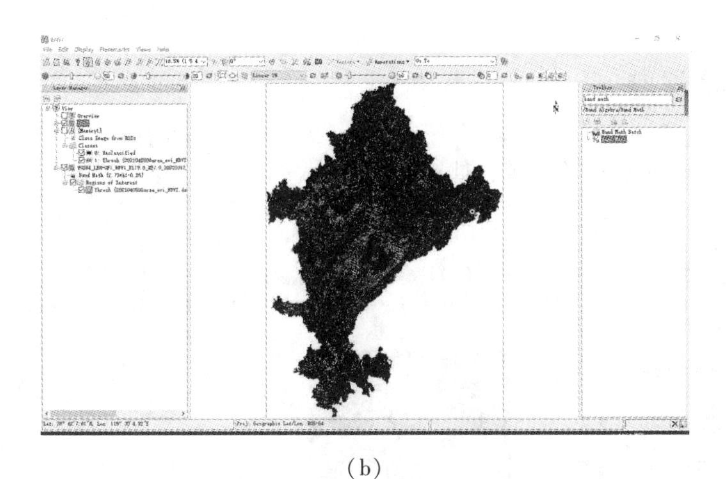

(b)

图 9.30 水稻 LAI 影像

(14)在右边的工具栏中搜寻 Band Math Batch 工具，选择生成的试验区水稻 LAI 影像，输入公式 float(b1) * b1/b1，选择存储位置，生成叶面积指数产品影像，如图 9.31 所示。

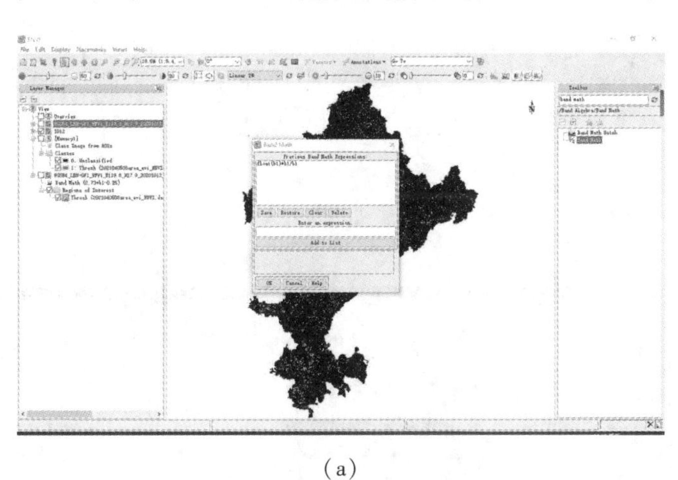

(a)

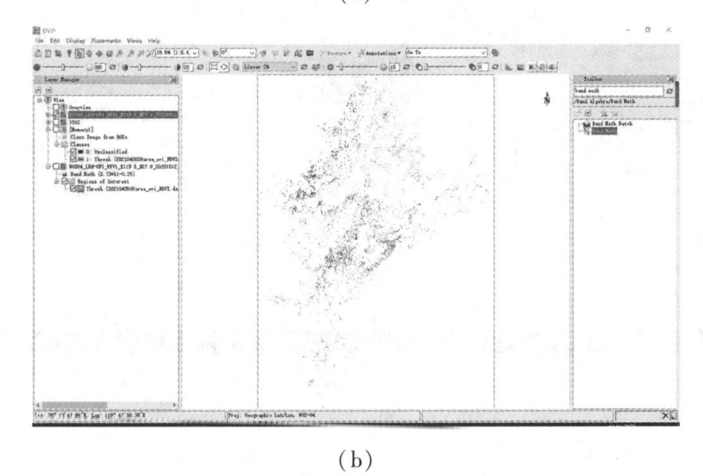

(b)

图 9.31 叶面积指数产品图

9.3　植被覆盖度

(1)打开 NDVI 植被指数影像，如图 9.32 所示；

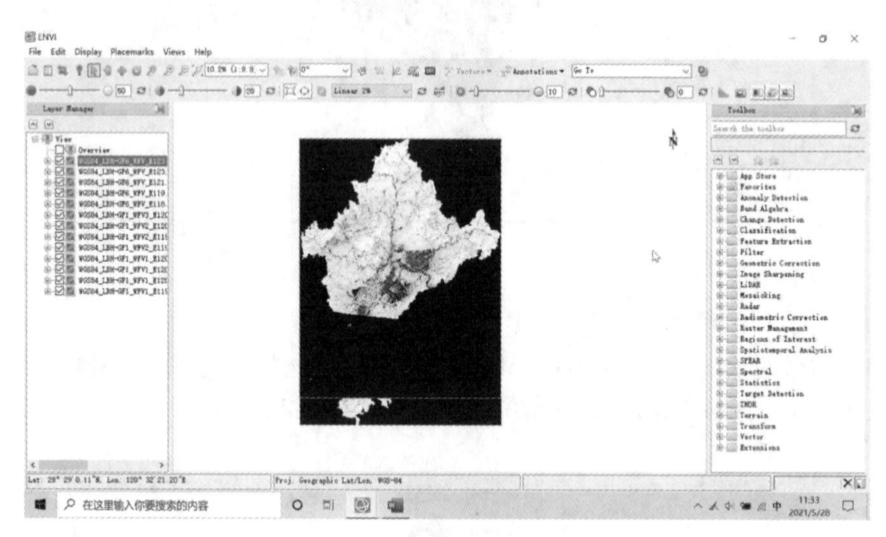

图 9.32　NDVI 影像

(2)右键点击影像，打开 Quick Stats，如图 9.33 所示；

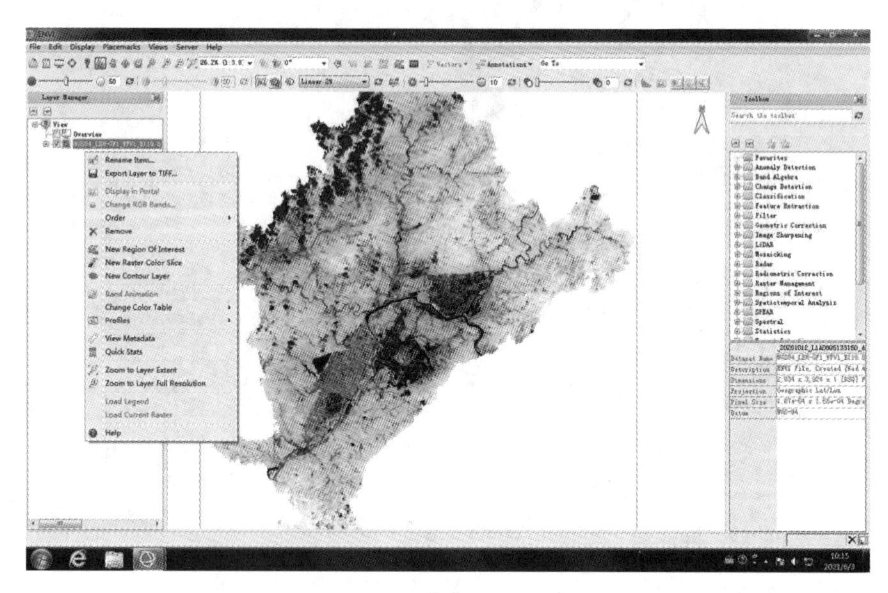

(a)

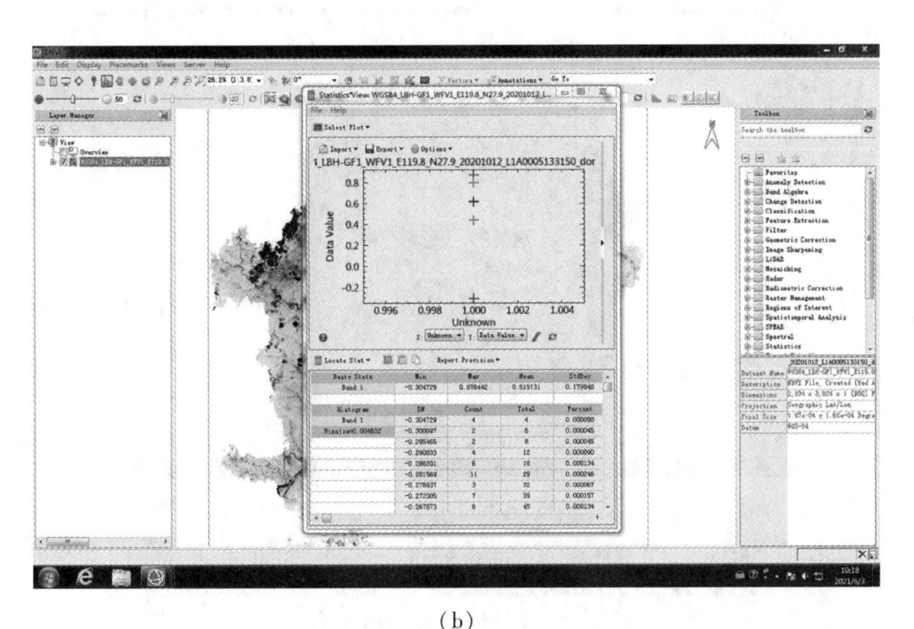

(b)

图 9.33 统计数据

(3)统计数据向右滑，找到累计百分比统计量 Acc Pct，根据 NDVI 影像的累计频率表计算$NDVI_{veg}$和$NDVI_{soil}$，其中$NDVI_{soil}$为累计频率为 5%处的 NDVI 值，而 $NDVI_{veg}$为累计频率为 95%处的 NDVI 值，如图 9.34 所示；

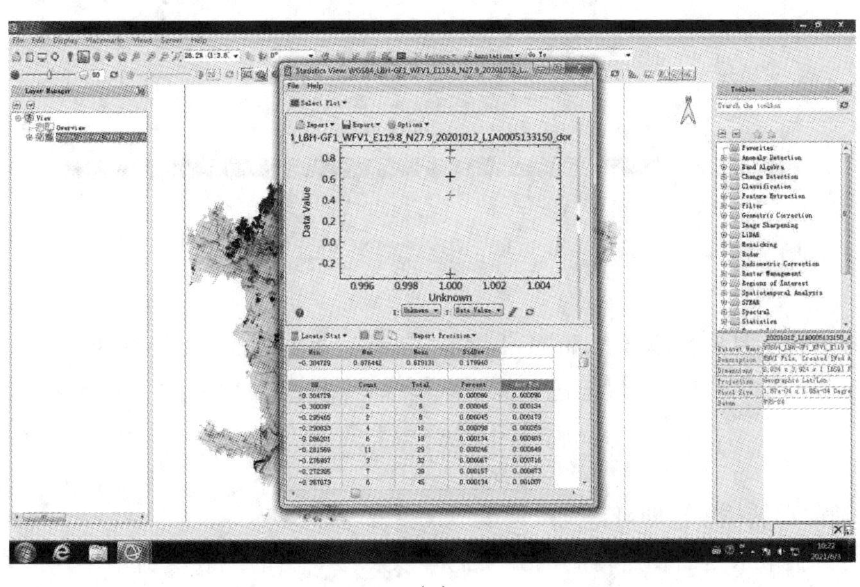

(a)

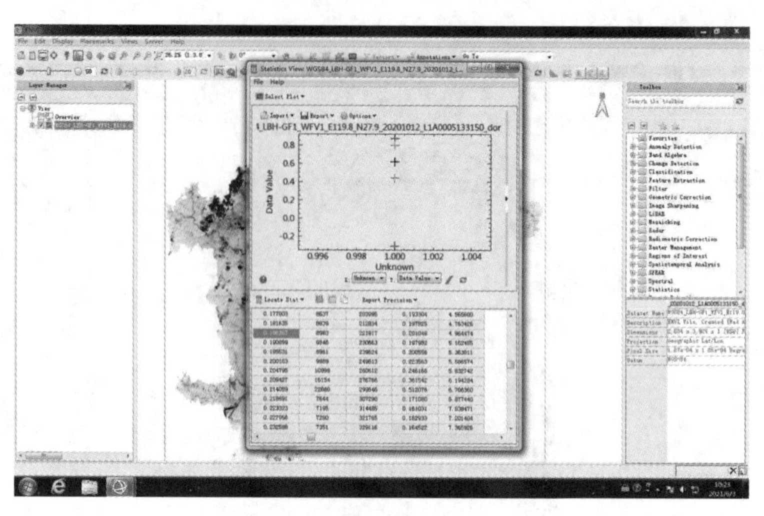

(b)

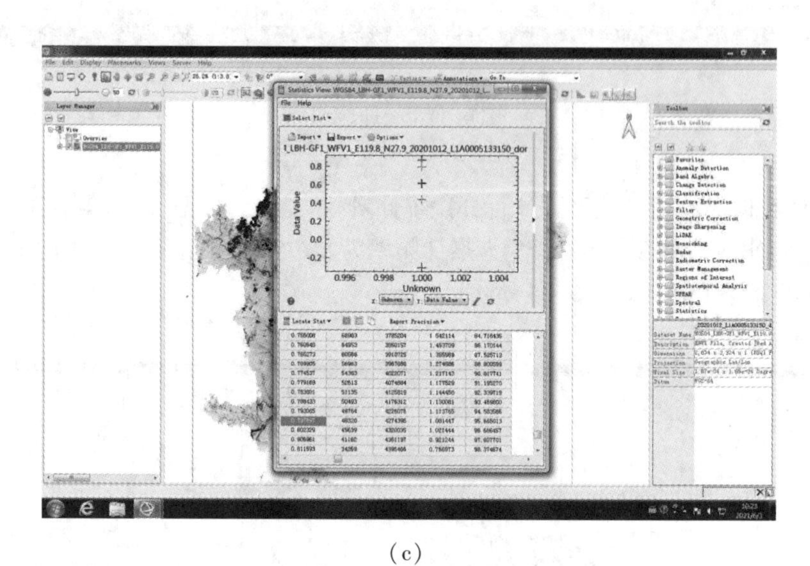

(c)

图 9.34　$NDVI_{veg}$与$NDVI_{soil}$

(4)在右边工具栏中搜索 Band Math Batch 工具，双击打开，如图 9.35 所示；

(5)选择需要进行反演的 NDVI 植被指数影像，输入经验模型：

$$\frac{NDVI-NDVI_{soil}}{NDVI_{veg}-NDVI_{soil}}$$

并选择合适的存储位置，即可得到反演的地表覆盖度影像；

(6)打开提取水稻面积后得到的分类掩膜以及反演出的地表覆盖度影像，如图 9.36 所示；

(7)在右边工具栏中搜索 Band Threshold to ROI 工具，双击打开并选择反演出的地表覆盖度影像，如图 9.37 所示；

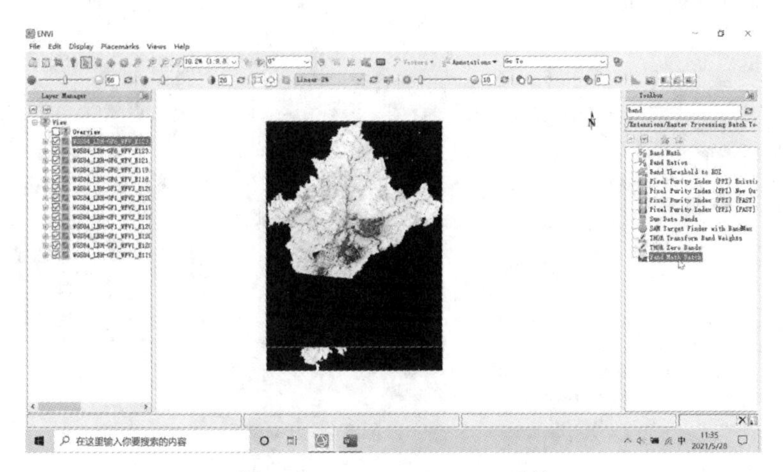

图 9.35 Band Math Batch 工具

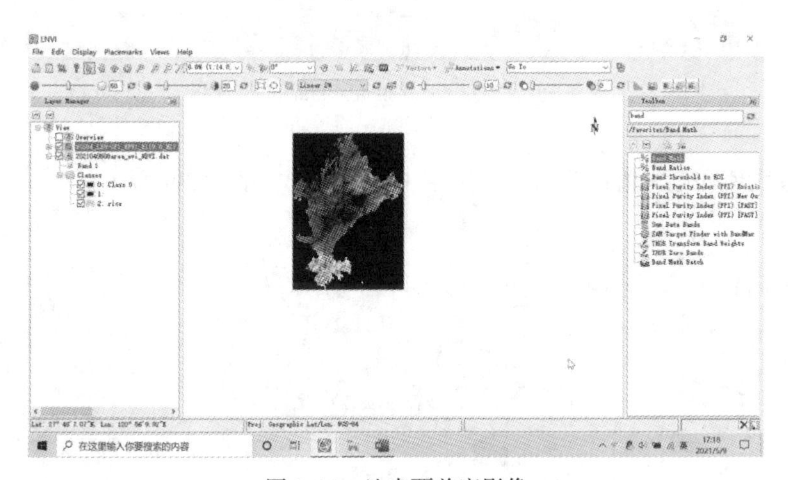

图 9.36 地表覆盖度影像

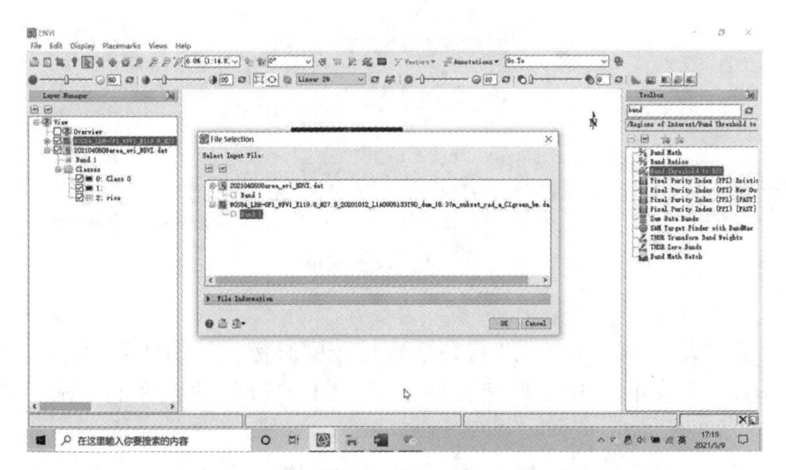

图 9.37 Band Threshold to ROI 工具

(8)点击红色框的按钮，选择水稻面积分类掩膜影像，如图9.38所示；

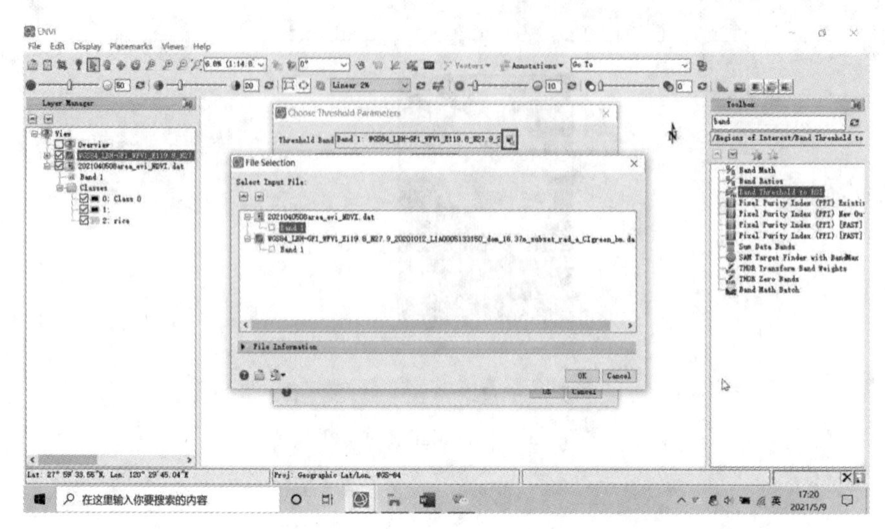

图9.38　Choose Threshold Parameters 面板

(9)将最大值和最小值都改为2，点击“OK”按钮，如图9.39所示；

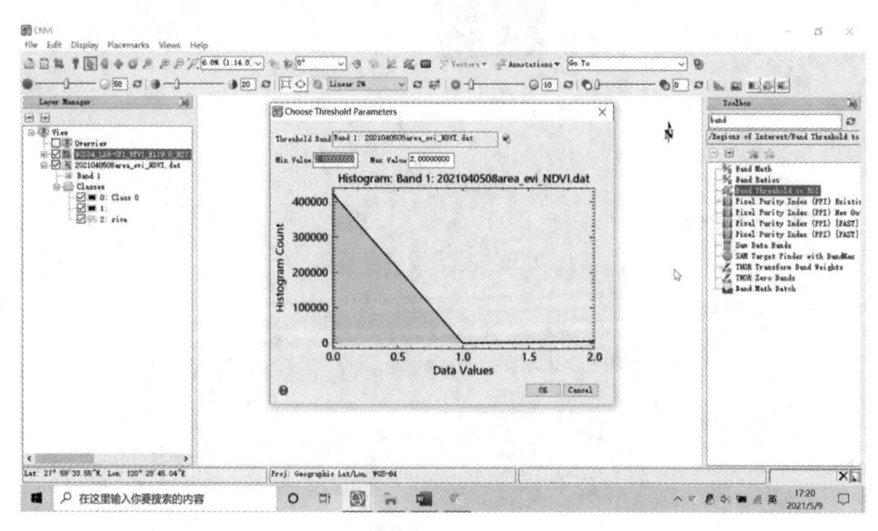

图9.39　设置阈值

(10)此时会生成一个新ROI，加载到地表覆盖度影像，如图9.40所示；

(11)点击图示方框中的ROI按钮，并依据ROI进行分类影像的生成，如图9.41所示；

(12)选择相应的影像并进行存储，二值图生成成功，如图9.42所示；

(13)在右边的工具栏中搜寻Band Math工具，输入公式b1 * b2，如图9.43所示；

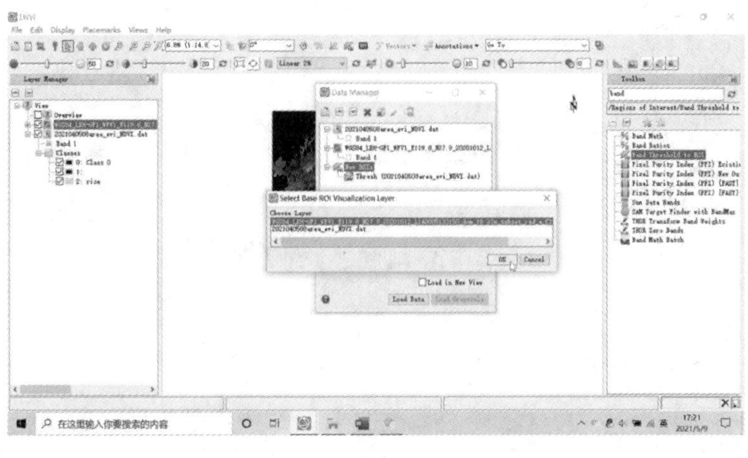

(a)

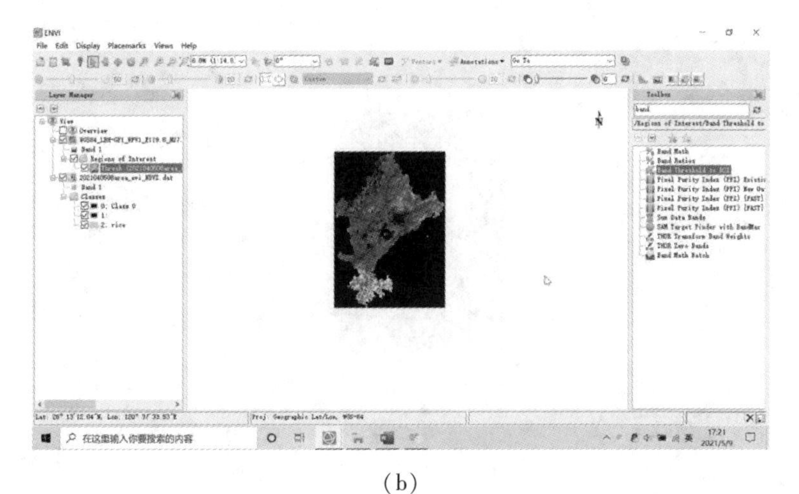

(b)

图 9.40　ROI 显示

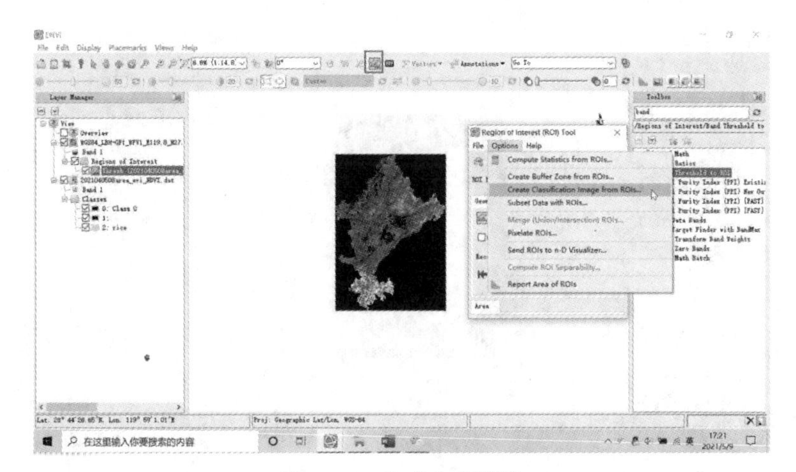

图 9.41　生成分类影像

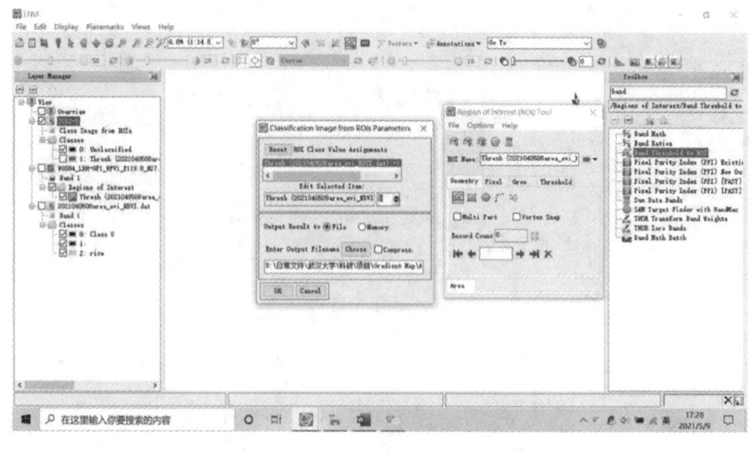

(a)

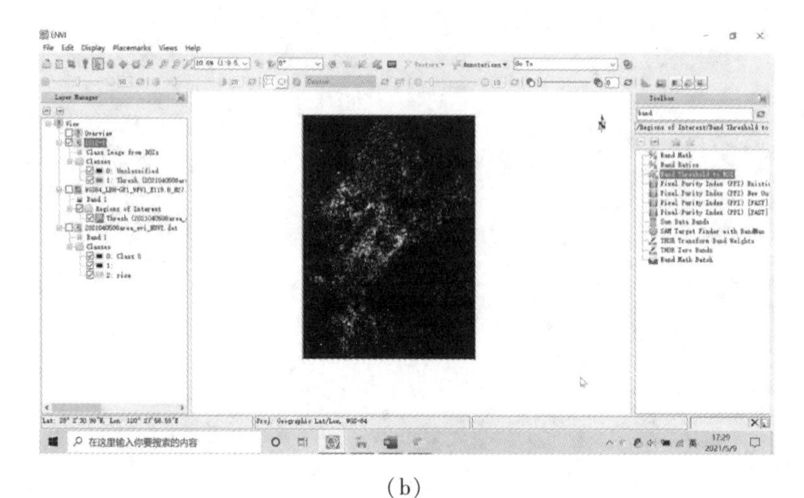

(b)

图 9.42　水稻二值图

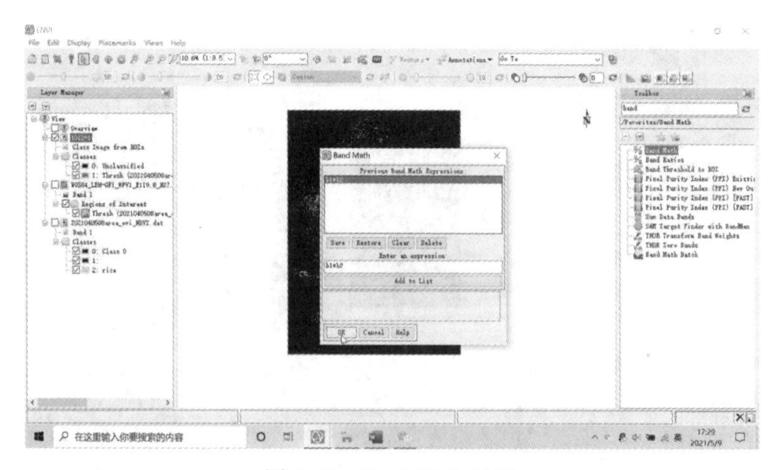

图 9.43　Band Math 工具

(14)选择二值图以及地表覆盖度影像，进行存储，得到水稻地表覆盖度影像，如图 9.44 所示；

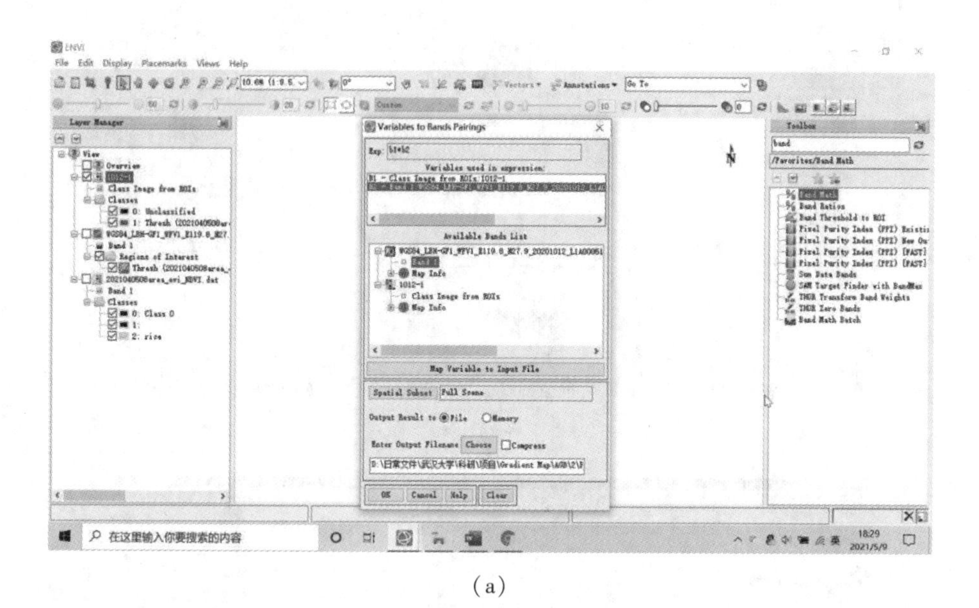

(a)

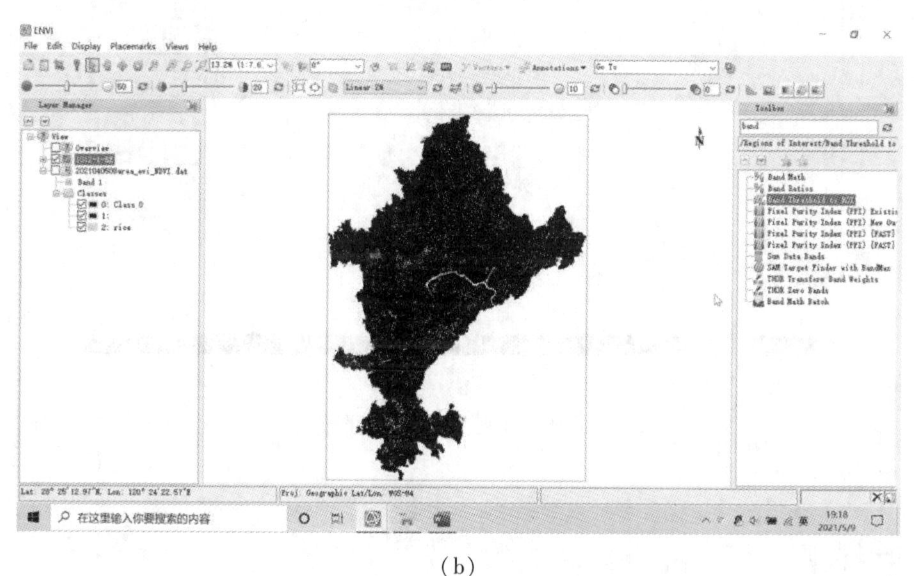

(b)

图 9.44　水稻地表覆盖度影像

(15)在右边的工具栏中搜寻 Band Math Batch 工具，选择生成的试验区水稻地表覆盖度影像，输入公式 float(b1) * b1/b1，选择存储位置，生成地表覆盖度产品影像，如图 9.45 所示。

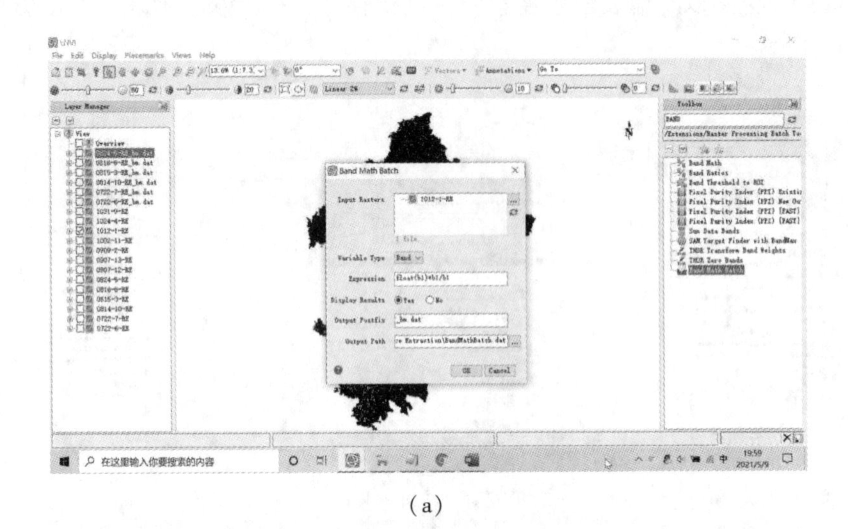

(a)

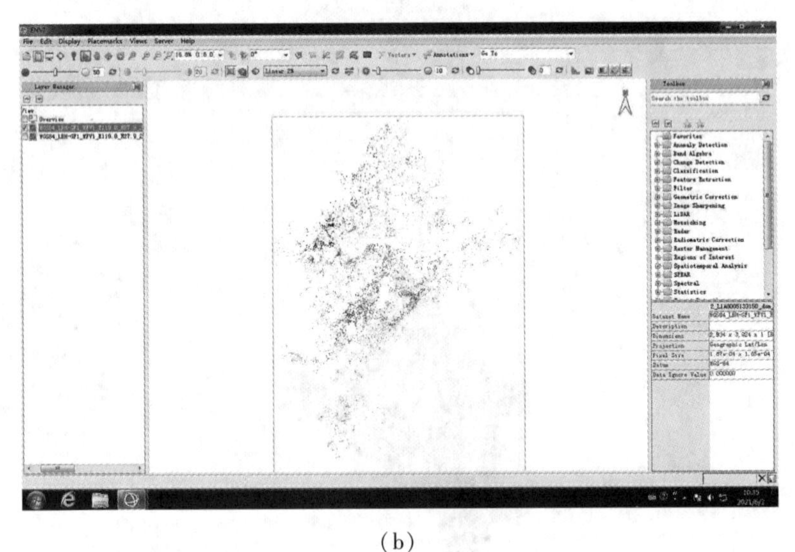

(b)

图 9.45　地表覆盖度产品影像

9.4　叶绿素

(1)打开大气校正后的试验区影像，在右边工具栏中搜索 Band Math 工具，双击打开，如图 9.46 所示。

(2)选择需要进行计算的试验区影像的波段，输入经验模型：

$$GNDVI=(b1-b2)/(b1+b2)$$

式中，b1 为近红外波段，b2 为绿波段，选择合适的存储位置，即可得到 GNDVI 影像，如图 9.47 所示；

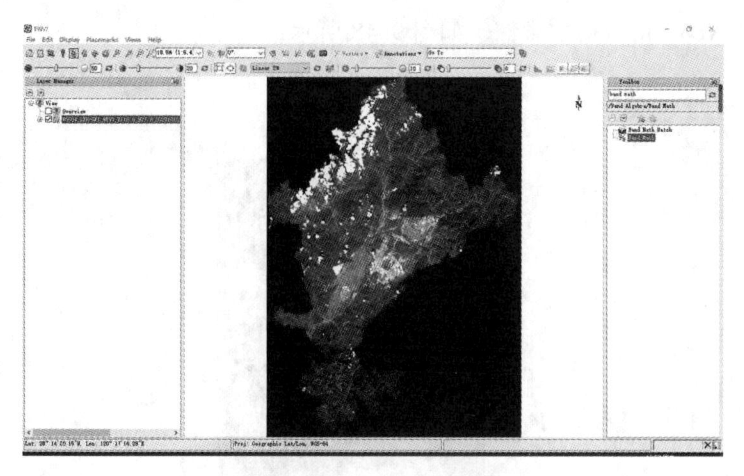

图 9.46 Band Math 工具

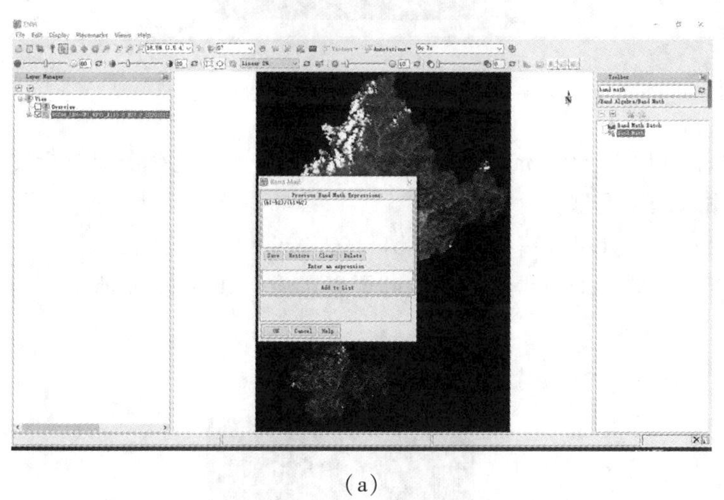

(a)

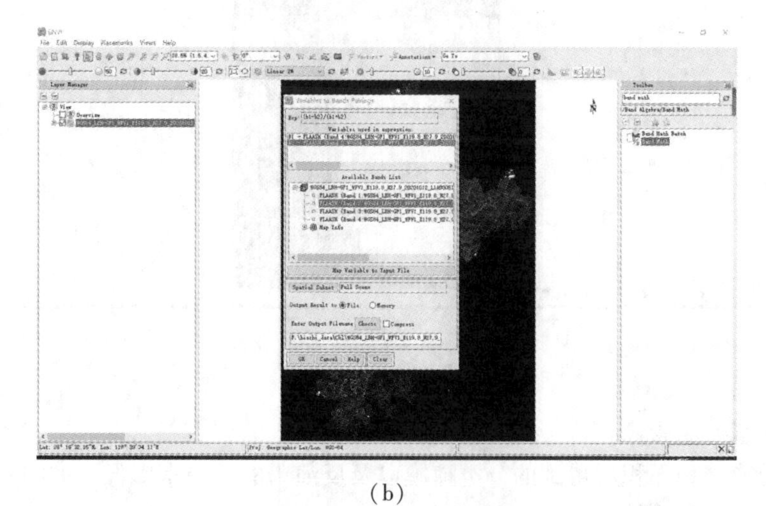

(b)

图 9.47 计算 GNDVI 影像

(3)打开 GNDVI 植被指数影像，如图 9.48 所示；

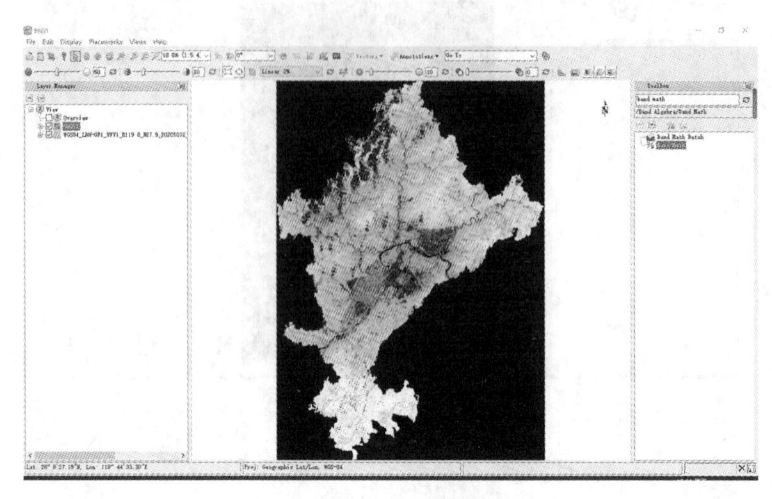

图 9.48　GNDVI 影像

(4)在右边工具栏中搜索 Band Math 工具，双击打开，选择需要进行反演的 GNDVI 植被指数影像，输入经验模型：

$$Chl = -43.731 * b1^2 + 97.229 * b1 - 11.912$$

并选择合适的存储位置，即可得到反演的叶绿素影像，如图 9.49 所示。

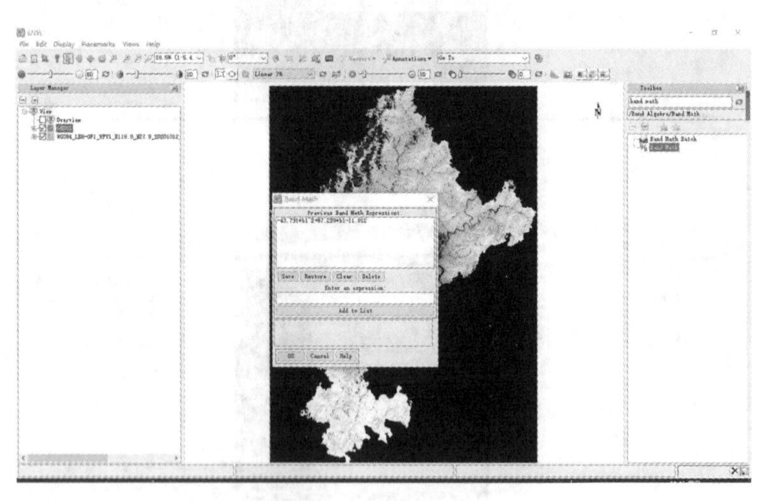

图 9.49　叶绿素影像

生成叶绿素产品影像：

①打开提取水稻面积后得到的分类掩膜以及反演出的叶绿素影像，如图 9.50 所示；

②在右边工具栏中搜索 Band Threshold to ROI 工具，双击打开并选择反演出的叶绿素影像，如图 9.51 所示；

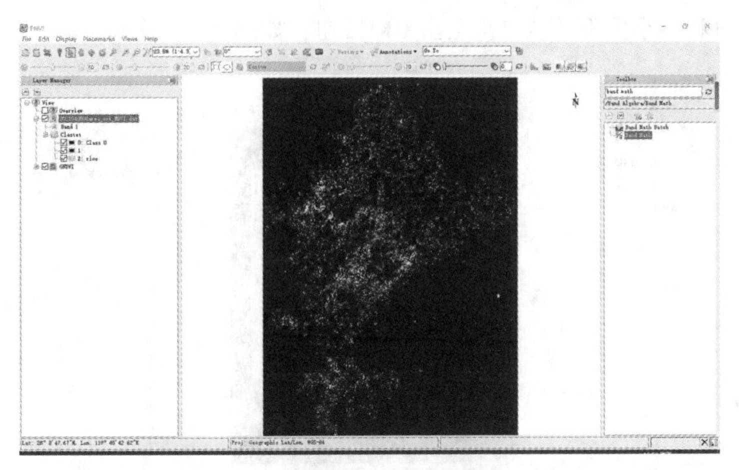

图 9.50 水稻叶绿素影像

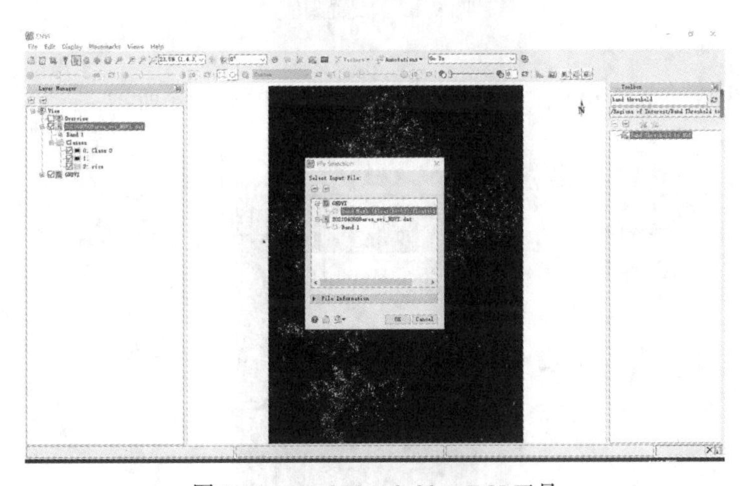

图 9.51 Band Threshold to ROI 工具

③点击红色框的按钮，选择水稻面积分类掩膜影像，如图 9.52 所示；

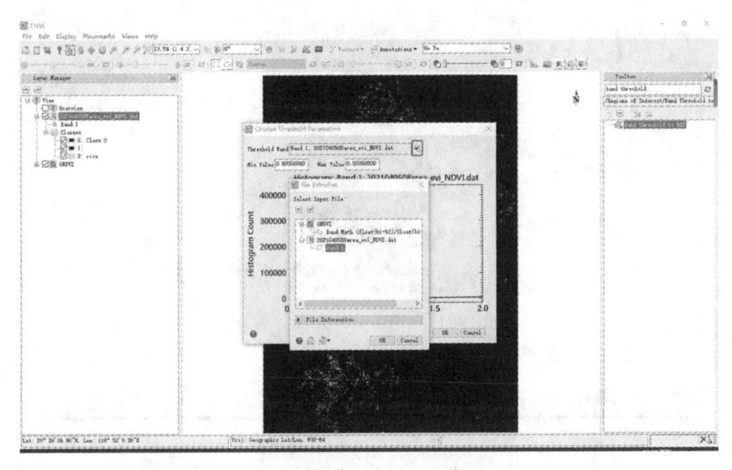

图 9.52 Choose Threshold Parameters 面板

④将最大值和最小值都改为 2，点击 OK 按钮，如图 9.53 所示；

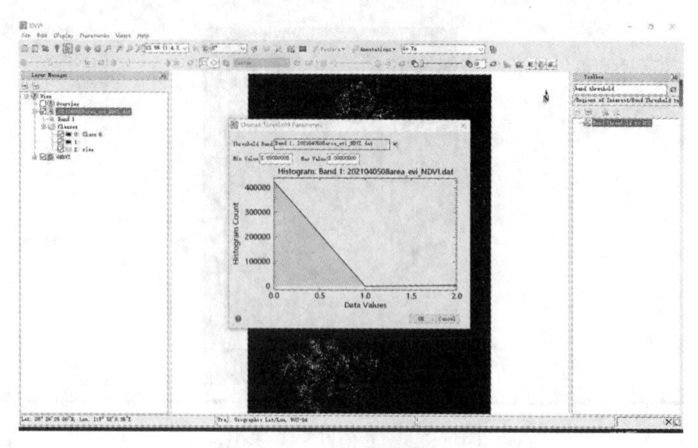

图 9.53　设置阈值

⑤此时会生成一个新 ROI，加载到叶绿素影像，如图 9.54 所示；

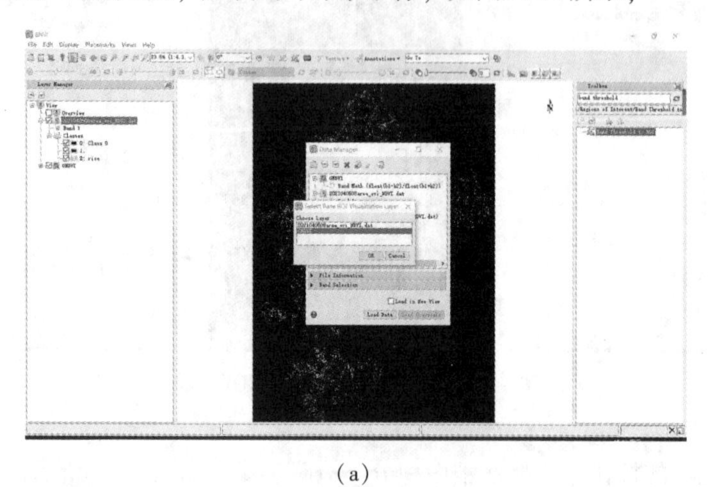

（a）

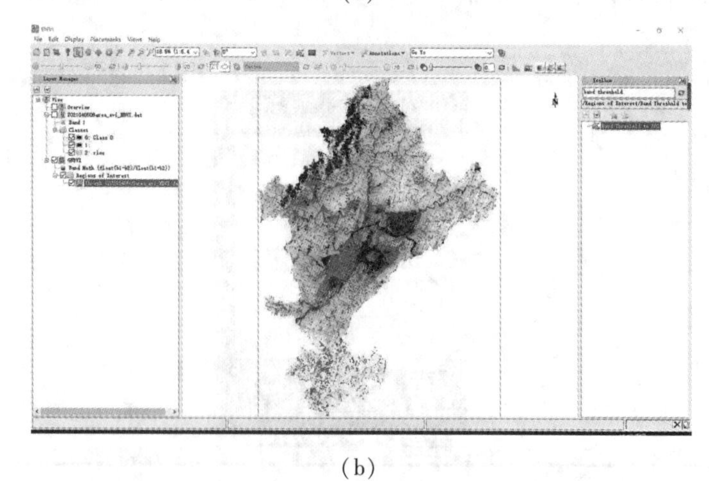

（b）

图 9.54　ROI 显示

⑥点击 ROI 按钮，并依据 ROI 进行分类影像的生成，如图 9.55 所示；

图 9.55 生成分类影像

⑦选择相应的影像并进行存储，二值图生成成功，如图 9.56 所示；

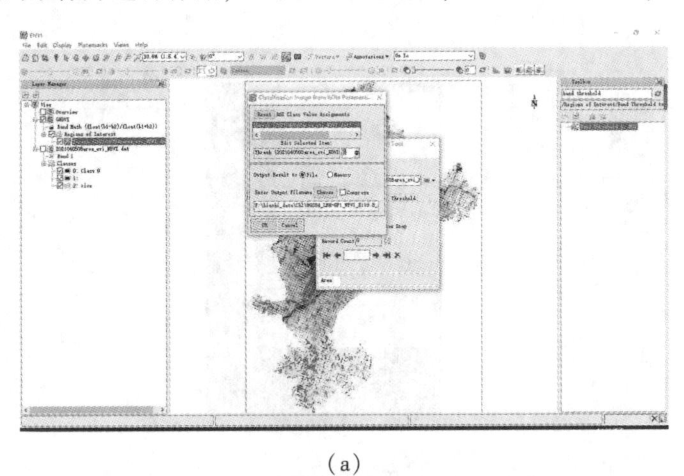

(a)

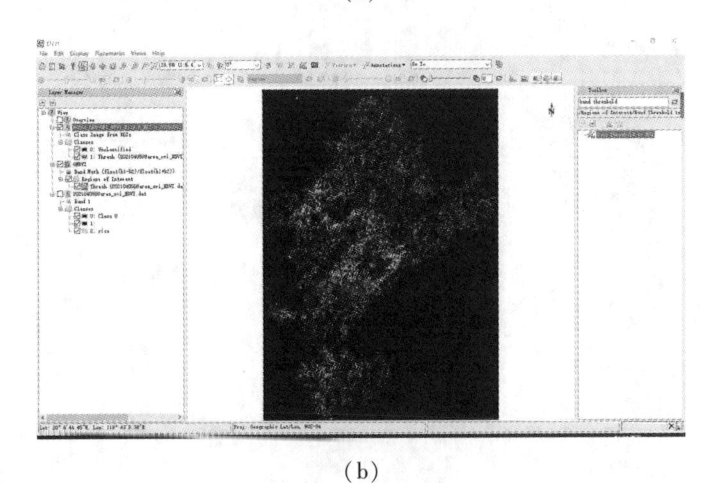

(b)

图 9.56 水稻二值图

⑧在右边的工具栏中搜寻 Band Math 工具，输入公式 b1 * b2，如图 9.57 所示；

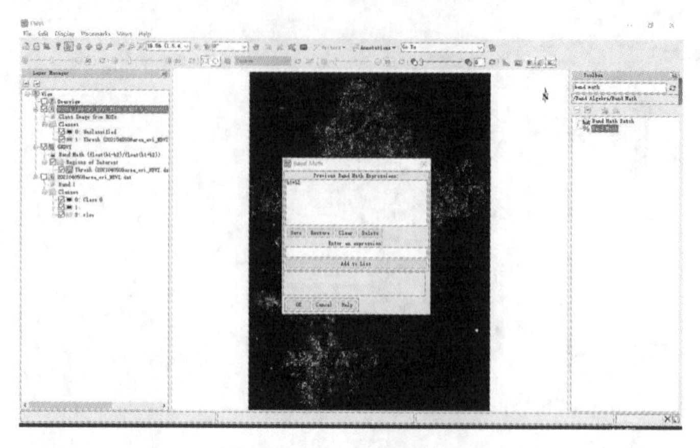

图 9.57　Band Math 工具

⑨选择二值图以及叶绿素影像，进行存储，得到水稻叶绿素影像，如图 9.58 所示；

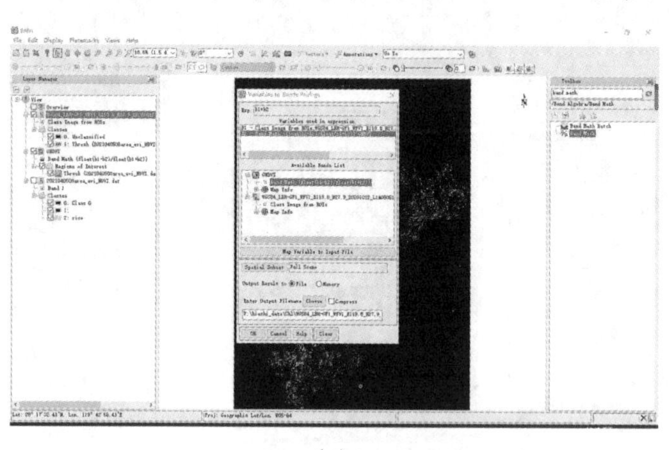

(a)

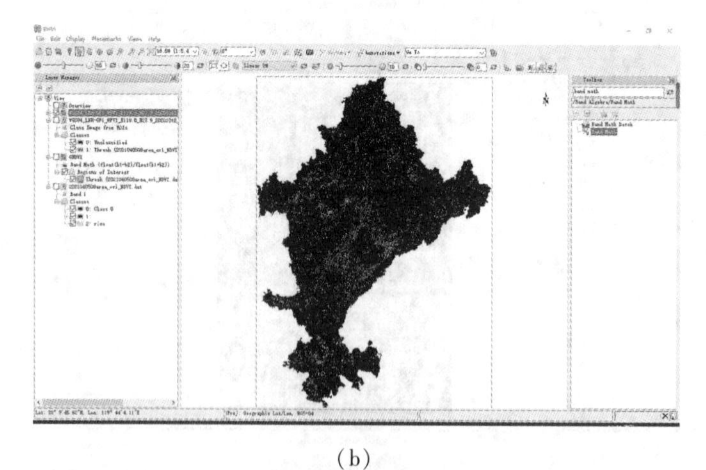

(b)

图 9.58　水稻叶绿素影像

⑩在右边的工具栏中搜寻 Band Math Batch 工具，选择生成的试验区水稻叶绿素影像，输入公式 float(b1) * b1/b1，选择存储位置，生成叶绿素产品影像，如图 9.59 所示。

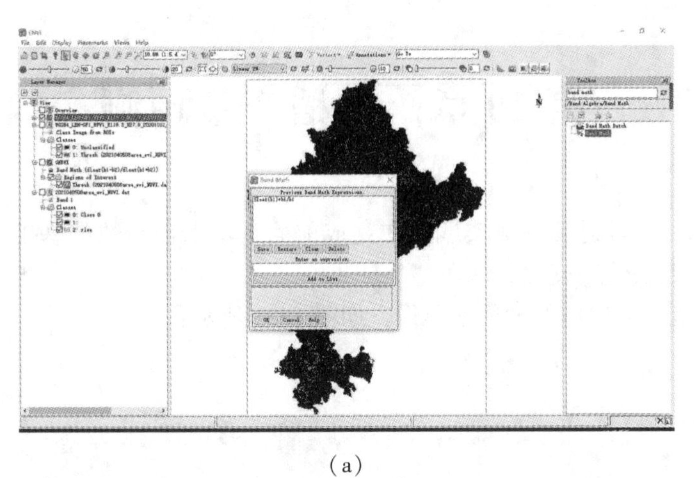

(a)

(b)

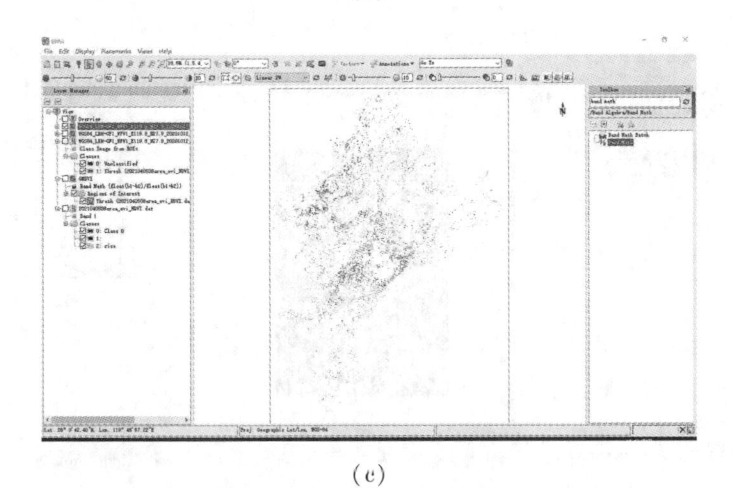

(c)

图 9.59 叶绿素产品影像

第 10 章　水稻产量预测

本章针对水稻产量遥感预测实践，在完成前面基本水稻参数的基础上，以抽穗期为例，介绍经验模型法估产过程。

(1)打开预处理完成后的抽穗期影像，如图 10.1 所示；

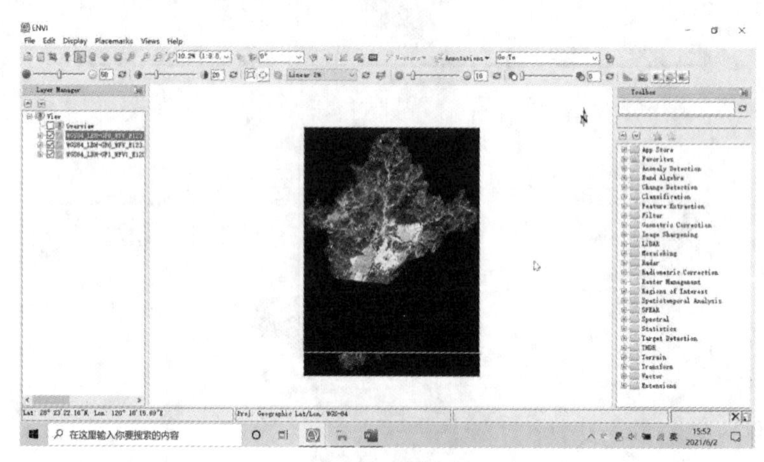

图 10.1　抽穗期影像

(2)在右边工具栏中搜索 Band Math Batch 工具，双击打开，如图 10.2 所示；

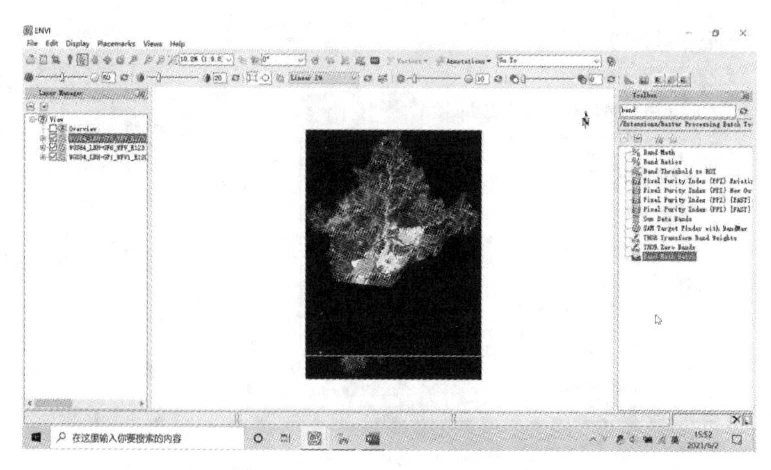

图 10.2　Band Math Batch 工具

(3)选择经过预处理后的抽穗期影像，输入 EVI 植被指数计算公式：

$$EVI = 2.5 * (b4-b3)/(b4+2.4 * b3+1)$$

并选择合适的存储位置，即可得到 EVI 植被指数影像，如图 10.3 所示；

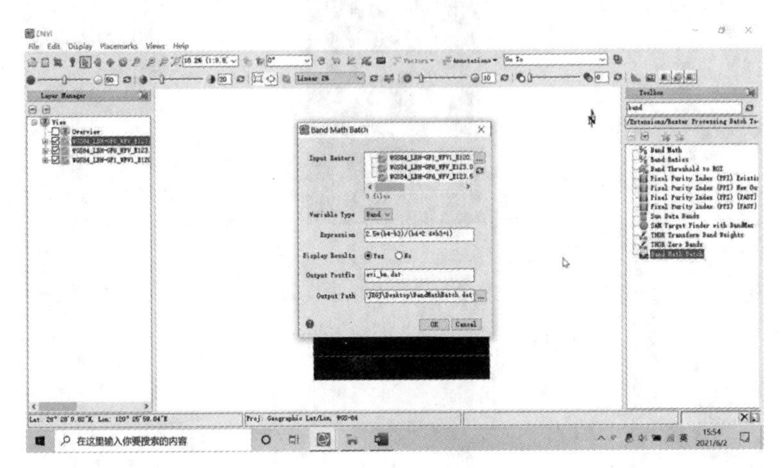

图 10.3　计算 EVI

(4)打开 EVI 植被指数影像，如图 10.4 所示；

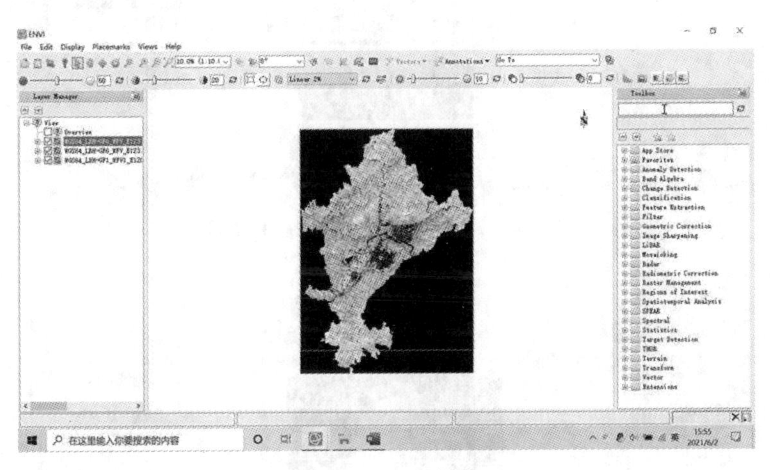

图 10.4　EVI 影像

(5)在右边工具栏中搜索 Band Math Batch 工具，双击打开，如图 10.5 所示；

(6)选择需要进行反演的 EVI 植被指数影像，输入经验模型：

$$Output = -3456 * (b1^2) + 4389 * b1 - 883.2$$

并选择合适的存储位置，即可得到反演的水稻产量影像，如图 10.6 所示；

(7)打开提取水稻面积后得到的分类掩膜以及反演出的水稻产量影像，如图 10.7 所示；

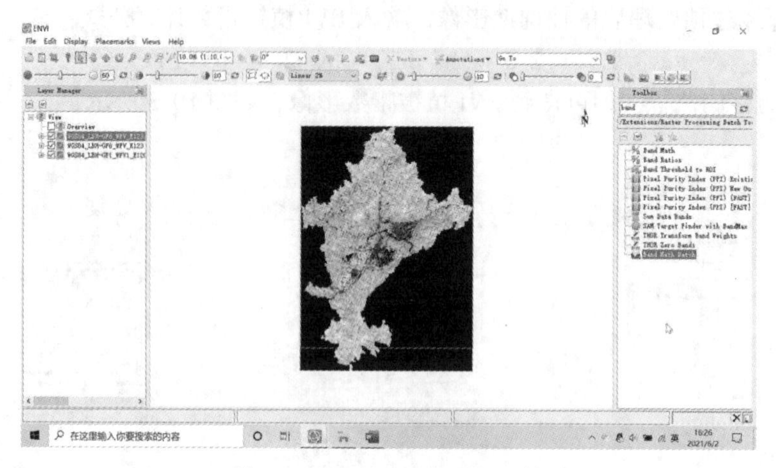

图 10.5　Band Math Batch 工具

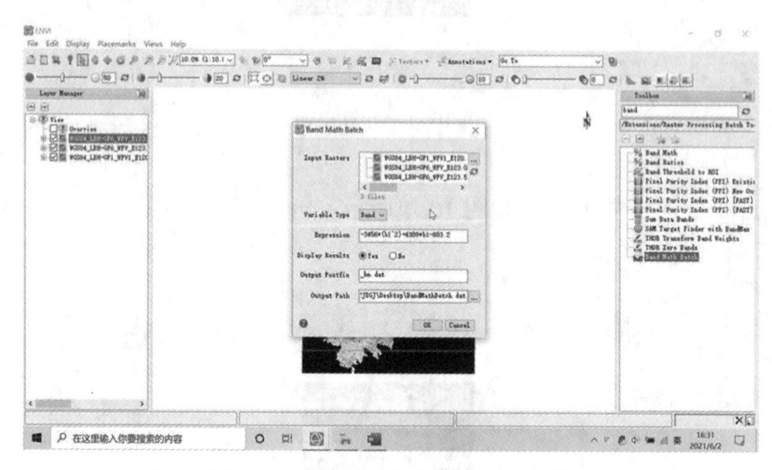

图 10.6　打开 Band Math Batch 工具

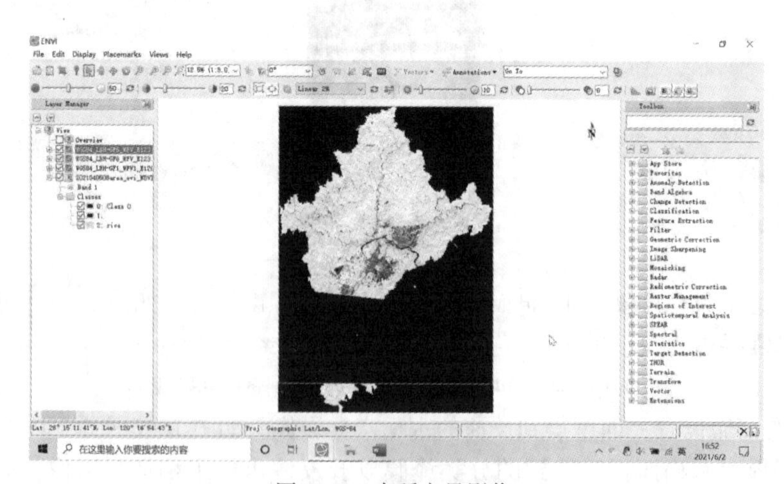

图 10.7　水稻产量影像

(8)在右边工具栏中搜索 Band Threshold to ROI 工具，双击打开并选择反演出的水稻产量影像，如图 10.8 所示；

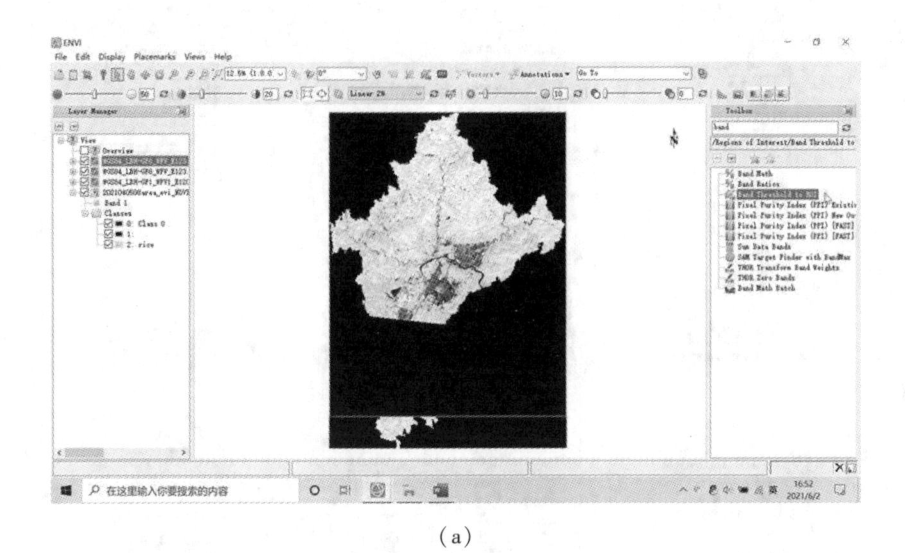

(a)

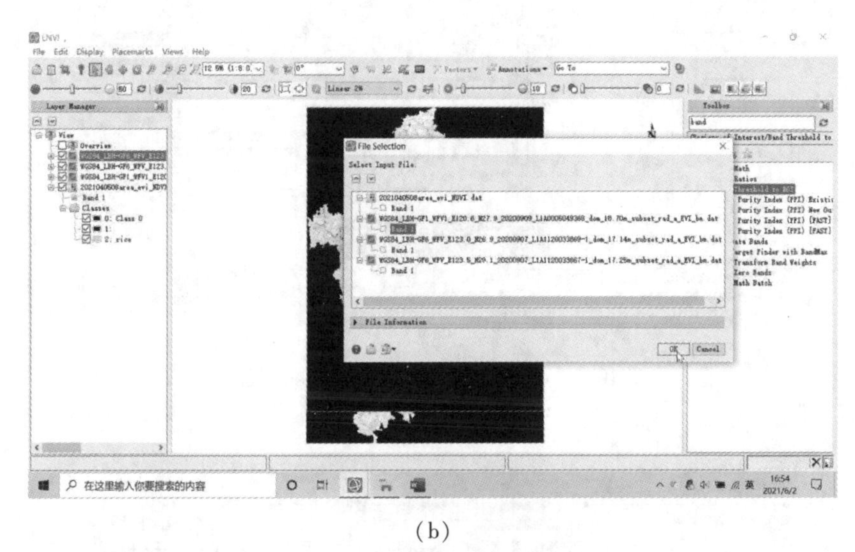

(b)

图 10.8　Band Threshold to ROI 工具

(9)点击图中方框内的按钮，选择水稻面积分类掩膜影像，如图 10.9 所示；

(10)将最大值和最小值都改为 2，点击“OK”按钮，如图 10.10 所示；

(11)此时会生成一个新的 ROI，加载到水稻产量影像上，如图 10.11 所示；

(12)点击红色框中的 ROI 按钮(图 10.12(a))，并依据 ROI 进行分类影像的生成(图 10.12(b))；

(13)选择相应的影像并选择合适的存储位置，点击“OK”按钮，试验区水稻二值图生成成功，如图 10.13 所示；

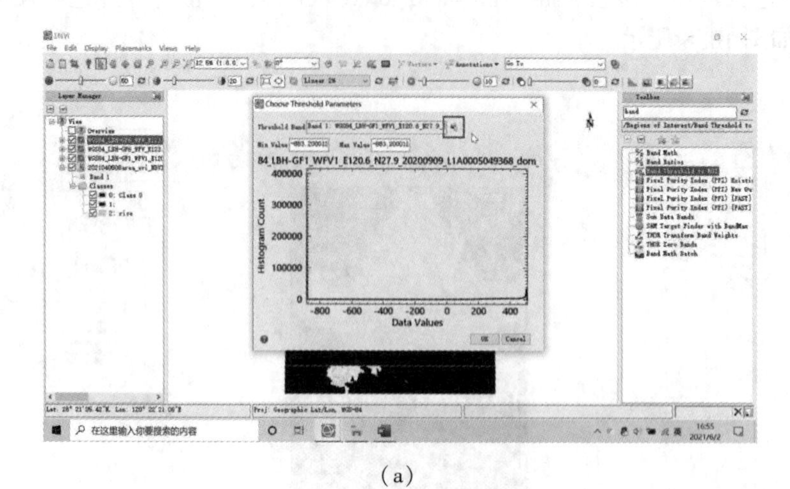

(a)

(b)

图 10.9　Choose Threshold Parameters 面板

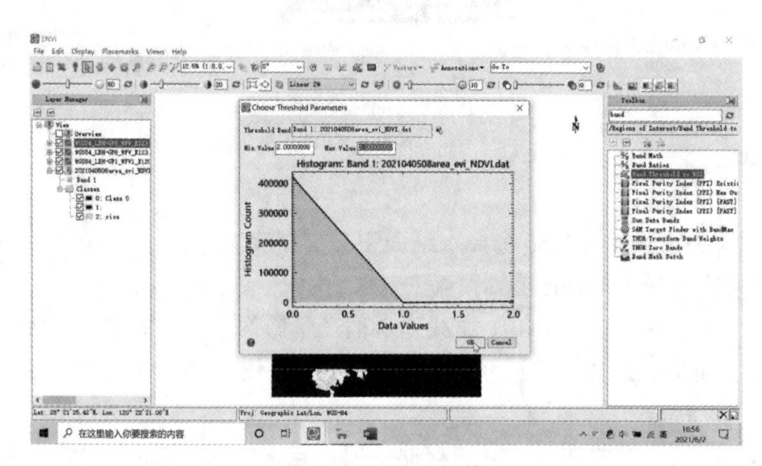

图 10.10　设置阈值

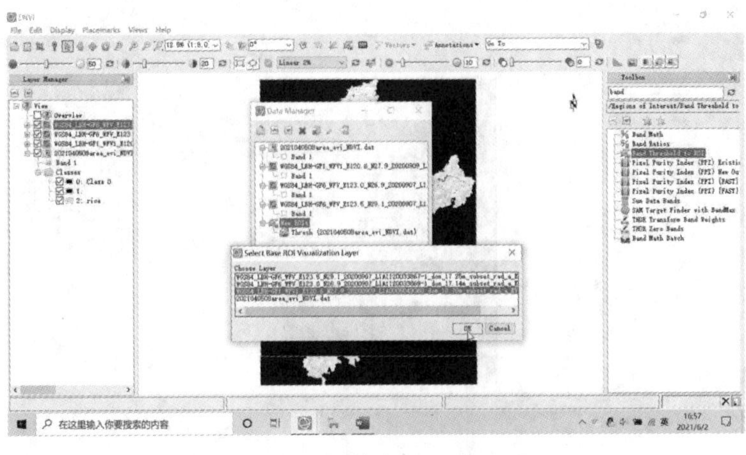

(a)

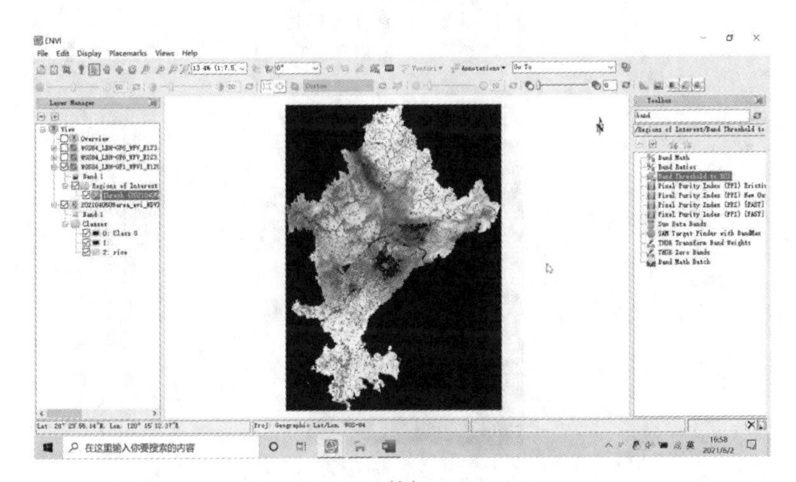

(b)

图 10.11　ROI 显示

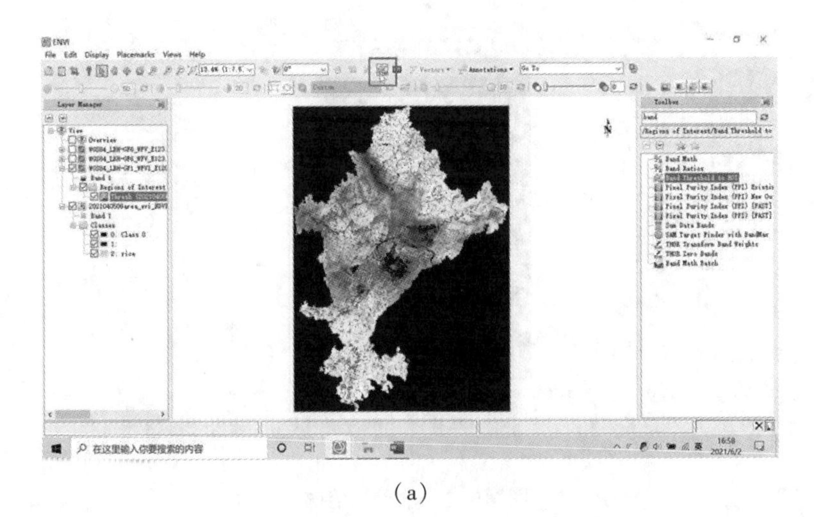

(a)

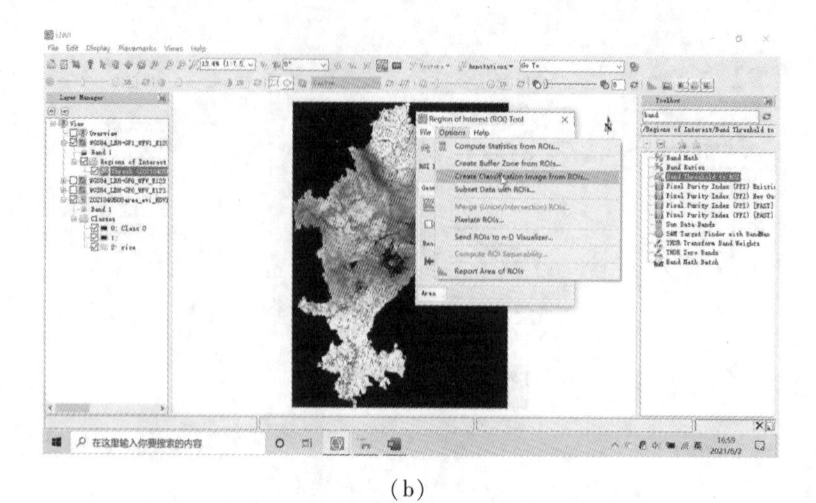

(b)

图 10.12　生成分类影像

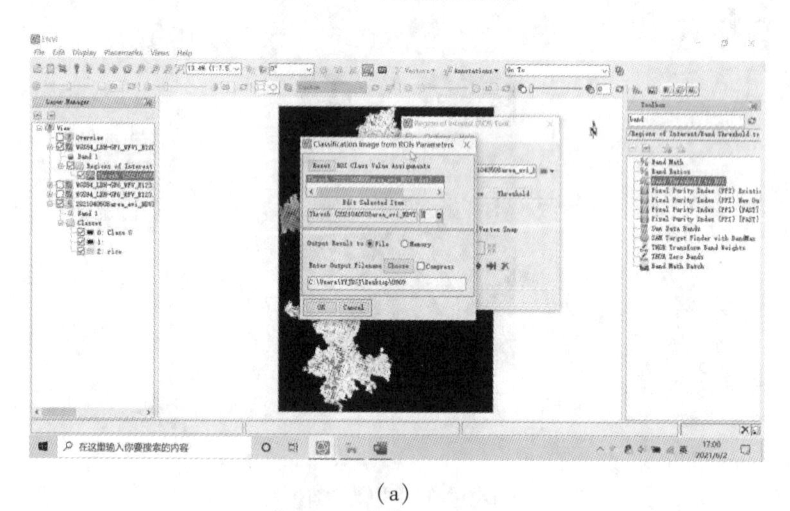

(a)

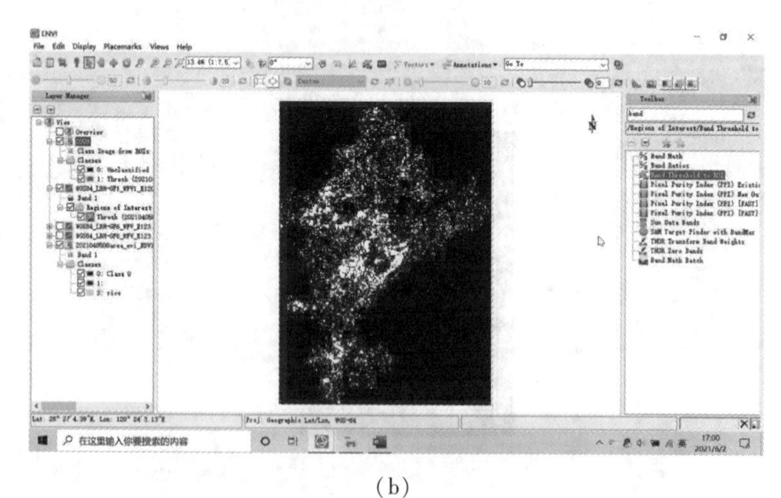

(b)

图 10.13　水稻二值图

(14)在右边的工具栏中搜寻 Band Math 工具，并输入公式 b1 * b2，如图 10.14 所示；

图 10.14　Band Math 工具

(15)选择生成的二值图以及前面反演出的水稻产量影像，选择合适的存储位置，即可得到试验区水稻产量影像，如图 10.15 所示；

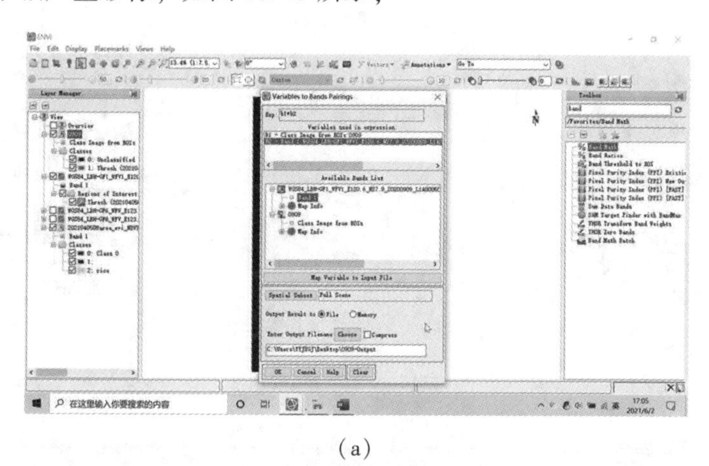

(a)

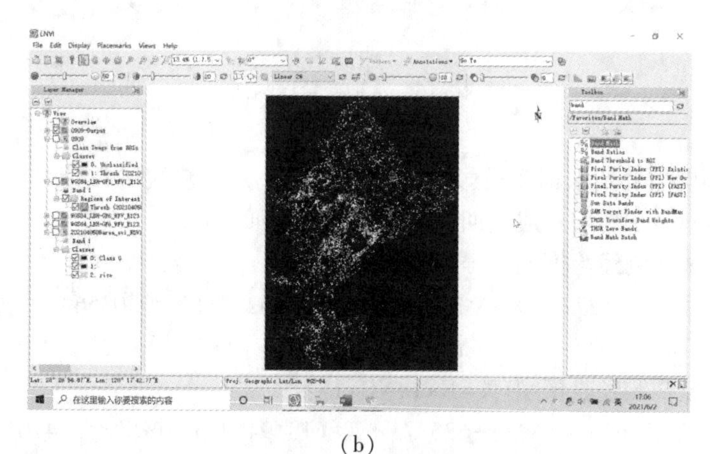

(b)

图 10.15　水稻产量影像

（16）在右边的工具栏中搜寻 Band Math Batch 工具，选择刚生成的试验区水稻产量影像，输入公式 float(b1) * b1/b1，选择存储位置，生成水稻产量产品影像，如图 10.16 所示；

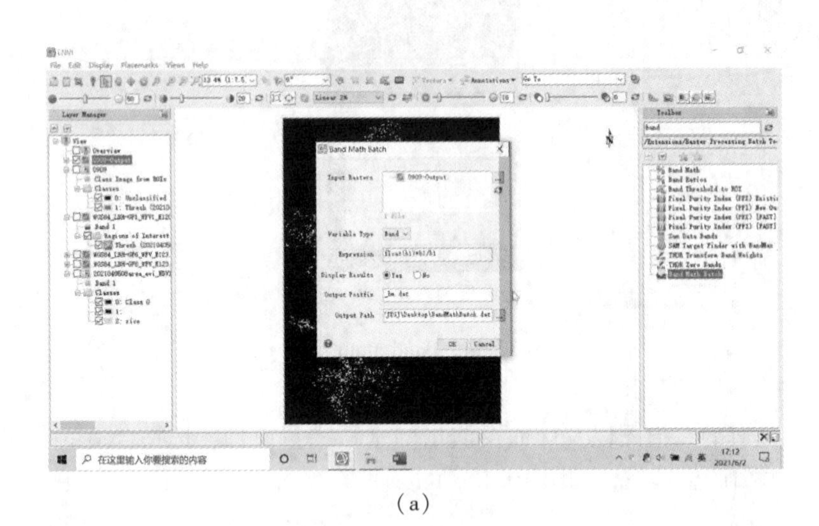

（a）

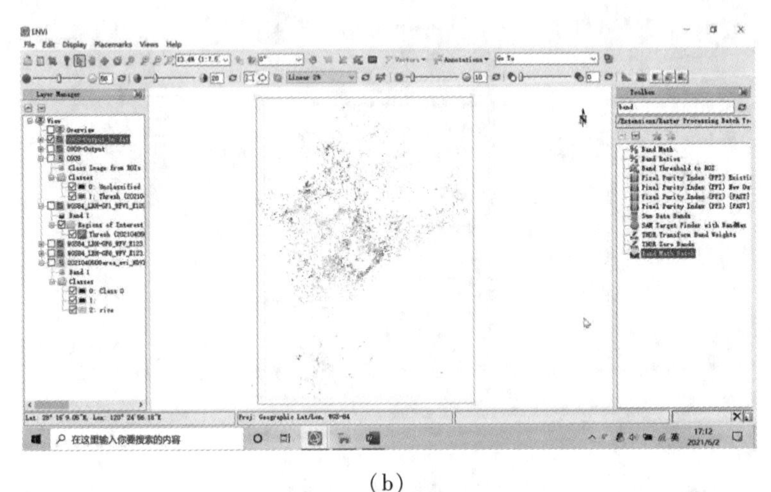

（b）

图 10.16　水稻产量产品图

（17）反演不同生育期水稻产量影像的步骤相同，只有植被指数计算公式和产量反演经验模型有所不同，孕穗期和成熟期的产量估测模型如下：

①孕穗期产量估测经验模型（X=G-GNDVI）：

$$Y=-1277.4*(X^2)-1803.6*X-62.51\ (X<0.0356)$$

$$Y=0\ (X\geq 0.0356)$$

②成熟期产量估测经验模型（X=RVI-NDVI）：

$$Y=-87.633*(X^2)+625.23*X-618.94\ (1.1876<X<5.9470)$$

$$Y=0\ (X\leq 1.1876,\ X\geq 5.9470)$$

第 11 章　秸秆焚烧区域提取

本章在前面处理的基础上，针对水稻种植区专题信息提取方法，运用 ArcMap 和 ENVI 工具以秸秆焚烧区域提取为例说明相关步骤。

(1)首先在 ArcMap 中打开两个样本区的数据，点击 ArcToolbox，选择数据管理工具→常规→合并。选择两个样本区的 shp 数据进行合并，如图 11.1 所示。

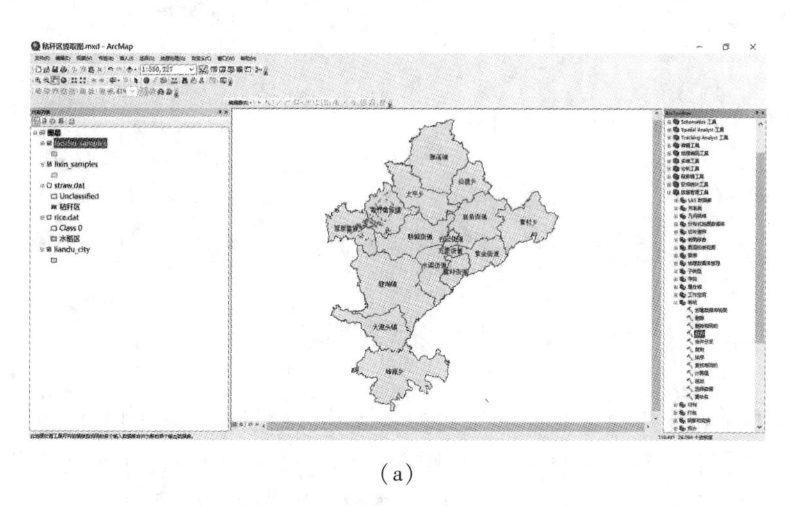

(a)

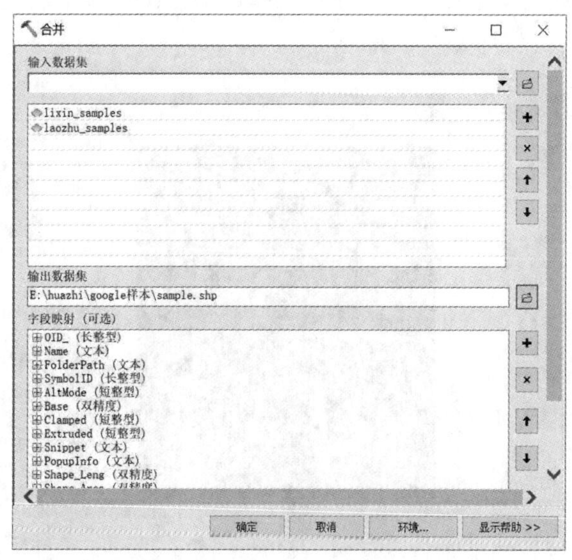

(b)

图 11.1　合并 shp 数据

(2)在 ENVI 中打开合并后的样本 shp 数据以及水稻提取图，并利用样本数据和水稻提取数据分别提取出焚烧秸秆区和水稻区的 ROI。从 shp 数据中提取 ROI 的方法是：在 ROI 工具中选择文件→导入矢量工具→选择样本 shp 数据，点击确定，再选择所有记录转换为单个 ROI，即可把矢量转换为 ROI，如图 11.2 所示。

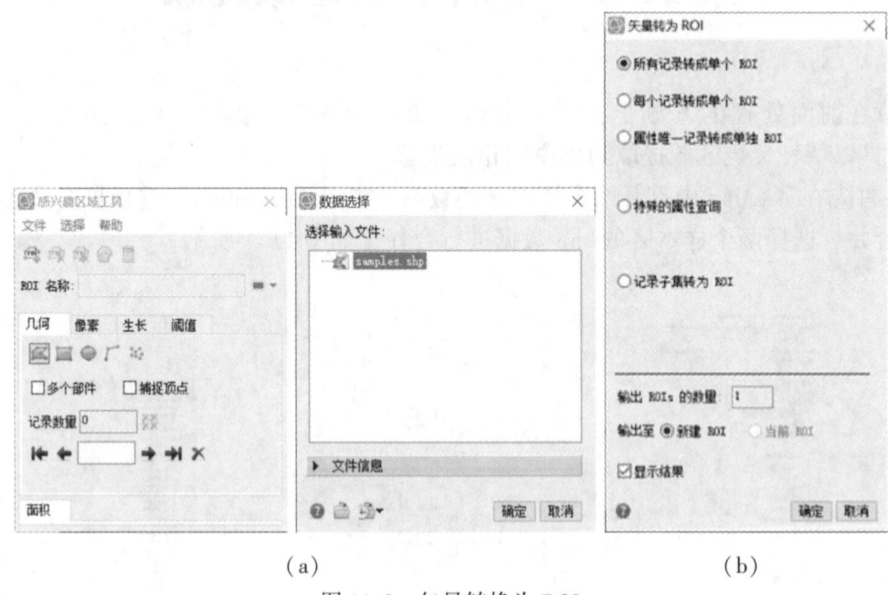

(a)　　　　　　　　　　(b)

图 11.2　矢量转换为 ROI

而从水稻提取结果中提取 ROI 的方式为：在 ENVI 的 ToolBox 的感兴趣区中选择从波段阈值构建 ROI 工具，选择水稻分类图(图中水稻部分的值为 1，非水稻部分的值为 0)，将 ROI 的阈值最小值设为 1，最大值设为 2，提取水稻 ROI，如图 11.3 所示。

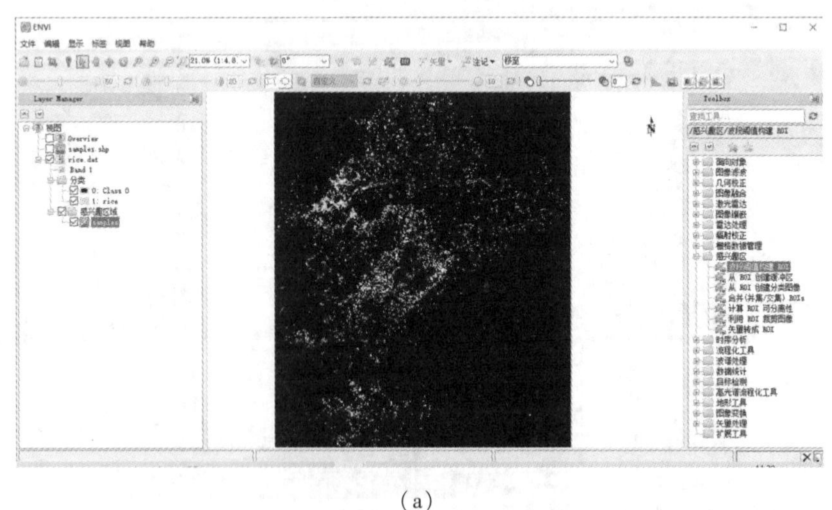

(a)

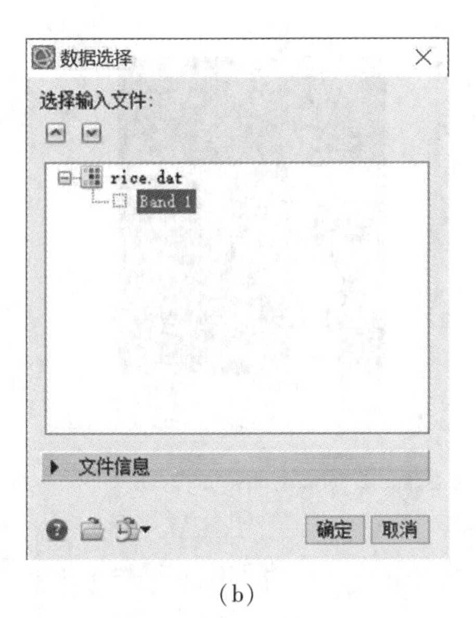

(b)

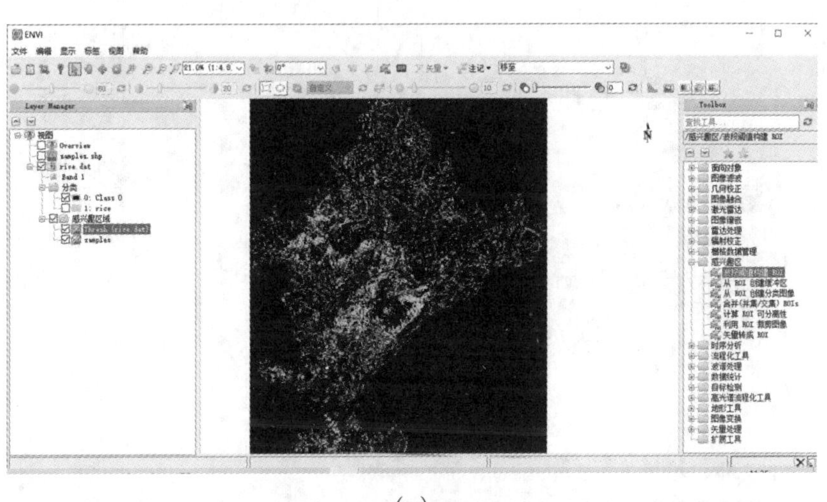

(c)

图 11.3　提取水稻 ROI

(3)打开 20201031 的高分六号影像、NDVI 结果、NVI 结果、RDVI 结果、EVI 结果、CIgreen 结果以及 RVI 结果，分别将 ROI 加载到这些数据上，并将鼠标放在 ROI 上，右键选择统计得到 ROI 的统计结果，如图 11.4 所示。

(4)将其中的最大值、最小值、均值、标准差复制到 Excel 上，并利用均值加/减标准差(图 11.5)，比较水稻和秸秆区样本在各个波段上的均值减一倍标准差的上下限。从图中可以知道 NDVI 的差距比较大，所以以 NDVI 作为提取秸秆焚烧区的主要依据。

(5)利用水稻区 ROI 裁剪 NDVI 影像，在 ToolBox 中选择感兴趣区工具，再选择利用 ROI 裁剪图像，输入 20201031NDVI 影像，ROI 选择水稻 ROI，裁剪得到水稻区的 NDVI 影像，如图 11.6 所示。

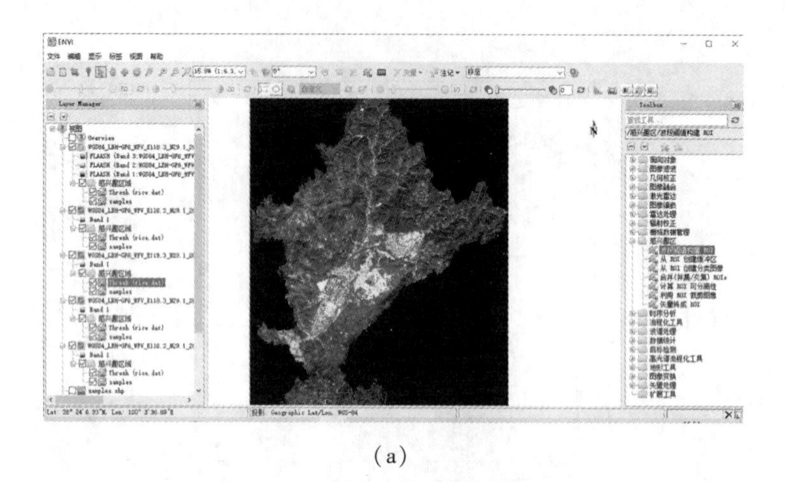

(a)

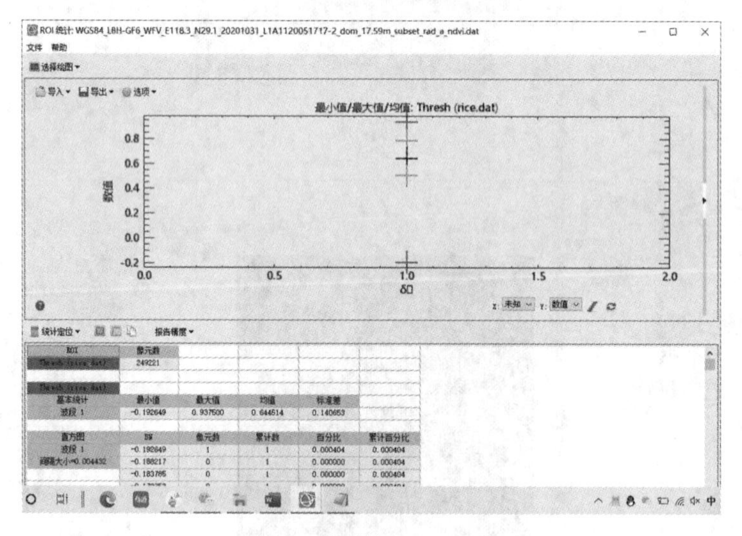

(b)

图 11.4　统计结果

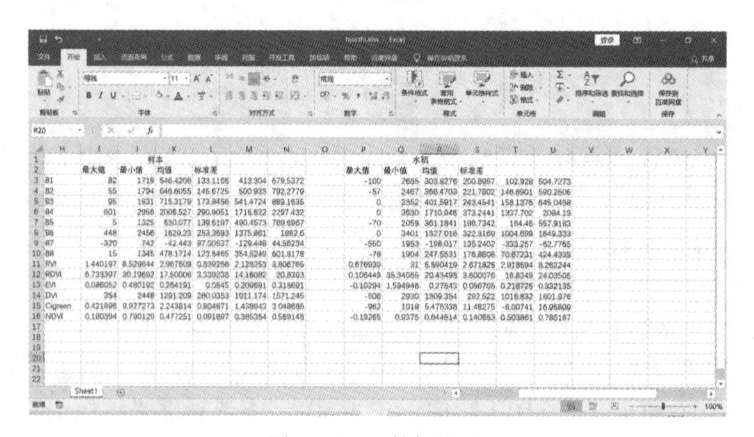

	样本						水稻					
	最大值	最小值	均值	标准差			最大值	最小值	均值	标准差		
B1	82	1719	546.4206	133.1166	413.304	679.5372	-100	2695	303.8276	200.8997	102.928	504.7273
B2	55	1794	646.6055	145.6725	500.933	792.2779	-57	2467	368.4703	221.7802	146.6901	590.2506
B3	95	1831	715.3179	173.8456	541.4724	889.1635	0	2362	401.5917	243.4541	158.1376	645.0458
B4	601	2956	2006.527	290.9051	1716.622	2297.432	0	3630	1710.946	373.2441	1337.702	2084.19
B5	5	1325	630.077	139.6197	490.4573	769.6967	-70	2059	361.1841	196.7342	164.45	557.9183
B6	448	2456	1629.23	253.3693	1375.861	1882.6	0	3401	1327.016	322.3169	1004.699	1649.333
B7	-320	742	-42.443	87.00537	-129.448	44.56234	-550	1953	-198.017	135.2402	-333.257	-62.7765
B8	15	1345	478.1714	123.6465	354.5249	601.8178	-78	1904	247.5531	176.8808	70.67231	424.4339
RVI	1.440197	8.529644	2.967509	0.839256	2.128253	3.806765	0.676939	31	5.590419	2.671825	2.918594	8.262244
RDVI	6.733397	30.19692	17.50006	3.339238	14.16082	20.8393	0.106449	35.34056	20.43498	3.600076	16.8349	24.03506
EVI	0.086052	0.480192	0.264191	0.0545	0.209691	0.318691	-0.10294	1.594946	0.27543	0.056705	0.218725	0.332135
DVI	354	2448	1291.209	280.0353	1011.174	1571.245	-808	2930	1309.354	292.522	1016.832	1601.876
Cigreen	0.421896	9.927273	2.243814	0.804871	1.438943	3.048685	-982	1018	5.475338	11.48275	-6.00741	16.95809
NDVI	0.180394	0.790129	0.477251	0.091897	0.385354	0.569148	-0.19265	0.9375	0.644514	0.140653	0.503861	0.785167

图 11.5　比较标准差

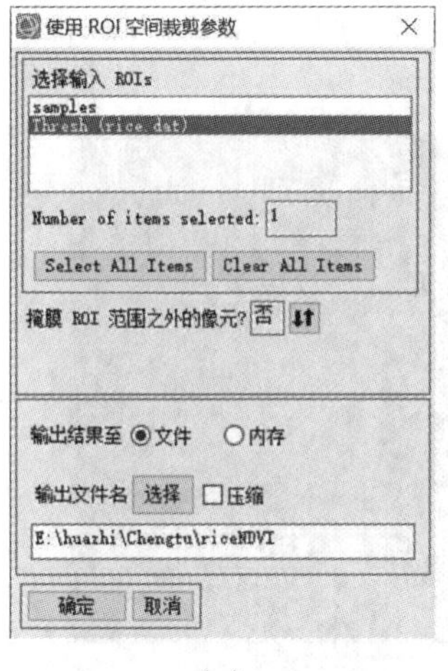

(a)

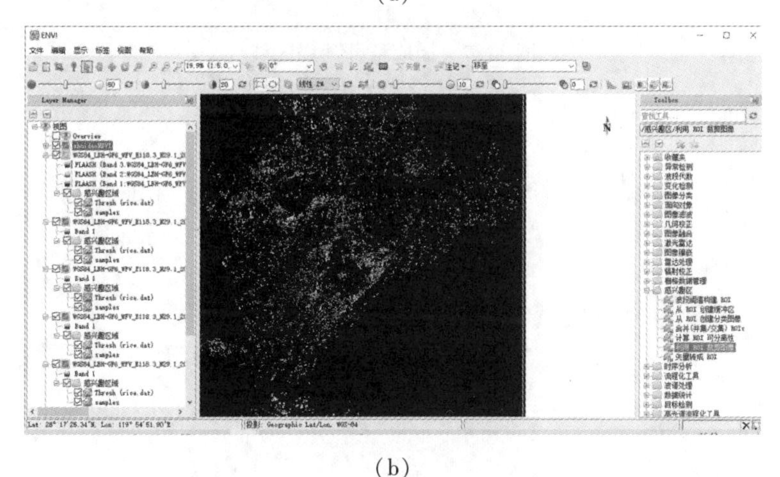

(b)

图 11.6　水稻 NDVI 影像

(6)以样本上限和水稻下限的中间值作为本次提取上限，以样本的下限作为提取的下限。打开 ROI 裁剪得到水稻区的 NDVI 影像，在工具栏中搜索 Band Math，输入图 11.7(a)中的公式，对焚烧秸秆区域进行提取，如图 11.7(b)所示。

(a)

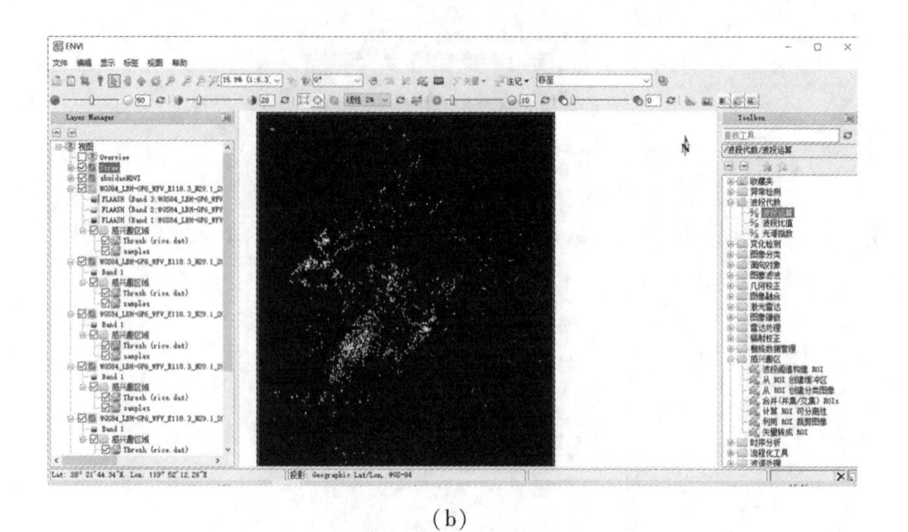

(b)

图 11.7 提取秸秆焚烧区域

第 12 章　遥感产品成图

本章在前面水稻遥感监测系列方法介绍的基础上，针对遥感产品成图实践进行说明。具体操作过程以地上生物量产品为例，其他产品同理。操作中利用 ArcGIS10. 2 及以上版本处理成图。

(1)利用 ArcMap 打开试验区 shp 影像以及 ENVI 生成的地上生物量产品影像，如图 12. 1 所示；

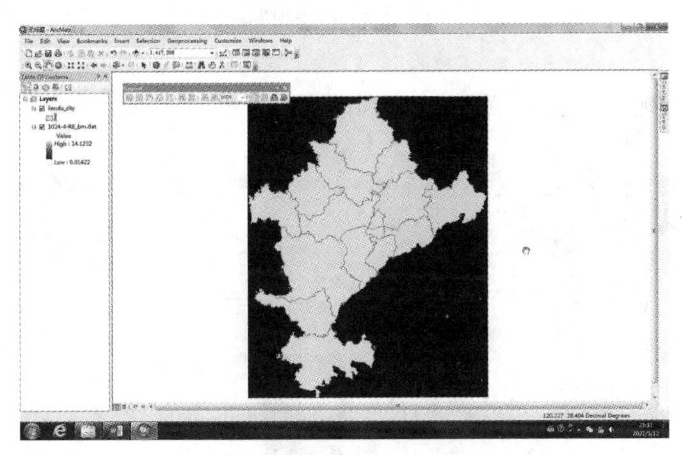

图 12. 1　打开影像

(2)点击下图所示的红框，选择 Tan，更改 shp 影像的颜色，如图 12. 2 所示；

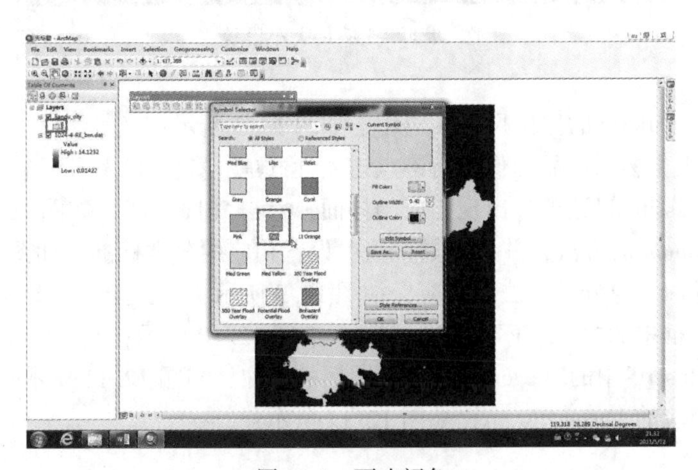

图 12. 2　更改颜色

(3)点击布局视图按钮，从数据视图转换到布局视图，如图 12.3 所示；

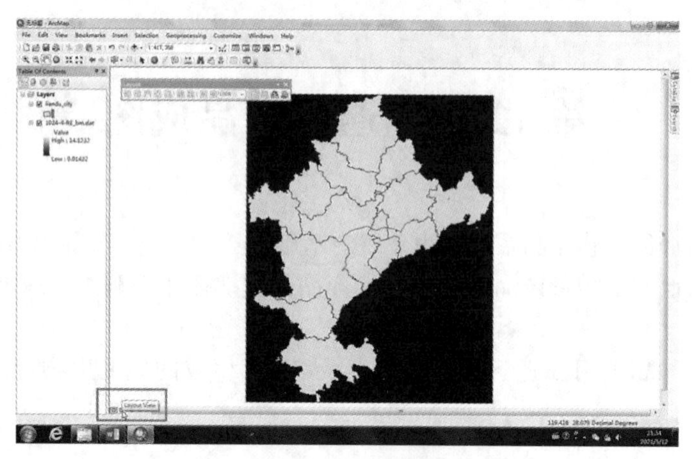

图 12.3　布局视图

(4)自定义比例尺的大小，如图 12.4 所示；

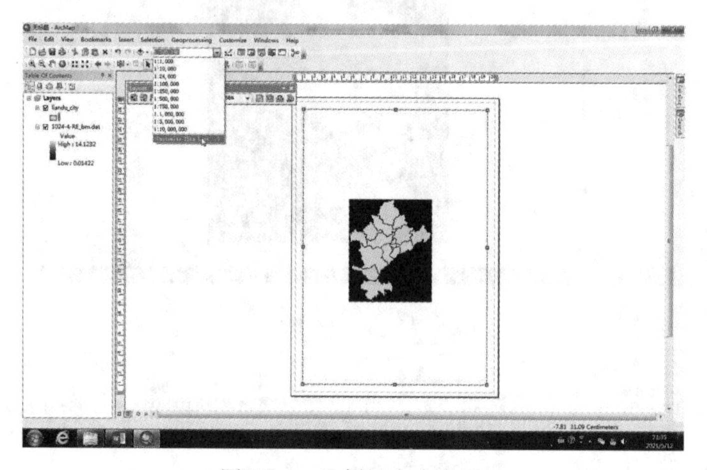

图 12.4　比例尺大小设置

(5)添加 1∶350000 的比例尺，并应用，如图 12.5 所示；
(6)选中地上生物量产品影像，右键点击属性选项，如图 12.6 所示；
(7)点击“Classified”选项，出现相应的界面，点击“Classify”，如图 12.7 所示；
(8)选择 Manual 的方法，并根据具体情况设置相应的分类标准，如图 12.8 所示；
(9)更改 Label，与分类方法相对应，如图 12.9 所示；
(10)单击红框中的“VALUE”，进行删除，如图 12.10 所示；
(11)点击“Insert”中的“Legend”，进行图例的添加，如图 12.11 所示；
(12)选择对应的 Legend Items，如图 12.12 所示；

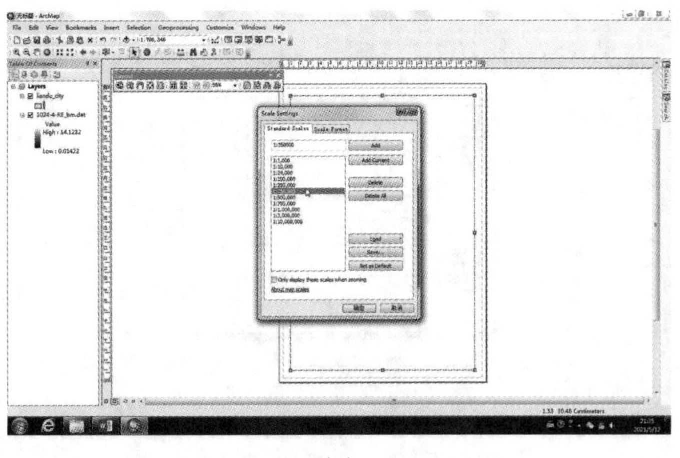

(a)

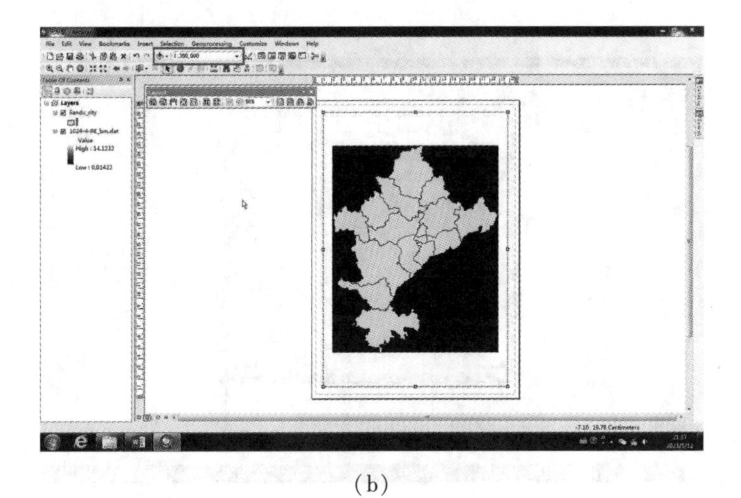

(b)

图 12.5　设置比例尺

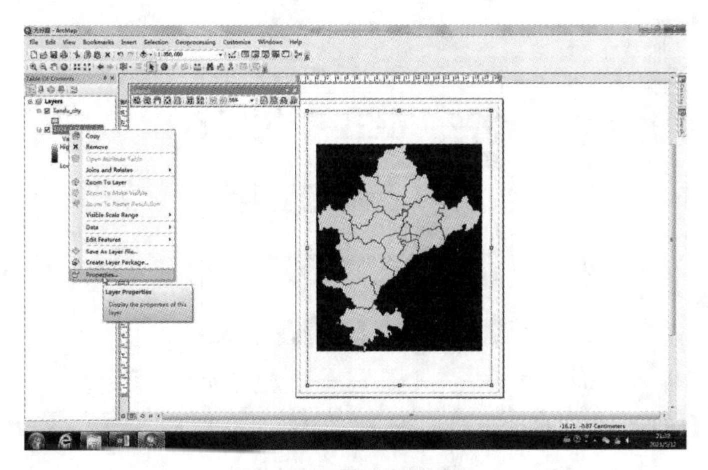

图 12.6　打开属性面板

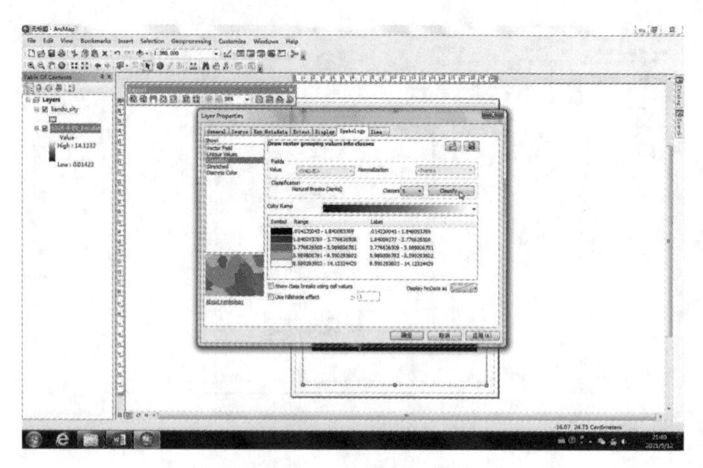

图 12.7　Classified 选项

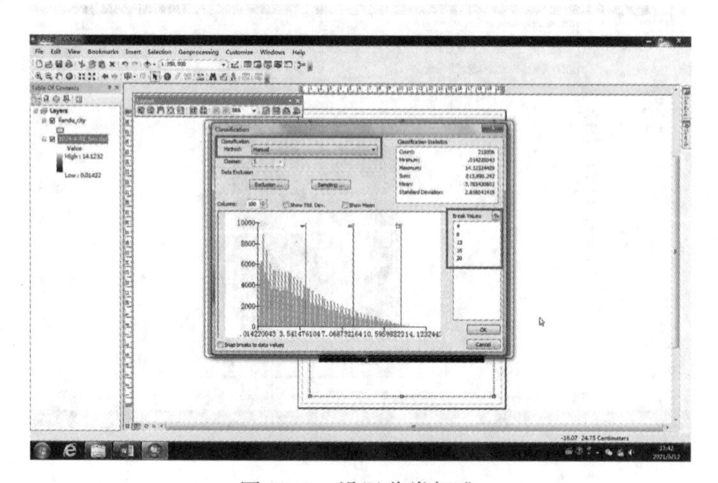

图 12.8　设置分类标准

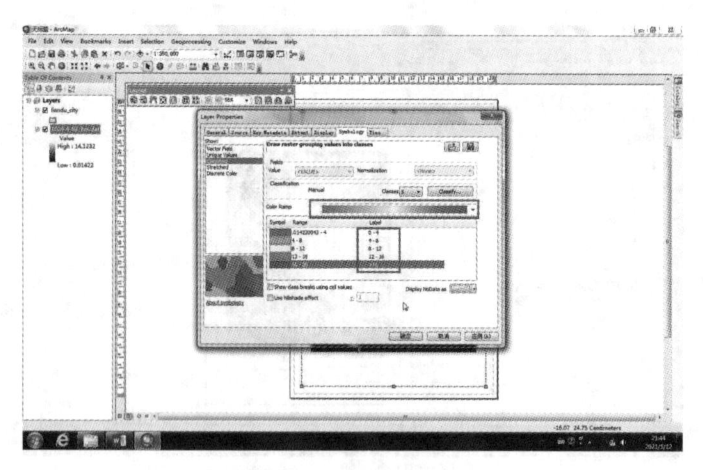

图 12.9　更改 Label

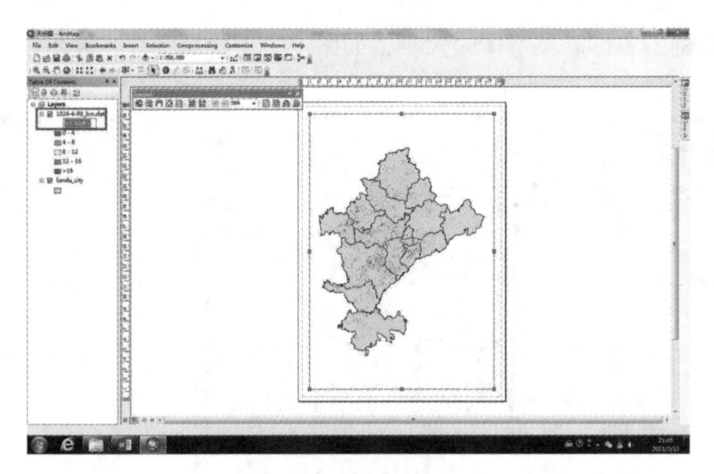

图 12.10 删除 VALUE

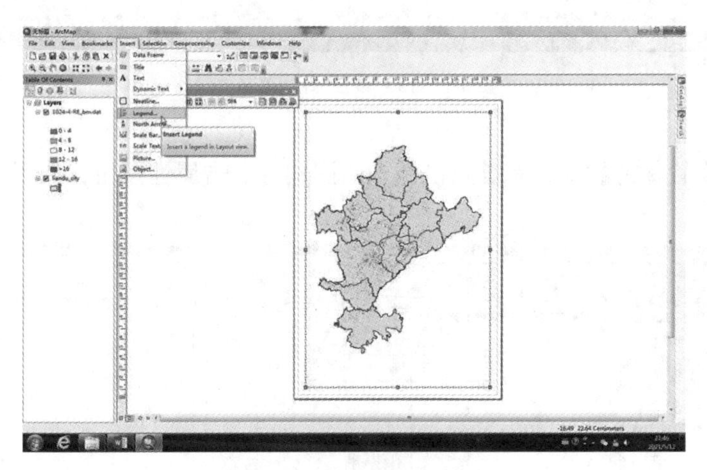

图 12.11 添加图例

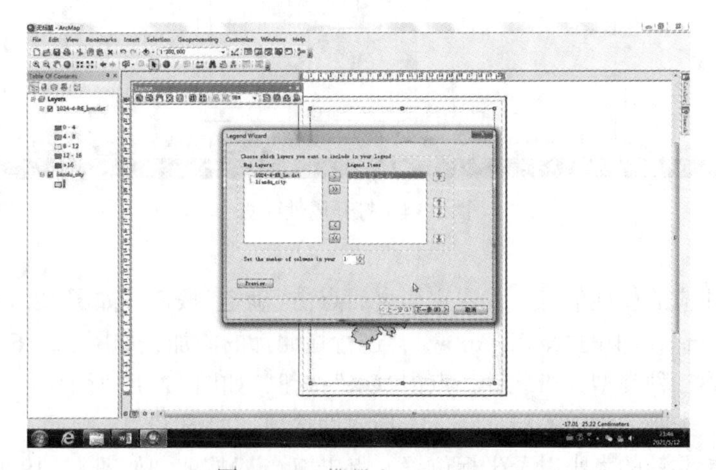

图 12.12 选择 Legend Items

(13)设置图例的名称以及字体的大小，如图 12.13 所示；

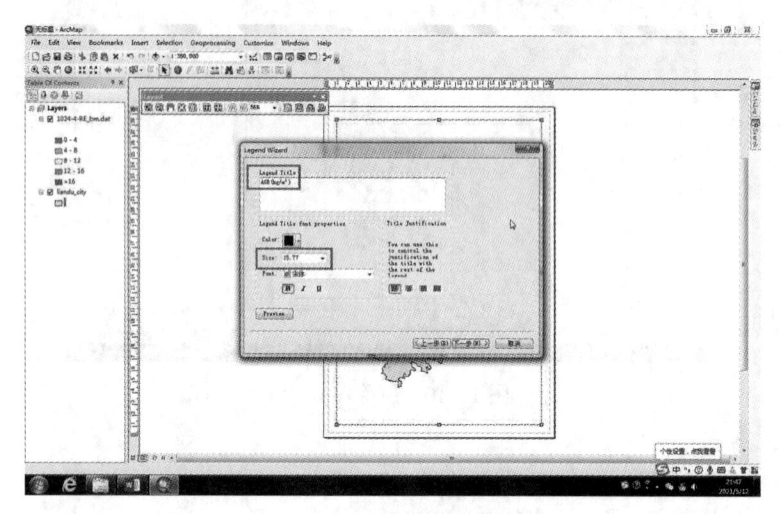

图 12.13　设置图例格式

(14)其他设置保持默认，右键点击插入的图例，点击属性按钮，如图 12.14 所示；

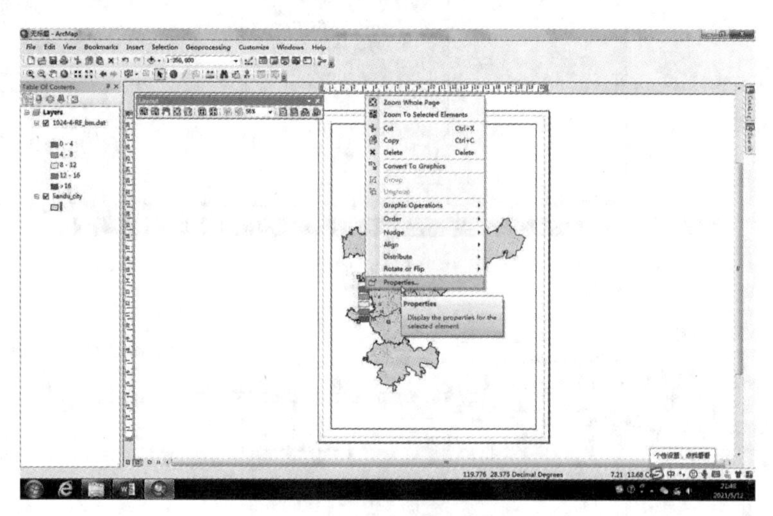

图 12.14　打开属性面板

(15)设置相应的属性信息，设置完毕之后点击“确定”按钮，如图 12.15 所示；
(16)点击“Insert”中的“North Arrow”，进行指北针的添加，如图 12.16 所示；
(17)选择第三种类型的指北针，点击“OK”按钮，如图 12.17 所示；
(18)右键点击刚才添加的指北针，选择属性选项，如图 12.18 所示；
(19)设置指北针的大小以及坐标位置，点击“确定”按钮，如图 12.19 所示；
(20)点击“Insert”中的“Scale Bar”，进行比例尺的添加，如图 12.20 所示；

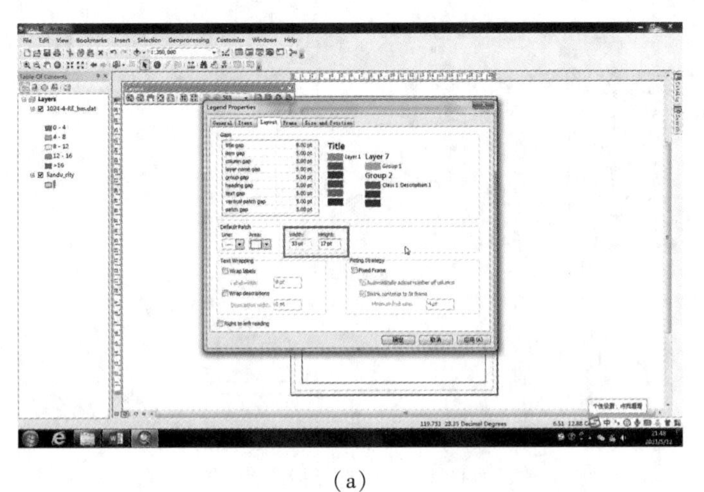

(a)

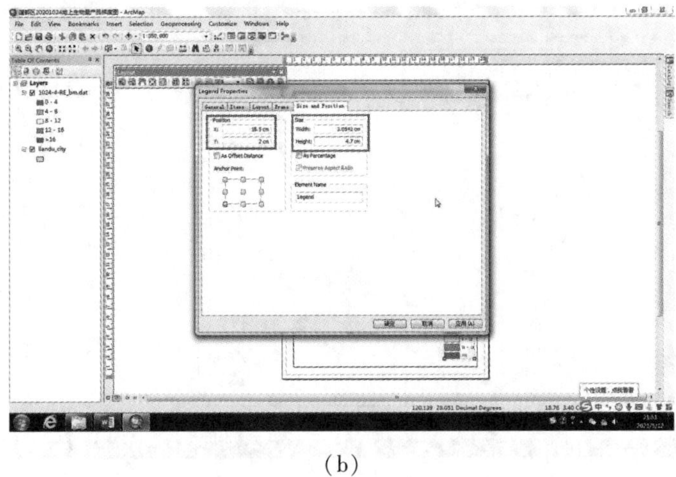

(b)

图 12.15　设置属性

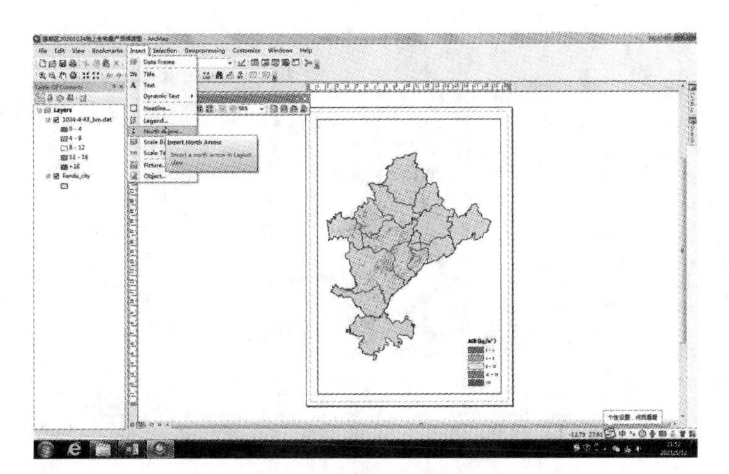

图 12.16　添加指北针

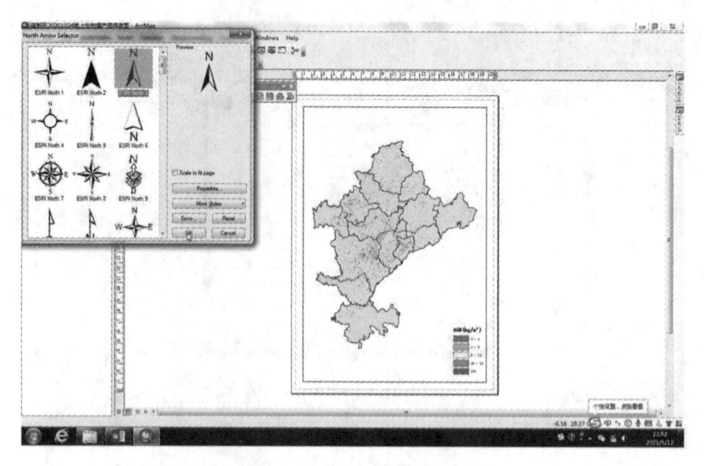

图 12.17　选择指北针

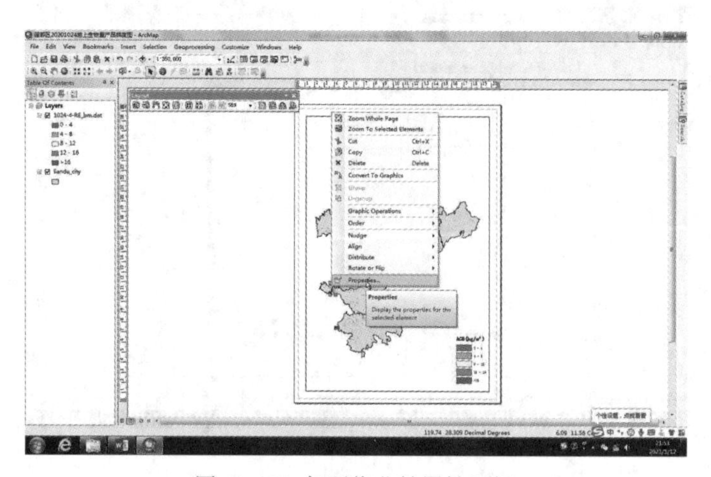

图 12.18　打开指北针属性面板

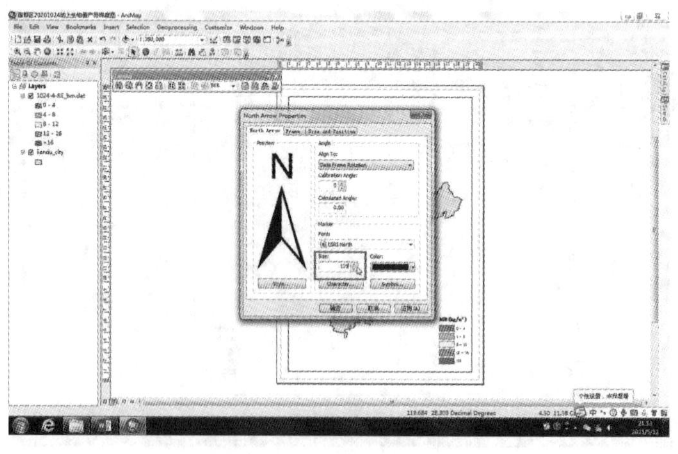

(a)

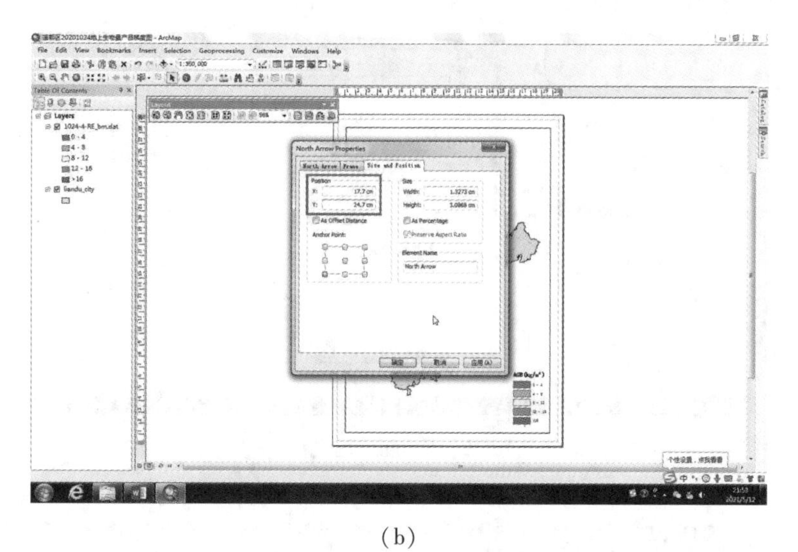

（b）

图 12.19　设置指北针属性

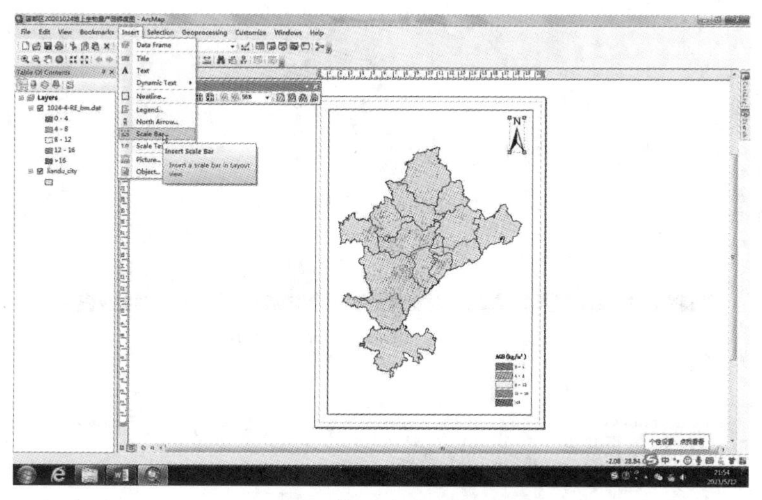

图 12.20　添加比例尺

（21）选择第六种比例尺，点击“OK”按钮，如图 12.21 所示；

（22）右键点击刚才添加的比例尺，选择属性选项，如图 12.22 所示；

（23）设置比例尺的单位、大小、坐标位置以及文本属性，点击“确定”按钮，如图 12.23 所示；

（24）点击“Insert”中的“Title”，进行标题的添加，如图 12.24 所示；

（25）输入相应的标题，点击“OK”按钮，如图 12.25 所示；

（26）右键点击刚添加的标题，点击“Properties”选项，设置标题的坐标位置，如图 12.26 所示；

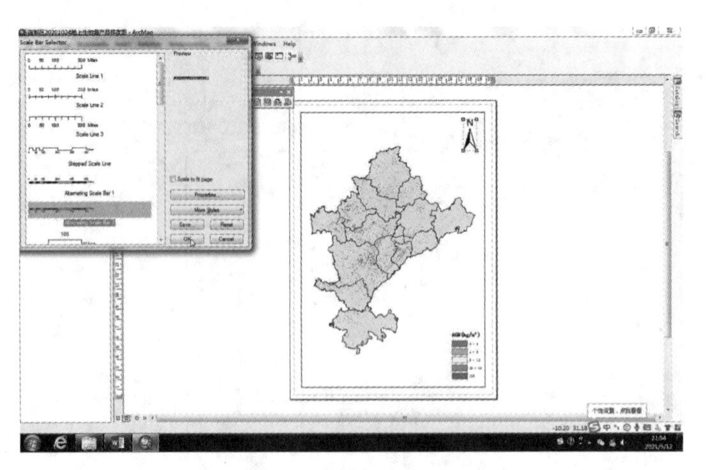

图 12.21　选择比例尺

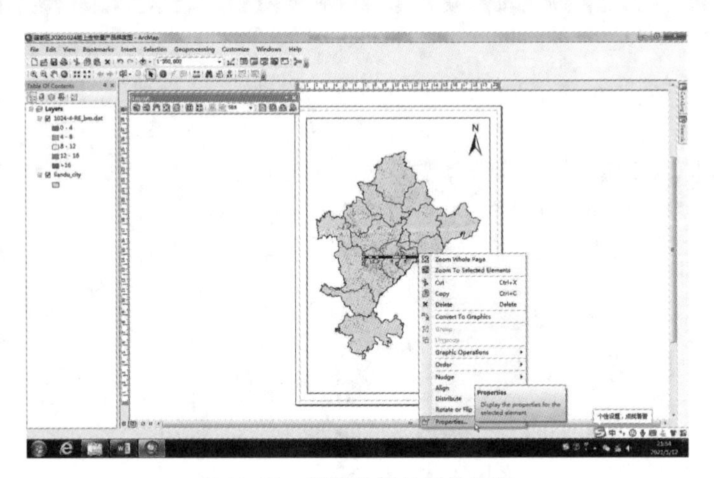

图 12.22　打开比例尺属性面板

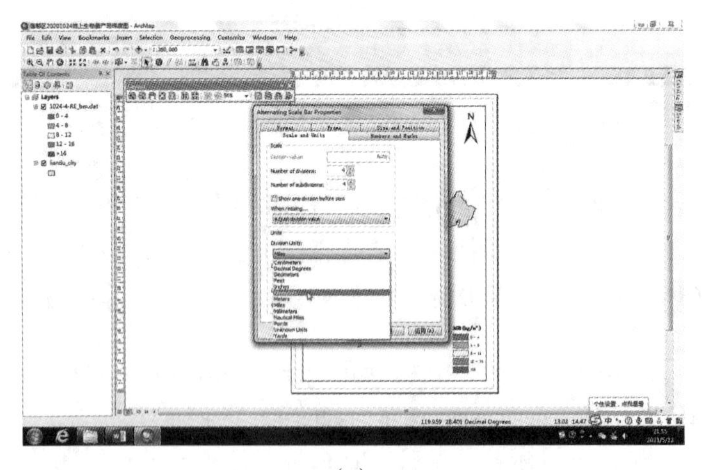

(a)

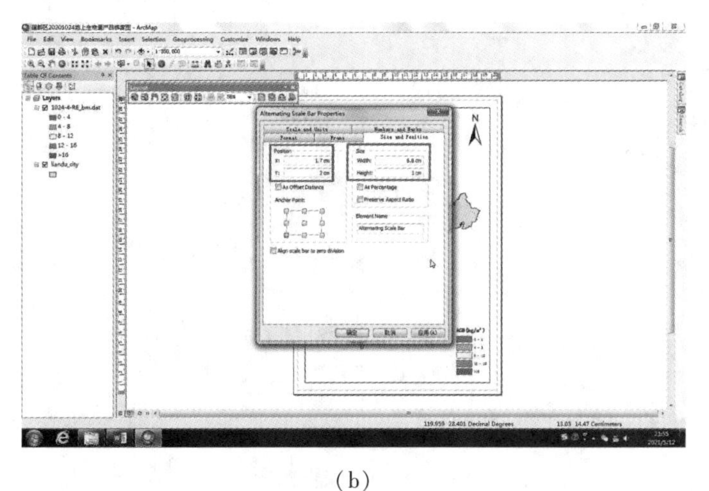

(b)

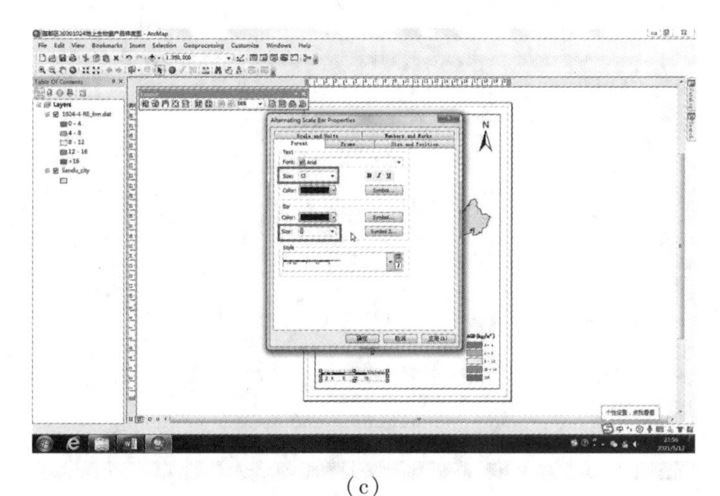

(c)

图 12.23　设置比例尺格式

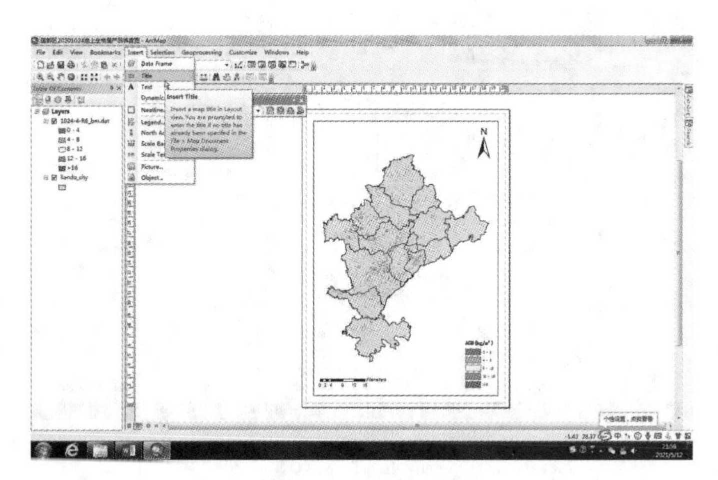

图 12.24　添加标题

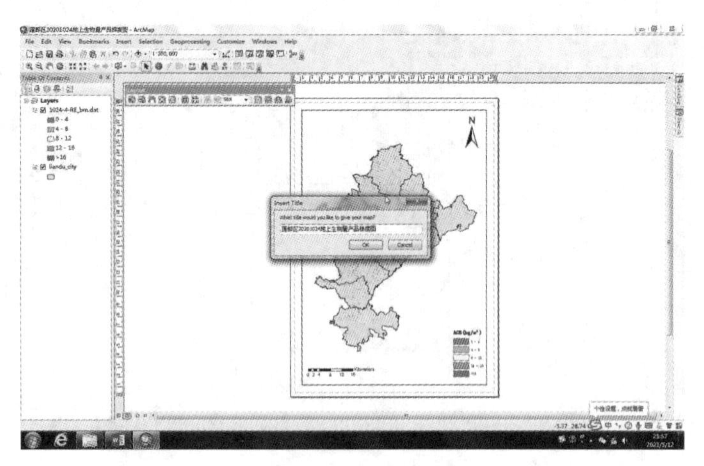

图 12.25　编辑标题

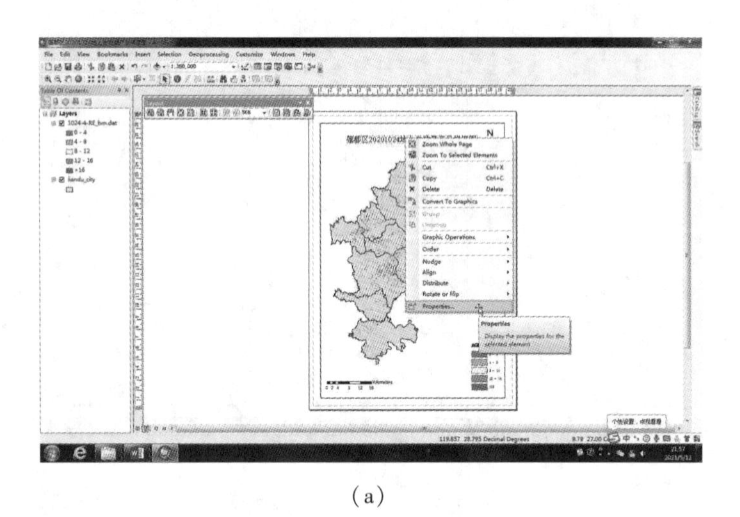

(a)

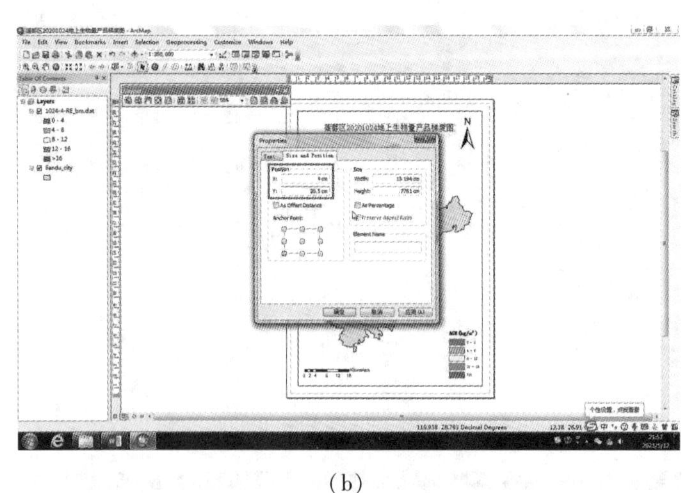

(b)

图 12.26　设置标题的坐标位置

(27)点击鼠标右键，选择"Properties"选项，如图 12.27 所示；

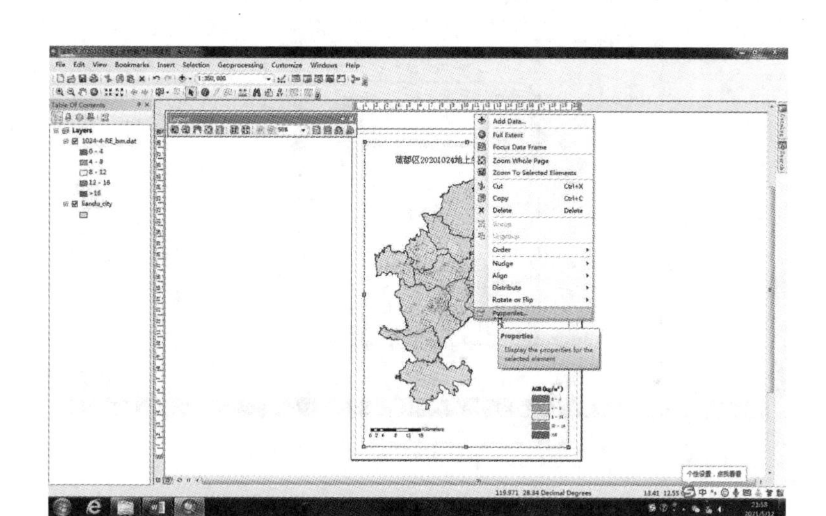

图 12.27　打开属性面板

(28)在 Grids 选项卡中点击"New Grid"进行格网的生成，保持默认即可，如图 12.28 所示；

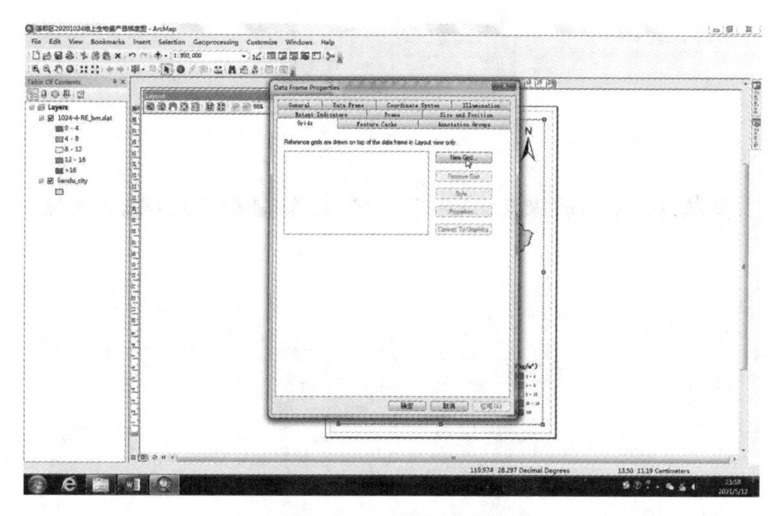

图 12.28　添加格网

(29)生成格网后，点击"Properties"按钮，进行相应属性的设置，如图 12.29 所示；

(30)属性设置完毕之后，点击"应用"按钮，然后点击"确定"按钮，如图 12.30 所示；

(31)选中试验区的 shp 文件，右键点击"Label Features"显示图层名称，如图 12.31 所示；

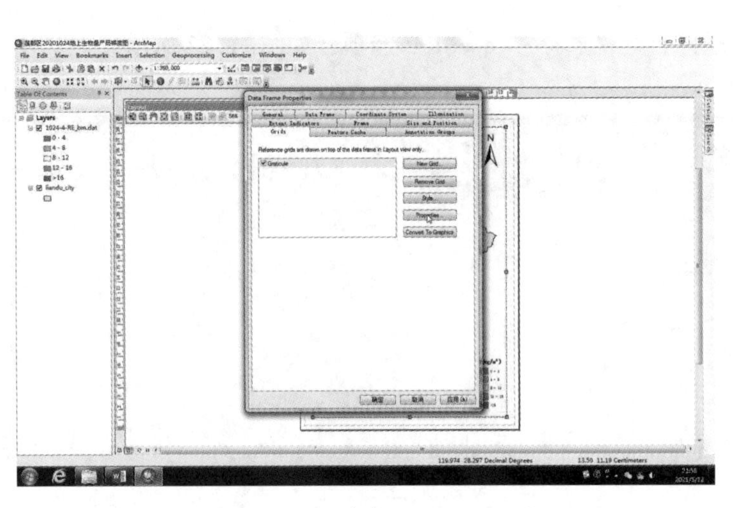
File Edit View Bookmarks Insert Selection Geoprocessing Customize Windows Help
Table Of Contents
Data Frame Properties
Graticule
New Grid
Remove Grid
Style
Properties
Convert To Graphics

(a)

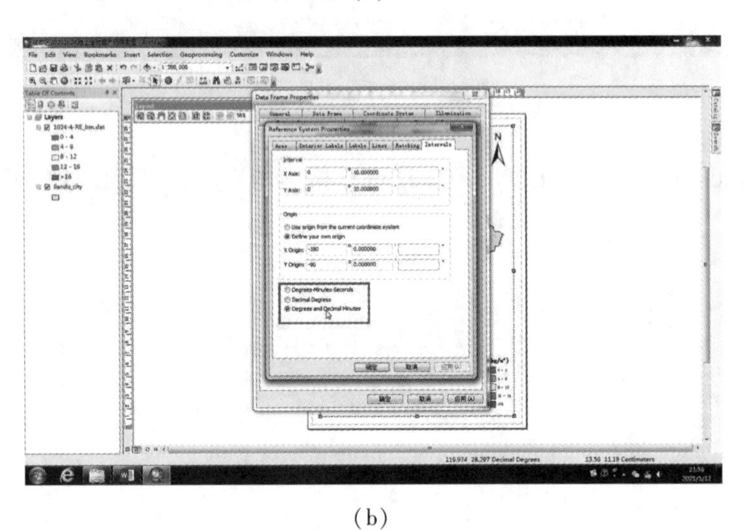
File Edit View Bookmarks Insert Selection Geoprocessing Customize Windows Help
Data Frame Properties
Reference System Properties
Interval
X Axis:
Y Axis:
Origin
Degrees-Minutes-Seconds
Decimal Degrees
Degrees and Decimal Minutes

(b)

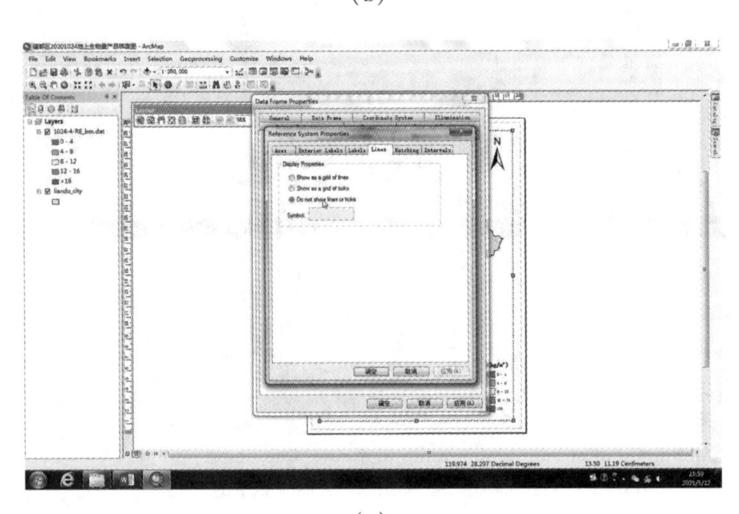
File Edit View Bookmarks Insert Selection Geoprocessing Customize Windows Help
Data Frame Properties
Reference System Properties
Display Properties
Symbol:

(c)

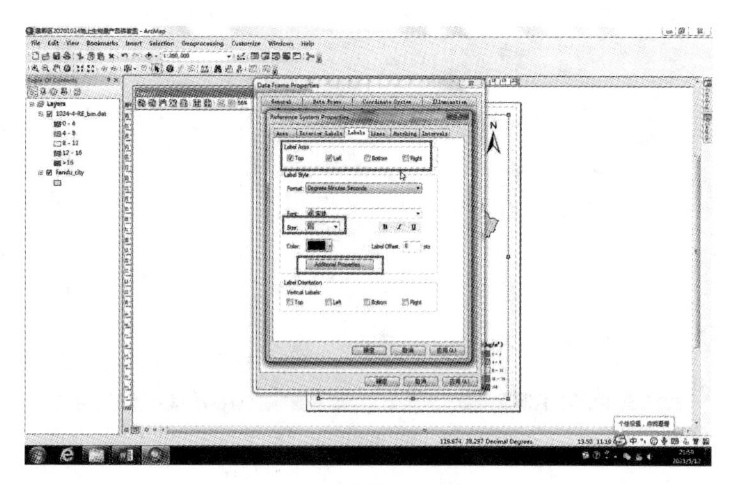

(d)

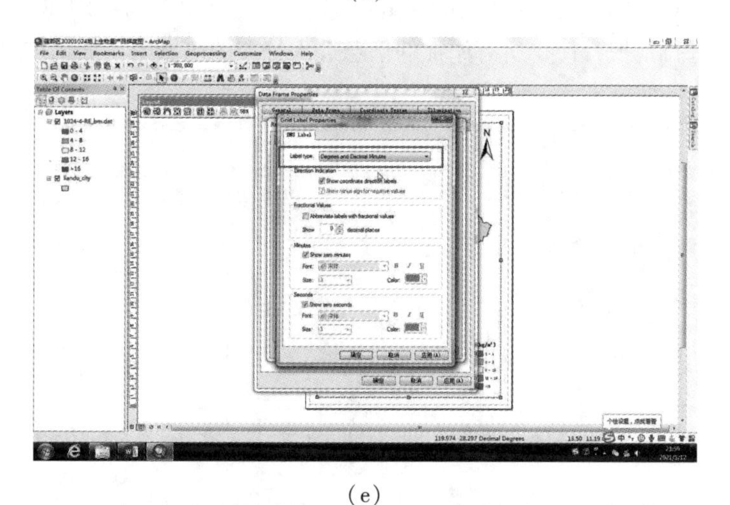

(e)

图 12.29　设置格网属性

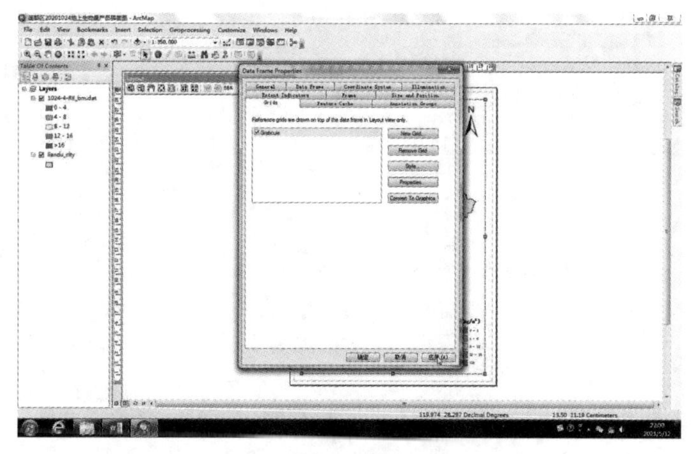

图 12.30　完成属性设置

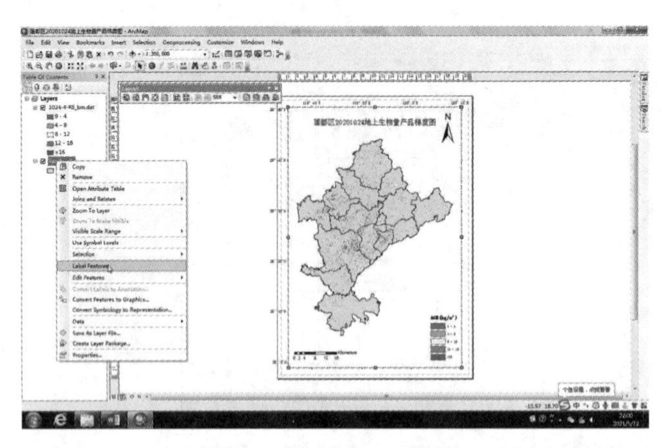

图 12.31　选中 shp 文件

(32)点击“File”中的“Page and Print Setup”按钮，设置相关的打印属性，设置完毕后，选中所有的内容进行拖拽，使得所有添加的信息进入打印的区域内，如图 12.32 所示；

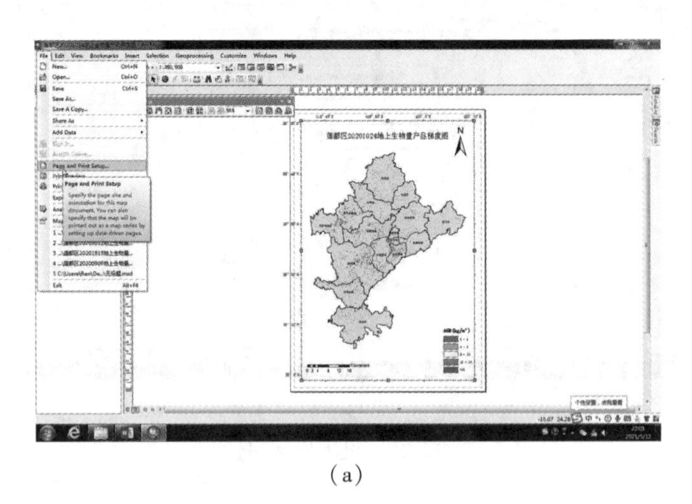

(a)

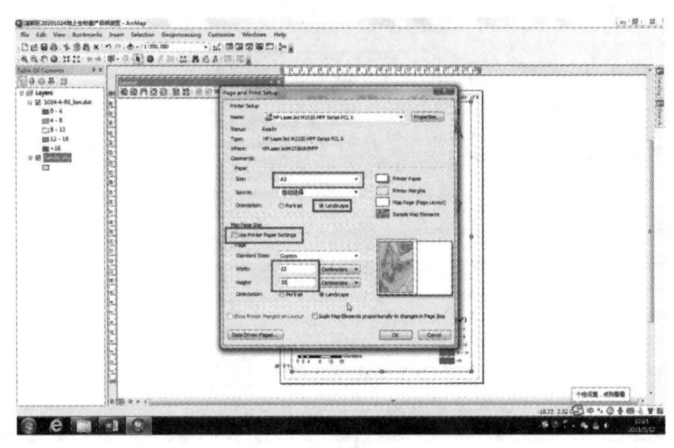

(b)

图 12.32　设置打印属性

(33)点击“File”中的“Export Map”按钮，进行产品图的输出，如图 12.33 所示；

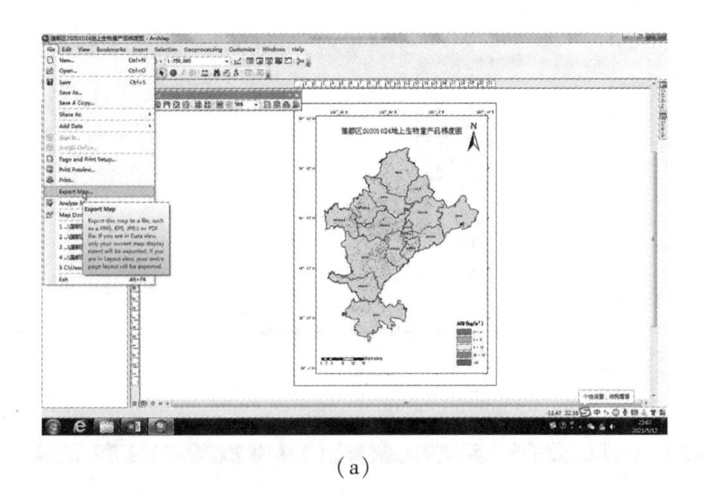

(a)

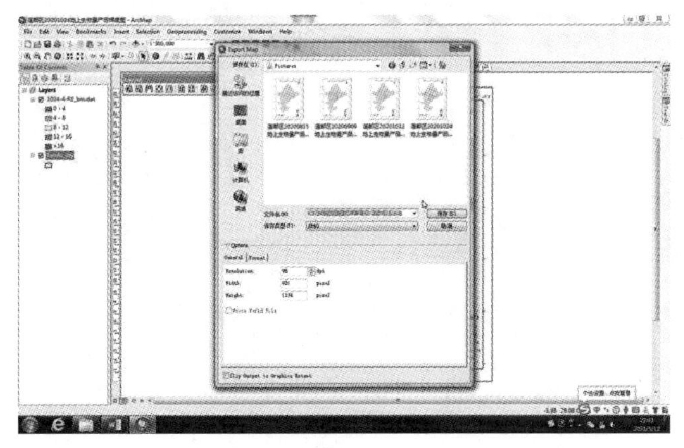

(b)

图 12.33　输出产品图

(34)点击“File”中的“Save”按钮，保存 mxd 文件，如图 12.34 所示。

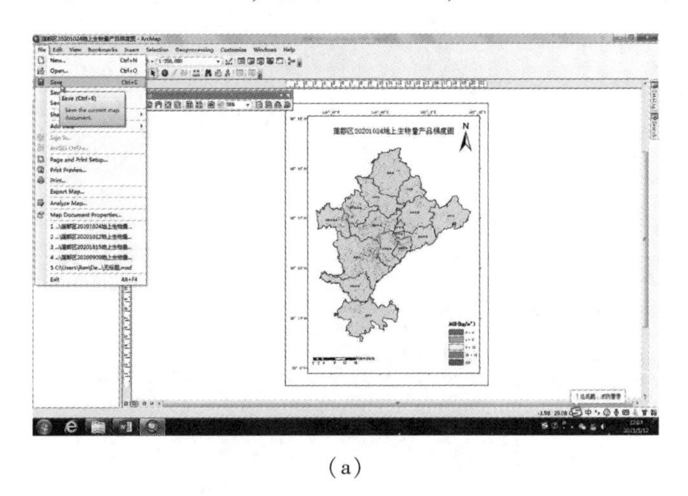

(a)

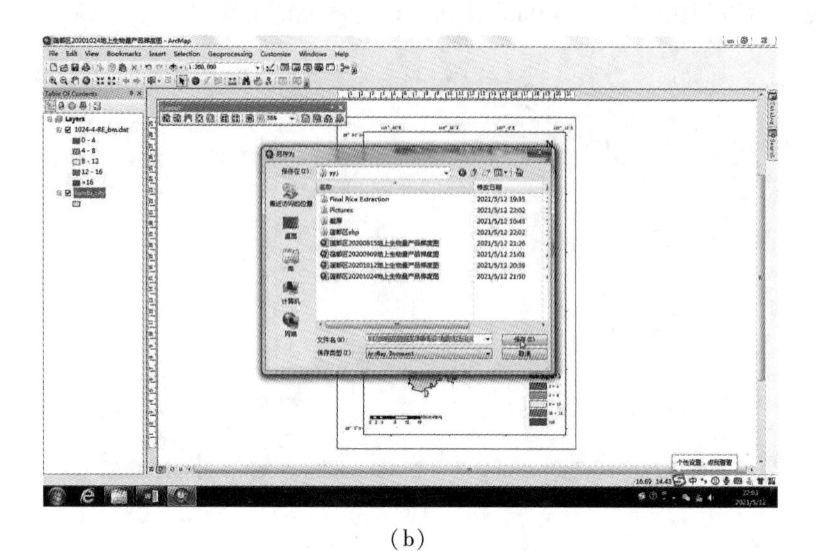

(b)

图 12.34　保存 mxd 文件

附录　典型习题解析

第1章　绪　　论

1. 下列关于遥感观测历史的描述，不正确的有(　　)

A. 1957年10月4日，苏联发射了第一颗人造卫星，开始了人类第一次航天遥感对地观测。

B. 多光谱遥感技术产生于高光谱遥感技术之后，拥有更精确的地物识别能力。

C. 1972年美国地球资源卫星(陆地卫星 Landsat)上天，搭载多光谱扫描仪(MSS)用于对地观测。

D. 中国高分对地观测计划的第一颗卫星是资源三号卫星。

解析：1957年苏联发射了第一颗人造卫星斯普特尼克1号，开创了新型的航天观测平台，但斯普特尼克1号不是遥感卫星，并未搭载遥感传感器对地观测。高光谱遥感技术产生于多光谱遥感技术之后，相比多光谱技术有更好的光谱分辨能力。中国高分对地观测计划的第一颗卫星是高分一号卫星，资源三号卫星也称测绘卫星，是我国第一颗三线阵立体成像卫星。答案为：A、B、D。

2. 下列关于中国的卫星发射基地的说法，正确的有(　　)

A. 酒泉卫星发射中心是中国最早建成的运载火箭发射试验基地，承担了目前我国神舟系列载人飞船全部发射任务。

B. 太原卫星发射中心是中国最早建成的运载火箭发射试验基地，承担了目前我国神舟系列载人飞船全部发射任务。

C. 西昌卫星发射中心成功发射了我国第一颗地球同步轨道卫星，是我国纬度最低的卫星发射基地。

D. 文昌卫星发射中心是我国最新建成的卫星发射中心，其地理位置有利于火箭运载能力的提升。

解析：酒泉卫星发射中心是中国最早建成的运载火箭发射试验基地，1975年中国第一颗返回式卫星在这里发射成功，从1999年开始神舟系列飞船从这里发射升空，目前承担了我国神舟系列载人飞船全部发射任务。1984年西昌卫星发射中心成功发射了我国第一颗地球同步轨道卫星，但目前我国纬度最低的卫星发射基地是海南文昌卫星发射中心。答案为：A、D。

第2章　电磁波与遥感物理基础

1. 关于红外遥感影像，下列说法正确的是(　　)

A. 热红外影像的成像波长在0.76~3μm之间；

B. 地物在热红外影像上的色调主要由地物反射光谱特性决定；

C. 相同地物如果温度越高，通常在热红外影像上亮度越高；

D. 同等空间分辨率条件下，目标在热红外遥感影像上边缘信息比近红外影像清晰。

解析：在遥感观测中，电磁波波长0.76~1000μm称红外波段。其中，0.38~0.76μm为可见光波段，0.76~3.0 μm为近红外波段，可见光和近红外影像色调主要由地物反射光谱特性决定；3.0~6.0μm为中红外波段；热红外典型波段为6.0~15.0μm，色调主要由地物温度决定；波长在15.0μm以上的红外波段多被大气吸收，遥感探测较少采用。地物温度场差异通常低于反射率差异，同等空间分辨率条件下，目标在热红外遥感影像上边缘信息比近红外影像模糊。答案为：C。

2. 下列哪些因素有利于地物在热红外遥感影像上产生较高的亮度？(　　)

A. 地物比辐射率较低

B. 地物可见光波段反射率较高

C. 地物温度较高

D. 地物温度较低

解析：热红外影像上目标的亮度主要反映地物辐射能量，地物辐射能量等于地物发射率(即比辐射率)和黑体辐射能量的乘积，与地物可见光波段反射率无直接关系。因此，发射率越高、温度越高越有利于在遥感影像上产生较高的亮度。答案为：C。

3. 关于热红外影像的判读，下列说法正确的是(　　)

A. 在热红外影像上，河流白天呈亮色调，夜间呈暗色调；

B. 在热红外影像上，沙土在白天和晚上都呈亮色调；

C. 夜间对飞机场起跑线的扫描热红外影像上，刚刚飞离的飞机位置呈暗色调；

D. 夜间对飞机场起跑线的扫描热红外影像上，已经发动的飞机位置呈亮色调。

解析：在热红外影像上，河流、沙土的色调主要取决于温度相对关系，与季节、气候密切相关。例如在夏天往往存在水体温度白天低于陆地、夜晚高于陆地的情况，会导致热红外影像上，河流白天相对陆地是暗色调、夜晚是亮色调的现象。夜间飞机场起跑线上已经发动的飞机温度比其他目标高，呈现亮色调。答案为：D。

4. 关于大气散射，下列说法正确的是(　　)

A. 大气散射将显著影响SAR影像成像质量；

B. 大气散射将导致光学遥感影像反差降低；

C. 当电磁波波长远小于大气不均匀颗粒尺寸时，主要发生瑞利散射；

D. 当电磁波波长远大于大气不均匀颗粒尺寸时，主要发生瑞利散射。

解析：SAR采用微波波段成像，对大气穿透性较好，具有全天时全天候成像能力。大气散射形成的天空漫射光将加载在地表，会降低光学遥感影像反差。在大气散射现象中，当电磁波波长远小于大气不均匀颗粒尺寸时，主要发生瑞利散射，对短波散射强烈，而当电磁波波长远大于大气不均匀颗粒尺寸时，主要发生均匀散射。答案为：B、C。

5. 关于太阳发射辐射和地球发射辐射，下列说法正确的是(　　)

A. 太阳发射辐射能量主要在可见光及近红外波段；

B. 太阳发射辐射能量主要在微波波段；

C. 太阳发射辐射能量主要在热红外波段；

D. 地球发射辐射能量主要在热红外波段。

解析：根据普朗克黑体辐射定律，太阳辐射接近于温度为6000K左右的黑体辐射，地球辐射接近于温度为300K左右的黑体辐射。太阳发射辐射能量主要在可见光及近红外波段，其中可见光波段能量约占总能量的50%，近红外波段约占43%，辐射峰值在可见光波段；而地球发射辐射能量主要在热红外波段。答案为：A、D。

6. 电磁波与地表作用过程中，下面哪些因素对形成漫反射有利(　　)

A. 较长的入射波长

B. 较短的入射波长

C. 较粗糙地表

D. 较小的入射天顶角

解析：根据镜面反射与漫反射的瑞利判据，地表反射类型与波长、地表粗糙度和入射角度密切相关。入射波长越短、地表越粗糙、入射天顶角越小，更有利于形成漫反射，反之更有利于形成镜面反射。答案为：B、C、D。

7. 下面哪种地物的光谱曲线在760~900nm波长处会有显著提升？(　　)

A. 冰雪

B. 沙土

C. 健康绿色植被

D. 赤潮水体

解析：760~900nm波长覆盖红光到近红外的过渡波段，健康绿色植被的叶绿素会吸收可见光，对红光波段的强烈吸收会形成反射率低谷，而植被叶片在近红外波段有强烈反射，会导致近红外波段出现高反射率，此处光谱曲线的显著提升是健康绿色植被的典型光谱特征。赤潮水体中虽有叶绿素吸收红光，但在近红外波段由于水体的强吸收并没有出现高反射率。答案为：C。

8. 关于湖泊水体光谱特征，下列说法正确的有(　　)

A. 在近红外波段，深水湖湖底光谱是水体光谱特征的决定性因素；

B. 泥沙含量增加将对可见光波段光谱特征产生影响；

C. 藻类含量增加将导致水体可见光反射率增加；

D. 藻类含量增加将导致水体可见光反射率降低。

解析：在近红外波段，水体会强烈吸收电磁波，遥感影像上水体反射能很低。泥沙和藻类含量增加将影响水体反射率，泥沙含量增加将使得可见光红黄区间反射率增加，藻类含量增加会导致叶绿素对蓝、红波段吸收增强，从而使得可见光反射率降低。答案为：

B、D。

第3章　遥感平台与传感器

1. 关于遥感卫星的轨道参数，下列说法正确的是(　　)

A. 升交点赤经决定了卫星轨道的形状；

B. 近地点角距决定了轨道面与赤道面的夹角；

C. 卫星过近地点时刻决定了卫星轨道的高度；

D. 近极地轨道的轨道倾角接近90度。

解析：遥感卫星的六个轨道参数共同决定卫星的位置，轨道长半轴和轨道偏心率决定卫星轨道的形状和高度；轨道倾角和升交点赤经决定卫星轨道面与赤道面的相对关系；近地点幅角(或近地点角距)决定了椭圆轨道在轨道面中的相对方向，而卫星过近地点时刻体现了卫星在椭圆轨道中的相对位置。答案为：D。

2. 下面哪些卫星或传感器能在夜间获取遥感数据？(　　)

A. Landsat8 OLI传感器；

B. 中法海洋微波遥感卫星；

C. 机载LiDAR传感器；

D. 高分三号SAR传感器。

解析：Landsat8 OLI传感器是陆地成像仪，包括多光谱和全色波段，观测地物反射太阳照射能量；中法海洋微波遥感卫星和高分三号SAR传感器均为微波成像，机载LiDAR传感器采用主动发射电磁波接收回波的方式获取数据。答案为：B、C、D。

3. 关于微波遥感，下列说法正确的是(　　)

A. 所有微波遥感方式均为主动式遥感；

B. 合成孔径雷达的方位向分辨率随目标与雷达距离不同而逐渐变化；

C. 合成孔径雷达影像中的叠掩现象在介电常数较高目标区域中更为突出；

D. 在SAR影像中，地面的角反射体会呈现出较高亮度。

解析：微波遥感方式包括主动式微波遥感和被动式微波遥感，例如SAR属于主动式微波遥感，而微波辐射计接收地面发射微波属于被动式微波遥感。合成孔径雷达的距离向分辨率随目标与雷达距离不同而逐渐变化。叠掩现象主要在山体地貌等地形起伏较大区域产生，与介电常数无直接关系。答案为：D。

4. 下面哪些因素会显著提升SAR遥感影像的空间分辨率？(　　)

A. 雷达波瓣角变小

B. 脉冲重复频率变高

C. 天线孔径变小

D. 光照增加

解析：对真实孔径雷达而言，较小的波瓣角有利于提高方位向分辨率；对SAR而言，较小的天线孔径有利于方位向分辨率提高，较高的脉冲重复频率有利于提高距离向分辨率。SAR为主动微波遥感方式，空间分辨率与地表光照无关。答案为：B、C。

5. 关于遥感影像成像，下列说法正确的是(　　)

A. 减少探测器凝视时间，有助于提高光学传感器辐射分辨率；

B. 增加探测器凝视时间，有助于提高光学传感器光谱分辨率；

C. 降低飞行高度，不利于线阵列推扫式传感器的空间分辨率提高；

D. 降低飞行高度，有助于增加线阵列推扫式传感器的幅宽。

解析： 光学传感器辐射分辨率和光谱分辨率均与进入成像系统的总辐射能量有关，在探测器同一响应水平条件下，较高的总辐射能量有利于分解为更精细的辐射量级，从而提高辐射分辨率，也有利于分解为更精细的波段，从而提高光谱分辨率，探测器凝视时间增加有利于总辐射能量增加。降低飞行高度，有利于线阵列推扫式传感器的空间分辨率提高，但幅宽会减少。答案为：B。

6. 对下列典型卫星的描述，正确的是(　　)

A. 我国高分二号卫星能获取全色影像和多光谱影像，其中全色影像空间分辨率高于多光谱影像空间分辨率；

B. 我国资源三号卫星通过相邻轨道观测来获取地形信息；

C. 法国 SPOT-5 卫星 HRV 传感器采用框幅式面阵成像方式；

D. 美国 Landsat7 卫星 ETM+传感器采用线阵列推扫成像方式。

解析： 高分二号星下点影像空间分辨率全色为 0. 81m、多光谱为 3. 24m，由于光谱分辨率和空间分辨率的相互影响制约关系，同一卫星中全色影像空间分辨率高于多光谱的现象比较普遍。资源三号卫星是我国首颗三线阵立体成像卫星，通过同轨同时进行前视、下视和后视观测获取地形信息。SPOT-5 卫星 HRV 传感器是线阵推扫层成像方式。美国 Landsat7 卫星 ETM+传感器和 TM 类似，采用东西向摆动扫描成像方式，2013 年 2 月发射 Landsat8，搭载 OLI 传感器，属线阵列推扫成像方式。答案为：A。

7. 关于遥感卫星及传感器，下列说法正确的是(　　)

A. 中巴资源卫星多光谱相机和 SPOT 卫星 HRV 传感器都具有立体观测能力；

B. Radarsat 卫星具有全天时、全天候遥感成像能力；

C. Landsat 卫星的 TM 传感器采用框幅式中心投影方式成像；

D. 风云三号卫星观测的时间分辨率高于风云二号。

解析： SPOT 卫星 HRV 传感器都具有邻轨立体观测能力。加拿大 Radarsat 卫星是合成孔径雷达卫星，具有全天时、全天候遥感成像能力。Landsat 卫星的 TM 传感器采用摆动扫描成像方式。风云三号卫星为近极地轨道卫星，重访周期约为 5 天；而风云二号卫星是我国第一代地球同步轨道气象卫星，从 36000 千米左右轨道高度每 30 分钟可以完成一次全球圆盘的扫描，可获取连续动态信息。答案为：B。

8. 下列哪些技术能用于实现地表的 DEM 获取？(　　)

A. 高光谱遥感

B. LiDAR

C. InSAR

D. 重轨立体遥感

解析： LiDAR 利用激光测距和测角信息，结合传感器惯导及定位参数实现地表三维点云数据获取，可用于建立 DEM。InSAR 即雷达干涉测量技术，通过干涉图处理、相位解缠和地理编码等环节实现高程解算，可用于构建 DEM。以 SPOT 为代表的重轨立体观测利用摄影测量技术建立 DEM。答案为：B、C、D。

第 4 章　遥感影像几何处理

1. 关于遥感影像的粗纠正和精纠正，下列说法正确的是(　　)

A. 遥感影像的粗纠正主要做系统误差改正；

B. 经过粗纠正后的影像仍然可能存在偶然误差和系统误差；

C. 遥感影像的精纠正是指消除影像中的几何变形，产生一幅符合某种地图投影或图形表达要求的新影像；

D. 当地形起伏不大时，只需要对影像进行粗纠正。

解析：遥感影像的粗纠正和精纠正是几何纠正的两种不同类型，前者主要用于系统误差改正，后者是在此基础上进行的进一步校正，用于产生符合地图投影或者某种几何参照系统要求的新影像。答案为：A、B、C。

2. 关于直接法几何校正和间接法几何校正，下列说法正确的是(　　)

A. 直接法几何校正和间接法几何校正的区别是前者不需要地面控制点；

B. 直接法几何校正和间接法几何校正的区别是后者不需要地面控制点；

C. 在地形起伏较大的区域，直接法校正通常比间接法校正有更高精度；

D. 直接法几何校正和间接法几何校正均是实现几何精校正的途径。

解析：在几何精校正中，直接法校正和间接法校正是两种不同的途径，其主要区别在于：直接法校正从原始影像出发，为每个像素目标计算其纠正后坐标；间接法校正从纠正后的坐标系统出发，为每个坐标计算其在原始影像上的位置。两种方法均需要利用构像方程、多项式或者 RPC 等模型，并且都涉及影像重采样。答案为：D。

3. 下图反映了某种传感器的位置及姿态变化对影像几何形态的影响，请回答：(1)该传感器是框幅式成像和距离成像中的哪一种？(2)说明左图和右图的几何变形分别是位置和姿态发生了何种变化并解释其原因？

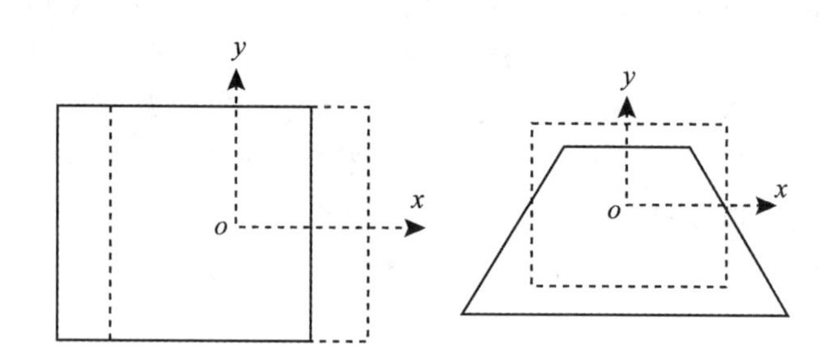

解析：根据位置及姿态变化对影像几何形态的影响，以 x 方向为飞行方向，可以判断这是飞行方向坐标平移和翻滚两种姿态变化，结合框幅式传感器形变规律，以及雷达距离成像传感器的分辨率规律，可以判断传感器为框幅式成像方式。

4. 下图中，A 和 B 表示两种传感器成像获取的同一个地表区域遥感影像，包括了线状、面状和不同高度的地物。请问：A 和 B 中，哪一种是中心投影成像？哪一种是全景扫描成像？飞行方向是水平的还是垂直的？

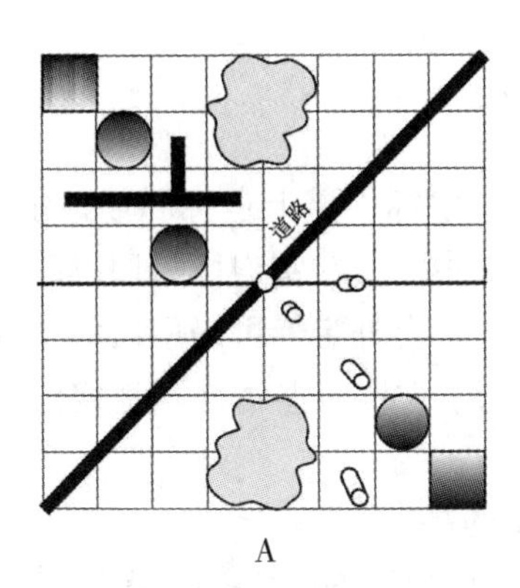

A

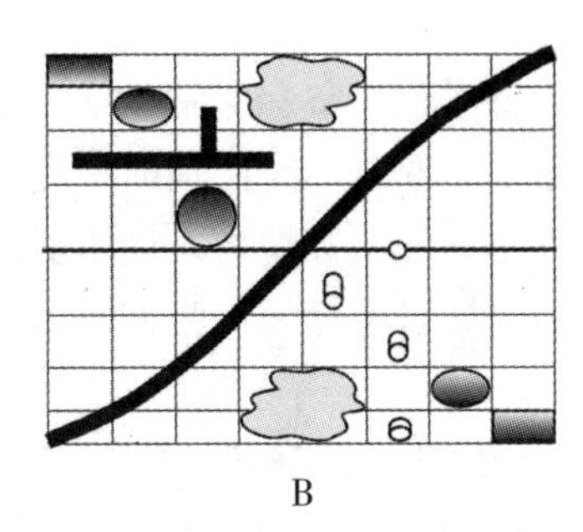
B

解析：中心投影一次摄影获取面状影像，全景扫描成像通过逐行扫描和平台飞行相结合获取影像。在中心投影中，圆柱形目标的倾斜方向、程度和目标与影像像主点相对位置有关；而在全景扫描影像中，则与扫描方向和该方向上目标离星下点距离有关。全景扫描成像影像的分辨率在扫描方向存在变化：星下点分辨率最高，向两侧逐渐变低。根据上述分析可以判断 B 为全景扫描，飞行方向是水平方向。

第 5 章　遥感影像辐射校正

1. 关于遥感影像的辐射校正，下列说法正确的是(　　)

A. 辐射校正的主要目的是消除遥感影像的投影误差；

B. 经过辐射校正之后遥感影像能更真实地反映地表信息；

C. 遥感影像的辐射校正通常包括传感器辐射定标和大气校正等多个环节；

D. 遥感影像的辐射校正与地表地形起伏无关。

解析：辐射校正的主要目的是消除遥感影像的辐射失真或畸变，使影像能更准确地反映地表信息。辐射校正涉及多个环节，其中传感器辐射定标和大气校正是最主要步骤。在高精度辐射校正过程中，需要考虑山体阴面、阳面和坡度等地形信息。答案为：B、C。

2. 关于多光谱遥感传感器辐射定标，下列说法正确的是(　　)

A. 多光谱遥感传感器的辐射定标可以通过光谱定标替代；

B. 传感器辐射定标的核心问题是消除成像过程中大气影响，得到地表反射率；

C. 确定传感器的增益和偏置参数的目的是建立起 DN 值和入瞳辐亮度的关系；

D. 多光谱遥感传感器的多个波段通常具有相同的辐射定标参数。

解析：遥感传感器辐射定标的核心问题，是定量地确定传感器的辐射响应性能，通过增益和偏置等辐射定标参数建立起影像 DN 值和入瞳辐亮度的关系。光谱定标是为了确定各个波段的中心波长的光谱带宽，二者不能互相替代。对传感器的多个波段而言，每个波段均需要分别进行辐射定标，各波段辐射定标参数通常不相同。答案为：C。

3. 下列各种星载传感器辐射定标方法中，必须采用人造辐射源的是(　　)

A. 实验室定标；

B. 辐亮度基法；

C. 星上内定标；

D. 星上外定标。

解析：星载传感器辐射定标通常包括实验室定标、星上定标和场地定标等多种类型，各种定标方法均需要获取定标参照辐射亮度。其中，实验室定标采用以积分球为代表的人造辐射源；星上内定标的定标灯为人造辐射源，星上外定标可采用恒星及月亮等天体作为参照辐射源；场地定标以定标场作为参照辐射源，辐亮度基法是场地定标的方法之一。答案为：A、C。

4. 下列关于传感器辐射定标的说法，正确的是(　　)

A. 传感器相对辐射定标有助于消除线阵推扫传感器的条带噪声；

B. 传感器相对辐射定标可替代绝对辐射定标；

C. 交叉辐射定标通常在 SAR 和光学等不同类型传感器之间进行；

D. 交叉辐射定标的参照传感器通常比待定标传感器空间分辨率更低。

解析：传感器相对辐射定标是为了校正探测元件的不均匀性，消除探测元件的响应不一致性，对条带噪声的消除有利；而绝对辐射定标要建立起响应值和辐亮度的准确联系，相对辐射定标不能替代绝对辐射定标。交叉辐射定标是以定标结果较好的在轨卫星传感器为参照，通过与待定标传感器同时观测地表目标的方式来获得参考辐射亮度。两种传感器要求光谱波段范围、观测角度和空间范围一致，参照传感器空间分辨率要高于或等于待定标传感器。答案为：A。

5. 下列关于大气校正的说法正确的是(　　)

A. 遥感影像的大气校正就是传感器的辐射定标；

B. 对于大气窗口波段，不需要进行大气校正；

C. 大气校正的物理模型主要作用是建立地表反射率和表观辐亮度的联系；

D. 大气校正的物理模型主要作用是建立表观反射率和表观辐亮度的联系。

解析：遥感影像的大气校正和传感器的辐射定标均属于辐射校正的不同环节。大气窗口可用于遥感观测的电磁波区间，在这一区间进行遥感观测需要进行大气校正。大气校正的物理模型体现辐射能在大气中的传输过程，其主要作用是建立地表反射率和表观辐亮度的联系。答案为：C。

第 6 章　遥感影像分类与目标识别

1. 关于遥感影像分类中分类特征的说法，不正确的是(　　)

A. 光谱特征空间是实现遥感影像分类的重要测度空间；

B. 多源遥感影像分类时，光谱特征、极化特征、纹理特征可共同构成特征空间；

C. 多光谱影像中波段数量越多，用于分类的光谱特征向量维数越高；

D. 多光谱影像中参与分类的波段数量越多，分类精度一定越高。

解析： 遥感影像分类的特征空间内容丰富，可以是光谱特征、极化特征、纹理特征，以及它们的组合，光谱特征最为常用，是分类的重要测度。波段数量越多，可用于分类的光谱特征向量维数就会越高；较丰富波段数量有利于目标区分，但不能直接决定分类精度，特征的有效性、特征的可区分性、样本状况以及分类方法都会影响分类精度。答案为：D。

2. 关于特征变换和特征选择，下列说法不正确的是(　　)

A. 特征变换和特征选择都可作为遥感影像分类的预处理手段；

B. 特征变换可以减少特征之间的相关性，有助于改善分类效果；

C. 特征变换前后，用于分类的特征维数一定相同；

D. 多光谱影像反射率产品进行主成分变换，新特征仍然是不同波段的反射率。

解析： 特征变换和特征选择都是遥感影像分类常用的预处理手段。特征变换可以减少特征之间的相关性，使得待分类别之间的差异在变换后的特征中更明显，有助于改善分类效果。特征变换前后，用于分类的特征维数可以发生变化，与特征变换的具体方法有关。多光谱影像反射率产品具有明确物理意义，但是主成分变换之后不再代表反射率。答案为：C、D。

3. 下面的分类算法中必须利用训练样本的是(　　)

A. *K*-均值聚类法

B. BP 神经元网络方法

C. 最大似然法

D. ISODATA 分类

解析： 是否使用训练样本是非监督分类与监督分类两类方法的最大区别。*K*-均值聚类法和 ISODATA 分类属于非监督分类，不需要训练样本。BP 神经元网络方法和最大似然法需要样本进行网络训练和判决函数训练。答案为：B、C。

4. 关于遥感影像分类，下列说法正确的是(　　)

A. 最大似然法属于非监督分类法；

B. ISODATA 法属于非监督分类法；

C. 监督分类法的精度与训练样本的数量成正比；

D. 监督分类法的精度高于非监督分类法。

解析： 最大似然法属于监督分类法，ISODATA 法属于非监督分类法。监督分类法的精度与训练样本的数量存在关系，适当增加训练样本有助于分类精度提升，但是样本增加到一定程度将不再显著提升分类精度。答案为：B。

5. 下面的分类算法中用距离作为判别条件的方法是(　　)

A. *K*-均值聚类法

B. ISODATA 分类

C. 最大似然法

D. 神经元网络方法

解析： K-均值聚类法和 ISODATA 分类在特征空间中使用距离作为判别条件，后者的类别数量和类别中心特征可不断迭代调整。而最大似然法是以似然函数为基础，通过最大似然比进行类别判别，神经元网络方法是通过网络学习训练形成判决规则。答案为：A、B。